鄂尔多斯市科普丛书

刘茂荣　武占敏　马丽杰 ◎ 主编

内蒙古鄂尔多斯地区
主要农作物病虫草鼠害发生与控制

中国农业出版社
北京

内蒙古鄂尔多斯地区主要农作物
病虫草鼠害发生与控制

编辑委员会

主　编　刘茂荣　　武占敏　　马丽杰

副主编　王　琦　　张朋飞　　崔　英　　杨政伟　　李永明　　赵丽萍
　　　　哈　森　　邢为民

编著者（按姓氏笔画排序）

马丽杰	王　欣	王　禹	王　勇	王　真	王　琦
王玉凤	王占贤	王伟妮	云晓鹏	牛　海	石　洁
叶永红	白应文	邢为民	邢瑜琪	吕志军	刘　枫
刘　智	刘子廷	刘少英	刘茂荣	刘雪平	闫文杰
许胜利	那仁其其格	孙　宇	纪拥军	苏　伟
苏　敏	李　娜	李　婷	李永明	李虎印	李耀祯
杨立国	杨政伟	时　雪	谷子科	张　利	张　智
张小平	张双拴	张国英	张朋飞	张海军	武占敏
武晓东	范红强	尚　磊	郇军慧	庞保平	赵　君
赵汗春	赵丽萍	郝永强	胡小平	哈　森	侯小军
施大钊	秦瑞军	贾利霞	贾改琴	徐荣梅	皱　波
高志平	高俊英	郭永旺	梅春光	曹福中	常国有
崔　英	谢建斌	雷晓云			

21 世纪以来，中共中央、国务院连续发布了 17 个中央 1 号文件，持之以恒地高度重视"三农"工作，增加农业农村投入，促进农业农村发展，农业农村进入了快速发展时期。2017 年 10 月，中共十九大报告提出实施乡村振兴战略，要坚持农业农村优先发展的总方针，按照产业兴旺、生态宜居、乡风文明、治理有效、生活富裕的总要求，建立健全城乡融合发展体制机制和政策体系，加快推进农业农村现代化。2019 年 9 月，习近平总书记提出实施黄河流域生态保护和高质量发展战略，要坚持绿水青山就是金山银山的理念，坚持生态优先、绿色发展，促进全流域高质量发展、改善人民群众生活，让黄河成为造福人民的幸福河。

鄂尔多斯市地处北纬 40°农畜产品生产黄金带附近，是重要的绿色农畜产品生产加工输出基地，同时，又处于黄河流域非常重要的位置，既是上游又是中游，黄河流经 728 千米，全市均属于黄河流域。近年来，鄂尔多斯市按照国家和内蒙古自治区有关要求，立足市情，找准定位，不断优化区域布局、调整产业结构、转变发展方式、培育经营主体、健全政策体系，促进农牧业高质量发展，为保障农畜产品有效供给作出了重要贡献，为农牧业农村牧区现代化奠定了坚实基础。

如何抓住国家实施乡村振兴战略、黄河流域生态保护和高质量发展战略新机遇，进一步贯彻落实产业兴旺的总要求，实现藏粮于技、藏粮于地。鄂尔多斯市坚持科教兴农、质量兴农、绿色兴农、品牌强农，为农牧业强、农村牧区美、农牧民富注入强劲动力。鄂尔多斯市幅员辽阔，生态类型多样，气候条件多变，作物种类丰富，农作物病虫草鼠害防控难度较大，直接影响农作物的产量和质量，关乎农产品供给和农牧民收入。鄂尔多斯市植保植检站始终以推广普及先进实用防控技术、为农业生产保驾护航为己任，围绕鄂尔多斯地区主要农作物病虫草鼠害，不断创新总结防控技术，形成了适宜鄂尔多斯地区普及推广的综合防控模式，为了加快先进实用技术推广速度、扩大覆盖面，助力农牧业现代化，鄂尔多斯市植保植检站组织编撰了《内蒙古鄂尔多斯地区主要农作物病虫草鼠害发生与控制》。

该书深入浅出、通俗易懂、简明实用、图文并茂，具有较强的可操作性和实用性，可供各级农业管理部门、植保植检人员、广大农牧民、种植大户、家庭农场及合作社和涉农龙头企业参考。

2020.10

鄂尔多斯市位于内蒙古自治区西南部，总面积8.7万千米²，西北东三面为黄河环绕，南临古长城，毗邻晋陕宁三省份。全市地处北纬40°农畜产品生产黄金带附近，属典型的温带大陆性气候。农业积温、降水、辐射与植物生长期基本是同步的，具有得天独厚发展农业的自然资源禀赋。同时，空气、水质、土壤洁净度高，适宜建设绿色农畜产品生产加工输出基地。

近年来，全市农作物总播面积保持在700万亩*左右，主要农作物有玉米、小麦、马铃薯、向日葵等。受气候条件、种植区域、种植结构等因素的综合影响，农作物病虫草鼠发生、危害日趋复杂。为更好地贯彻落实乡村振兴战略、黄河流域生态保护和高质量发展战略，推动实施农药负增长，实现控药减害，全面提高植物保护水平，切实提高为农业生产保驾护航的能力，进一步满足生产者对农作物病虫草鼠绿色防控、统防统治等新型防控技术的需求，积极推广、普及绿色安全、节本高效的主要农作物病虫草鼠害防控技术。《内蒙古鄂尔多斯地区主要农作物病虫草鼠害发生与控制》编委会根据鄂尔多斯市农业生产、主要病虫草鼠害发生危害情况，在借鉴先进地区和众多专家学者研究成果，总结广大科技工作者和农牧民群众多年实践经验的基础上，系统地提炼集成了综合防控模式，并编撰了本书。

本书坚持"预防为主、综合防治"的植保方针，践行"科学植保、公共植保、绿色植保"的理念，共分为十章，对玉米、小麦、马铃薯和向日葵病虫害发生与控制、草害发生与控制、鼠害发生与控制进行了系统阐述。本书文字简洁、通俗易懂、图文并茂，理论联系实际，具有较强的可操作性和实用性，旨在为基层农业技术人员、广大生产者提供借鉴和帮助。

本书编写工作的圆满完成，得益于鄂尔多斯市农牧局领导的亲切关怀，得益于鄂尔多斯市科学技术协会的大力支持和悉心指导，得益于西北农林科技大学植物保护学院、河北省农林科学院植物保护研究所、内蒙古农业大学、内蒙古自治区农牧科学院植物保护研究所的鼎力相助，得益于各旗区农业技术推广中心（植保站）的积极配合以及全体编写人员和广大农业科技工作者的共同努力和辛勤付出。在此，谨致衷心感谢！

当前，农作物病虫草鼠害发生情况复杂多变，地区之间差异较大，农业科技发展日新月异，加之，鄂尔多斯市植保植检站技术力量薄弱、专业水平有限，且首次尝试编撰专著，难免存在疏漏、错误和不足之处，恳请同行、专家、广大读者批评指正。

编著者

2020年10月

---

* 亩为非法定计量单位，1亩=1/15公顷。——编者注

目录

CONTENTS

第一章 玉米病害发生与控制

第一节 玉米大斑病

玉米大斑病又称玉米条斑病、玉米枯叶病、玉米叶斑病等，是玉米叶部主要的真菌病害，主要发生在气候较凉爽的玉米种植区，特别是在东北、华北北部、西北、西南及其他海拔较高的地区发生严重。玉米整个生育期均可感病。1888年我国东北最早报道玉米大斑病发生危害。鄂尔多斯市每年都有发生，但基本不造成危害，2013年和2014年玉米大斑病在鄂尔多斯市发生严重，特别是在乌审旗、鄂托克前旗和伊金霍洛旗，发生范围之广、面积之大、程度之重，均为全市历史罕见。近年来，随着免耕技术和大型农业机械的推广应用，造成田间累积了大量越冬菌源，玉米大斑病发生逐年加重，如气候条件适宜，病害发展更为迅速，易形成病害暴发流行，一般减产20%～30%，严重时减产达50%以上。除危害玉米外，还会对高粱、苏丹草等禾本科植物产生危害。

一、病原菌

玉米大斑病病原菌为大斑凸脐蠕孢（*Exserohilum turcicum*）。中国已发现多个生理小种，优势小种为0号和1号小种。病原菌的分生孢子梗自气孔伸出，青褐色，不分枝，单生或2～6根束生。分生孢子呈梭形或长梭形，顶端细胞椭圆形，基细胞尖锥形，脐明显突出于基细胞外部，2～7个隔膜。分生孢子大小、形状常因环境条件、营养条件或危害部位不同而有较大差异。

二、危害症状

主要危害玉米叶片、叶鞘和苞叶，一般从底部叶片开始发病，再由下向上发展，发病初期先出现水渍状青灰色斑点，之后沿叶脉向两端扩展，病斑呈长梭形，中央淡褐色、外缘暗褐色，当田间湿度大时，病斑表面产生黑色霉层。病斑大小一般为（50～100）毫米×（5～10）毫米，有些病斑可长达200毫米。严重时病斑融合成梭状大斑，造成整个叶片枯死。同时，病斑还影响植株光合作用，造成籽粒灌浆不足，导致减产。

三、发病条件及规律

病原菌以菌丝体、分生孢子或由分生孢子形成的厚壁孢子在田间地表和病残体上越冬，第二年重新产生的分生孢子，成为发病的初侵染源，孢子随气流、雨水传播到玉米上引起发病，当条件适宜时，病斑很快又产生大量分生孢子，引起多次再侵染，造成病害流行。在温度20～25℃，相对湿度90%以上时利于病害发生，近几年，乌审旗、鄂托克前旗和伊金霍洛旗等地区菌源基数相对都在一个较高的水平，拔节期至出穗期，一旦气温适宜，又遇连续阴

玉米大斑病危害状

雨天，且种植感病品种，易暴发大流行。气温持续高于25℃或低于15℃，相对湿度小于60%，病害的发展就受到抑制，因此7—8月发病较重。在气候湿润和田间密度较大的情况下，病害发展较快，一个月左右即可使整株叶片枯死。土壤肥力差、玉米孕穗期至出穗期氮肥不足发病较重，低洼地、密度过大、连作地、瘠薄地块易发病。

四、综合防治措施

（一）加强监测预警　按照早发现、早报告、早预警的要求，充分利用玉米大斑病监测预警设备，全面做好玉米大斑病病情监测工作，准确掌握玉米大斑病的发生动态，确保信息畅通，严格执行重大病虫害关键时期报送制度，及时发布大斑病短期预报和警报，明确重点防控区域和最佳防治时间，科学指导开展应急防治和统防统治，同时，通过病虫情报、电视、广播、网络、明白纸等渠道及时发布防治技术措施，做到早监测、早预警、早防治。

（二）积极推广抗病品种　不同玉米品种对玉米大斑病的抗性有显著差异。种植优良抗病品种是控制玉米大斑病发生和流行最直接的方法和最有效的途径。玉米大斑病常发地区，选用玉米品种时应把抗病性作为第一要素考虑，并要注意品种的合理搭配与轮换，尽量避免使用先玉系列品种，注重应用本土玉米品种，因地制宜示范推广抗病品种。

（三）农业防治　秋季玉米收获后，清洁田园，清除田间遗留的病残体，可将秸秆集中进行高温发酵，使其充分腐熟后，再用作肥料，也可对地块加入秸秆腐熟剂进行深耕深翻，压埋病原，促进植株残体腐烂分解。做好中耕除草，发病初期，摘除玉米植株底部2～3片叶，将其清理出田间烧毁或挖坑深埋，减少菌源，同时降低田间相对湿度，也可增施磷钾肥使植株健壮，提高抗病性。适期早播，合理密植，掌握适宜的灌水量及次数等，有计划地实行轮作倒茬，避免重茬。

（四）生物防治　枯草芽孢杆菌是一种生物活性杀菌剂，在玉米苗期进行茎叶喷雾，可对玉米大斑病有较好的防治效果，对玉米生产和环境相对安全，也有一定的增产效果。

（五）化学防治　目前，防治玉米大斑病的药剂有0.01%芸薹素内酯可溶液剂+30%吡唑·戊唑醇悬浮剂，或12.5%氟环唑悬浮剂，或10%苯醚甲环唑水分散粒剂，或18.7%丙环·醚菌酯悬乳剂，或70%代森锰锌可湿性粉剂等，还有一些老品种如多菌灵、百菌清、甲基硫菌灵等在生产上都曾发挥过较好的作用。零星发病时进行挑治，一旦发病叶片上升到功能叶片，则需进行全田防治。隔7～10天喷1次，连续喷药2～3次，施药时间应在10:00以前或16:00以后，施药后4小时内若遇雨应该重喷。

喷洒农药时，可对地边进行喷雾防治，做隔离带，防止菌源向周边农田扩散进行再侵染。

乌审旗、伊金霍洛旗等地可利用现有的大型喷灌，实施精准施药技术，在现代农牧业项目区利用大型喷灌设备进行科学有效防治。同时，利用本地成熟的专业化服务组织，使统防统治与群防群治相结合，达到最佳防控效果。在防治玉米大斑病过程中，要特别注意安全，因玉米生长后期田间空气流通差，农药易飘移，喷药时，要佩戴防毒面具以防造成施药人员中毒和其他意外事件发生，减少环境污染，确保生产安全。

第二节　玉米小斑病

玉米小斑病又称玉米斑点病、玉米南方叶枯病，是一种真菌性病害，在全世界玉米产区都有发生，也是我国玉米产区重要病害之一，在黄河流域和长江流域的温暖潮湿地区发生普遍且危害严重。一般造成减产15%～20%，发生严重的减产达50%以上，甚至无收。李竞雄、魏建昆等在20世纪50年代末至60年代初就曾发现河北、安徽、黑龙江等地T型胞质玉米有严重感染玉米小斑病现象。在鄂尔多斯地区玉米小斑病常和玉米大斑病同时出现或混合侵染，叶片受害后，叶片组织受损，影响光合作用，导致减产。除侵染玉米外，还侵染小麦、高粱等禾本科植物。

一、病原菌

玉米小斑病病原菌为玉蜀黍平脐蠕孢（*Bipolaris maydis*）。子囊壳近球形，黑色。子囊顶端圆形，基部有短柄，内有4个子囊孢子。子囊孢子长线形或丝状，彼此在子囊里缠绕呈螺旋状，有隔膜。分生孢子梗单生或多根丛生，褐色，直或弯曲状，具隔膜，基细胞膨大。分生孢子长椭圆形或柱形，褐色或深褐色，中部稍宽，两端较小，脐点明显，有隔膜。发病时，分生孢子梗及分生孢子均能长出芽管。不同品种寄主上的病原菌存在生理专化现象，有不同的生理小种，我国优势小种为O小种。

二、危害症状

此病除了危害玉米叶片外，严重时还可危害叶鞘、苞叶、籽粒和果穗，且对雌穗和茎秆的致病力也比玉米大斑病强，可造成果穗腐烂和茎秆折断。其发病时间比玉米大斑病稍早，一般从植株下部叶片逐渐向上扩展。发病初期，在叶片上出现半透明水渍状褐色小斑点，成熟病斑常见3种症状。

1. 条形病斑　近年来，条形病斑为田间发生的主要类型，病斑为不规则椭圆形或近长方形，病斑扩展受叶脉限制，病斑上有时出现二、三层同心轮纹，黄褐色或灰褐色，边缘深褐

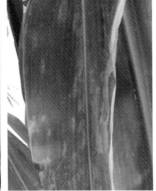

玉米小斑病危害状

色，大小为（5～16）毫米×（2～4）毫米，当湿度大时，病斑上生出暗黑色霉状物（分生孢子盘），后萎蔫变黄枯死。

2. 梭形病斑　一般病斑较小，梭形或椭圆形，灰褐色或黄褐色，有时出现轮纹，一般无明显边缘，病斑扩展不受叶脉限制。

3. 点状病斑　病斑为点状，黄褐色坏死小斑，病斑周围有褪绿晕圈，此类型产生在抗性品种上，病斑基本不扩大。

三、发病条件及规律

玉米整个生育期均可侵染，但以雄穗抽出后发病最重，其发病轻重和品种、气候、菌源量、栽培条件等密切相关。病原菌以菌丝体或分生孢子在病残体上越冬，其中菌丝体在地面可存活1～2年。翌年病原菌遇到适宜的温湿度等条件，成为发病的初侵染源，产生大量的分生孢子，分生孢子随气流、雨水传播，侵染玉米，产生病斑，初侵染、再侵染时间短，一个生长季节内可发生多次再侵染造成病害流行，7～8月，气温25℃以上，田间湿度较大，易造成该病流行。抗病性弱的品种，在生长期露日多、露期长、露温高、田间闷热潮湿以及施肥不足等情况下，一般发病较重。连作地、低洼地和过于密植荫蔽地发病较重。靠近村庄地块、秸秆还田的地块发病重。

四、综合防治措施

因地制宜地选用兼抗玉米大斑病、小斑病的杂交种。其他防治措施参考玉米大斑病。

第三节　玉米丝黑穗病

玉米丝黑穗病俗称乌米、哑玉米，是玉米生产上的一种主要真菌病害之一。该病自1919年在我国东北首次报道以来，扩展蔓延很快，每年都有不同程度发生。从全国来看，以北方春玉米区、西南丘陵山地玉米区和西北玉米区发病较重。该病害为玉米发芽期侵入的系统侵染性病害，一经感病，首先破坏雌穗，发病率等于损失率，一般年份发病率在2%～8%，个别地块达60%～70%，给玉米生产造成严重损失。20世纪80年代末，鄂尔多斯地区加强了防治，到1993年，大部分地区禾谷类黑穗病基本得到控制。近年来，玉米丝黑穗病发生面积有所增加，主要发生地为伊金霍洛旗。

一、病原菌

玉米丝黑穗病病原菌为丝孢堆黑粉菌玉米专化型（*Sporisorium reilianum* f. sp. *zeae*）。从病组织中散出的黑粉为冬孢子，冬孢子黄褐色至暗紫色，球形或近球形，表面有细刺。冬孢子在成熟前常集合成孢子球并由菌丝组成的薄膜包围，成熟后分散。冬孢子萌发温度范围为25～30℃，最适温度约为25℃，低于17℃或高32.5℃不能萌发。缺氧时不易萌发。冬孢子萌发最适pH为4.0～6.0，中性或偏酸性环境利于冬孢子萌发，偏碱性环境抑制其萌发。该病原菌有明显的生理分化现象，侵染玉米的病原菌不能侵染高粱，侵染高粱的病原菌虽能侵染玉米，但侵染力很低，是两个不同的专化型。

二、危害症状

玉米丝黑穗病的典型病症是雄性花器变形，雄花基部膨大，内为一包黑粉，不能形成雄穗。雌穗受害果穗变短，基部粗大，除苞叶外，整个果穗为一包黑粉和散乱的丝状物，严重影

玉米丝黑穗病危害状

响玉米产量。

1.玉米苗期受害症状   幼苗分蘖增多呈丛生形，植株明显矮化，节间缩短，叶片颜色暗绿挺直。有的品种叶片上出现与叶脉平行的黄白色条斑，有的幼苗心叶紧紧卷在一起弯曲呈鞭状。

2.玉米成株期受害症状   可分为两种类型，即黑穗和变态畸形穗。患黑穗病的穗除苞叶外，整个果穗为一包黑粉，黑粉内有一些丝状的维管束组织，所以称为丝黑穗病；受害果穗变短粗，基部粗大，顶端尖，外观近球形，无花丝。变态畸形穗是由于雄穗受害，花器变形而不能形成雄穗，其颖片因受病原菌刺激而呈多叶状；雌穗颖片也可能因病原菌刺激而过度生长成管状长刺，呈刺猬头状，长刺的基部略粗，顶端稍细，中央空松，长短不一，由穗基部向上丛生，整个果穗呈畸形。早期发病的植株多数果穗和雄穗都表现症状。

三、发病条件及规律

玉米丝黑穗病为系统扩展病害，病原菌主要以冬孢子（厚垣孢子）在土壤、种子、粪肥或病残体上越冬，翌年在适宜条件下萌发并主要通过芽鞘侵入，成为初侵染源，一年侵染1次，无再侵染。病原菌在土壤中能存活2～3年，所以土壤带菌是最主要的初侵染源，种子带菌则是进行远距离传播病害的主要途径。幼苗期侵入，玉米播后发芽时，冬孢子也开始萌芽，从玉米的白尖期至4叶期都可侵入，并到达生长点，随植株生长扩展到全株，在花芽和穗部，形成大量黑粉，成为丝黑穗。连作地及早播地块发病重，使用未腐熟的粪肥发病重，沙壤地发病轻，播种时干旱、墒情差的地块发病重，低温干旱有利于该病害流行。

四、综合防治措施

（一）加强监测预警   按照早发现、早报告、早预警的要求，全面做好玉米丝黑穗病病情监测工作，准确掌握病害的发生动态，确保信息畅通，严格执行重大病虫害关键时期报送制度，及时发布短期预报和警报，明确重点防控区域、最佳防治时间以及科学防控技术措施，指导开展应急防治、统防统治及群防群治。

（二）选用推广抗病品种   不同的玉米品种对玉米丝黑穗病存在显著的抗性差异，选用抗病品种是长期控制玉米丝黑穗病最经济有效的方法，因此在玉米丝黑穗病发病重的地区，要因地制宜选用抗病杂交种。

（三）农业防治   秋季玉米收获后，清洁田园，清除田间遗留的病残体，禁止用带病秸秆作积肥，肥料要充分腐熟后再施用，减少土壤病原菌来源。适当推迟播期，提高播种质量，在土壤干燥地区，可在播种前灌溉和浸种，保证发芽出苗迅速，减少病原菌侵染机会。采用地膜覆盖栽培技术，可提高地温，保持土壤水分，使玉米出苗和生育进程加快，从而减少发病机会。结合间苗及中耕除草等农业措施及早拔除病苗、可疑苗，在病瘤成熟破裂前及时拔除病株，带出田外深埋。重病地块实行3年以上轮作，减少土壤带菌量。加强植物检疫，从外地调种时，应做好产地调查，防止由病区传入带菌种子。

（四）化学防治　使用种衣剂或药剂拌种是防治玉米丝黑穗病最直接的措施之一。用10%烯唑醇乳油20克湿拌玉米种100千克，堆闷24小时；也可用2%戊唑醇悬浮种衣剂等药剂进行种子处理，或40%福美·拌种灵可湿性粉剂或50%多菌灵可湿性粉剂按种子重量的0.7%拌种，或12.5%烯唑醇可湿性粉剂按种子重量的0.2%拌种，采用此法需要先用清水喷洒把种子湿润，然后与药剂拌匀后晾干即可播种。还可用种子重量0.7%的50%萎锈灵可湿性粉剂、种子重量0.2%的50%福美双可湿性粉剂拌种。在生产中应注意含烯唑醇类种衣剂低温药害问题。

第四节　玉米瘤黑粉病

玉米瘤黑粉病是玉米生产中的一种重要真菌病害，可发生在玉米生育期的各个阶段，一般在抽雄前后发病严重，危害植株地上部所有的组织和器官。在我国各玉米栽培区普遍发生、广泛分布，一般北方比南方发生普遍且严重。鄂尔多斯市玉米瘤黑粉病常发生在达拉特旗、伊金霍洛旗等地区。由于病原菌侵染所形成的黑粉瘤会消耗植株大量的养分，导致植株空秆不结实，因此，玉米瘤黑粉病一般比玉米丝黑穗病造成的损失大，可造成30%～80%的产量损失。2015年，鄂尔多斯市玉米瘤黑粉病发生比较严重，共计发生12万亩次，其中伊金霍洛旗累计发生面积约5万亩次，病株率达到30%，所有受害病株均为同一品种（新哲单7号），最终挽回损失约400吨，实际粮食损失约740吨。

一、病原菌

玉米瘤黑粉病病原菌为玉蜀黍黑粉菌（*Ustilago maydis*）。病瘤内的黑粉是病原菌的冬孢子，为球形或椭圆形，黄褐色或浅橄榄色，表面有细刺状突起。冬孢子萌发产生有隔的担子，担子顶端或分隔处侧生梭形担孢子，担孢子萌发形成侵染菌丝或以芽殖方式生出次生担孢子，次生担孢子也能萌发出侵染菌丝。冬孢子没有休眠期，成熟后即可萌发。在自然条件下，分散的冬孢子不易长期存活，但集结成块的冬孢子无论在地表或土壤内成活期都较长。冬孢子萌发的适温为26～30℃，最低5～10℃，最高35～38℃，另外，只有相对湿度大于90%时冬孢子才能萌发。因此，在北方，冬春季干燥，气温较低，冬孢子不易萌发，从而延长了侵染时间，提高了侵染率。

二、危害症状

玉米瘤黑粉病的主要特征是在病株上形成形状各异、大小不一的瘤状物。植株的雄穗、果穗、气生根、茎、叶、叶鞘、腋芽等部位均可生出菌瘤，一般一株玉米可产生多个菌瘤。叶片或叶鞘上可出现较小的菌瘤，数量多且大小如豆粒或花生米。瘤状物主要着生在茎秆和雌穗上，雌穗被侵染后多在果穗上半部或个别籽粒上形成菌瘤，严重的全穗形成大的畸形菌瘤，对产量影响最大。典型的瘤状物外包有寄主表皮组织形成的薄膜，初为绿色或白色，肉质多汁，渐变成灰色，后期变为黑灰色，有时带紫红色。菌瘤成熟后，外表的薄膜破裂后，散出大量的黑粉（即病原菌冬孢子）。

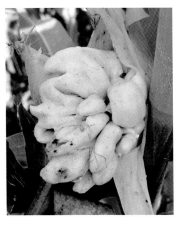

玉米瘤黑粉病危害状

三、发病条件及规律

病原菌以冬孢子在土壤中及病残体上越冬，成为翌年的初侵染源，在适宜条件下冬孢子萌发产生担孢子和次生担孢子，随气流、雨水、昆虫及农事操作等多种途径传播到玉米上，从寄主幼嫩组织的表皮或伤口侵入，刺激寄主局部组织肿大成菌瘤。菌瘤外膜破裂后散出大量冬孢子，可进行再侵染，一个生长季节可进行多次再侵染。抽穗期前后一个月内为玉米瘤黑粉病的盛发期。冬春干燥冬孢子不易萌发，也不易失去活力而死亡，夏季遇到适宜的温湿度条件，越冬的孢子萌发出担孢子和次生担孢子，传播侵染玉米幼嫩组织，在有水滴的情况下很快萌发侵入玉米幼嫩组织的表皮内产生菌瘤，所以前旱后湿以及高温的气候是该病发生的主要原因，该病害流行适宜温度为26～34℃。植株伤口较多、虫害多的地块，发病严重。连作地块、施用未腐熟农家肥、收获后不及时清除病残体，都使田间菌源量增大，发病趋重。种植密度大、偏施氮肥，也有利于该病害的发生流行。

四、综合防治措施

（一）加强监测预警　认真开展玉米中后期病虫害监测调查，及时预警，指导农民进行科学有效防治。在玉米生长期，发现病瘤，在其未变色时及早割除，并统一带到田外销毁或深埋，减少病害初侵染源，同时要开展带药侦察，在病害初发阶段，及时组织专业化防治队伍开展统防统治和群防群治，降低病害发生程度，减轻危害损失，减少农药使用量。

（二）农业防治　目前还没有有效的药剂，因此积极推广选用抗病品种是最好的防治方法。秋季玉米收获后，清洁田园，彻底清除田间病残体，用秸秆作肥料时，要经高温发酵使其充分腐熟，以减少菌源。合理密植，避免偏施氮肥，适当增施磷钾肥或农家肥。玉米抽雄前后要及时灌溉，保证水分供应充足。及时防治虫害，减少伤口和耕作时的机械损伤。重病地块深翻土地或实行2～3年轮作。

（三）化学防治　药剂拌种或种子包衣不仅能抑制种子所带病菌，对种子萌发时土壤带菌的侵染也有一定的预防效果，可用0.1%乙基大蒜素抗菌剂，或25%三唑酮可湿性粉剂；也可在玉米未出苗前，用15%三唑酮可湿性粉剂750～1 000倍液，或50%克菌丹可湿性粉剂200倍液进行土表喷雾，减少初侵染源；幼苗期喷施波尔多液；还可在菌瘤未出现前，喷施福美双、三唑酮、烯唑醇等；花期可用福美双对植株进行喷雾防治1～2次，以降低发病率。如果上年田块发病较重，建议在玉米出苗后和拔节期各施药1～2次，能起到较好的预防效果，同时还可兼施预防玉米丝黑穗病和玉米大斑病、小斑病的药剂。

第五节　玉米褐斑病

玉米褐斑病又称黄斑病，是近年来玉米上常发生的一种真菌性病害，该病为玉米中后期病害，一般在玉米8～10片叶时易发生。我国各玉米产区均有发生，其中，在华北地区和黄淮流域的河南、河北、山东、安徽、江苏等省份危害较重。近年来，玉米褐斑病仅2012年在鄂尔多斯市乌审旗被报道发生，发生面积为1万亩次。由于田间存在一定菌源量，如遇到适宜的温湿度条件，该病的发生率就会增高，严重影响玉米产量。除危害玉米外，还会对类蜀黍属植物产生危害。

一、病原菌

玉米褐斑病病原菌为玉蜀黍节壶菌（*Physoderma maydis*），是玉米上的一种专性寄生菌，寄生在薄壁细胞内。休眠孢子囊壁厚，近圆形至卵圆形或球形，黄褐色，略扁平，有囊盖，萌发时释放出多个具单尾鞭毛的游动孢子。

二、危害症状

主要危害玉米叶片、叶鞘和茎秆，一般先在顶部叶片的尖端发生，以叶和叶鞘交界处病斑最多，常密集成行。初侵染病斑为水渍状褪绿小斑点，渐渐变成黄褐色圆形或椭圆形隆起成疱状的病斑。叶片上病斑较小，一般直径为0.5～1毫米，常连片并呈垂直于中脉的病斑区和健康组织相间分布的黄绿条带，这是区别于其他叶斑病的主要特征。叶鞘、叶脉上的病斑较大，直径可达2～3毫米，褐色到紫色，发病后期病斑表面破裂，叶细胞组织呈坏死状，散出褐色粉末（病原菌的孢子囊），病叶局部散裂，叶脉和维管束残存如丝状，随后叶片由于无法传输养分而发黄枯死。茎上病斑多发生于节的附近，遇风易倒折。

玉米褐斑病危害状

三、发病条件及规律

病原菌以休眠孢子（囊）在土壤中或病残体中越冬，翌年遇到适宜条件萌发产生大量游动孢子，借气流或风雨传播到玉米植株上进行危害。游动孢子在叶片表面的水滴中游动，并形成侵染丝，侵入玉米幼嫩组织引起发病，形成侵染丝之后的孢子形成营养体，进而发育成休眠孢子囊，完成病害循环。7—8月，若遇温度23～30℃、相对湿度85%以上、降雨较多的气候条件，有利于该病害发生流行。土壤瘠薄地块、低洼地、连作地、缺肥地块、种植密度大通风不畅地块，病害发生严重。玉米褐斑病一般在玉米喇叭口期开始发病，抽穗期至乳熟期为显症高峰，玉米12片叶以后一般不会再发生此病害。

四、综合防治措施

（一）农业防治　选用抗病品种。秋季玉米收获后，清洁田园，清除田间遗留的病残体，将直接秸秆还田变为深翻还田或腐熟还田，重病地块实行3年以上轮作倒茬，以降低田间病原基数，消灭初侵染源。合理密植，做好中耕除草，适时浇水，在7—8月下大雨或暴雨后，及时排出田间积水，以降低田间相对湿度；玉米种植前增施有机肥，在玉米4～5片叶时，追施苗肥，每亩可追施尿素或氮磷钾复合肥10～15千克，以满足玉米生长发育对养分的需求，使植株健壮，提高抗病性，注意氮磷钾肥搭配使用。

（二）化学防治　在玉米4～5片叶时，用25%三唑酮可湿性粉剂或25%戊唑醇可湿性粉剂1 500倍液进行叶面喷雾，可有效预防玉米褐斑病的发生。在玉米8叶期时，可用430克/升戊唑醇悬浮剂，或80%代森锰锌可湿性粉剂，或50%多菌灵可湿性粉剂500～600倍液进行喷雾防治，同时为了提高防治效果可在药液中适当加叶面肥，如磷酸二氢钾、尿素等，既可控制该病发展蔓延，又可促进植株健壮，提高抗病性。另外，在对玉米褐斑病这类中后期发生的病害进行防治时，可选用风送式高效远程喷雾机、自走式高秆作物喷杆喷雾机、智能无人机等先进高效植保药械进行作业，提高防治效果，确保生产安全，同时注意施药时间应在10:00以前或16:00以后，施药后4小时内若遇雨应该重新喷施。

第六节　玉米灰斑病

玉米灰斑病又称玉米尾孢叶斑病、玉米霉斑病，是一种真菌性病害。近年来，在我国各玉米栽培区发病呈现上升趋势，特别是在华北、东北南部玉米产区以及云南等地普遍发生，局部地区已造成严重损失。1991年在辽宁丹东首次报道了该病的发生。近年来，在鄂尔多斯地区零星发生，基本不造成危害。但随着多年玉米连作和秸秆还田技术的推广应用，田间越冬菌源不断积累，在7—8月如遇到降水量大、相对湿度高、气温较低的适宜环境，则有利于该病害的发生和流行，影响玉米的产量和品质，除侵染玉米外，还可侵染高粱、香茅等多种禾本科植物。

一、病原菌

玉米灰斑病病原菌为玉蜀黍尾孢（*Cercospora zeae-maydis*），分生孢子梗从气孔伸出，单生或丛生，一般3～20根，无分枝，浅褐色至棕褐色，常呈膝状弯曲，粗细一致，大小为（60～180）微米×（4～6）微米，1～4个隔膜，多数1～2个隔膜，上着生分生孢子，具孢痕，分生孢子无色，大小为（40～120）微米×（3～4.5）微米，倒棍棒形或纺锤形，1～8个隔膜，多数3～5个隔膜，孢脐明显，顶端较细稍钝，有的顶端较尖。

二、危害症状

玉米灰斑病主要危害叶片，也可侵染叶鞘和苞叶。发病初期为水渍状斑点，易和小斑病混淆，后逐渐与叶脉平行并受到叶脉限制，成熟时病斑为灰褐色或黄褐色，多呈长方形，两端较平，这是区别于其他叶斑病的主要特征，大小为（4～20）毫米×（2～5）毫米，田间湿度大时，病斑背面可见灰色霉状物，即病原菌的分生孢子梗和分生孢子，以叶背面居多，严重时病斑汇合连片，导致叶片枯死，当气候条件适宜时，可扩展至全部叶片，使植株茎秆破损和倒伏。

玉米灰斑病危害状

三、发病条件及规律

玉米灰斑病在苗期基本不发病，大喇叭口期至抽雄初期开始发病，灌浆期至乳熟期进入发病高峰期。病原菌以菌丝体和分生孢子在玉米秸秆等病残体上越冬，成为第二年的初侵染源。该病原菌在地表病残体上可存活7个月以上，埋在土壤中病残体上的病原菌则很快丧失生活力。当气候条件适宜时，产生的分生孢子随风雨传播到玉米植株上，从气孔侵入，一个生长季节可进行多次再侵染。发病的最适温度为25℃、最适湿度为100%或有水滴存在，因此，多雨年份的7—8月容易引起该病发生，而温度高、干旱则抑制该病害流行。连作和大面积种植感病品种，是该病流行和大发生的重要原因。种植密度大、不透风、湿度大会加快病害的传播；不施底肥和磷钾肥、偏施氮肥、后期脱肥、管理粗放的地块，植株抗病性弱，均有利于病害发生发展。

四、综合防治措施

（一）加强监测预警　加强对玉米灰斑病的监测与预报，特别是结合"3S"技术运用对病害进行动态监测领域的研究与开发，以达到对玉米灰斑病及时准确的监测与控制。

（二）积极推广抗病品种　选用对玉米灰斑病有较好抗性的品种，特别是兼抗几种叶斑病的优良品种，是防治玉米灰斑病的根本途径。玉米不同品种间对灰斑病的抗性有一定差异。

（三）农业防治　参考玉米病害——大斑病。

（四）化学防治　根据玉米灰斑病发生发展和危害特点，主要在玉米大喇叭口期、抽雄抽穗期和灌浆初期这3个关键时期及时进行药剂防治。防效较好的药剂有25%丙环唑可湿性粉剂，或10%苯醚甲环唑可湿性粉剂，或25%嘧菌酯悬浮剂等，隔7～10天喷1次，连续喷药2～3次；此外，可使用常规杀菌剂80%代森锰锌可湿性粉剂500倍液，或70%百菌清水分散粒剂800倍液，或70%代森锌可湿性粉剂800倍液等，喷雾防治均有一定的效果。

在喷药时最好先从玉米下部叶片向上部叶片喷施，以每个叶片喷湿为准，要注意喷匀喷透。因为玉米灰斑病是先从每株玉米的脚叶由下往上发生危害和蔓延，早期先喷脚叶的目的就是控制下部叶片上的病原菌不再往上扩展蔓延，以达到控制病害的目的。

第七节　玉米茎腐病

玉米茎腐病又称玉米茎基腐病、青枯病、烂腰病，是成株期茎基部腐烂病的总称，是由多种真菌和细菌单独或复合侵染引起的，因此分为真菌性茎腐病和细菌性茎腐病，主要危害玉米茎秆和叶鞘。该病广泛分布于世界各玉米产区，严重影响玉米的产量和品质。2014年，玉米茎腐病在鄂尔多斯市首次发生危害，发生地为伊金霍洛旗，发生面积5万亩次。近年来由于一些品种抗病性较差，加上秸秆还田和少免耕技术的推广，增加了田间病原菌的数量，该病发生呈加重态势，在乌审旗、鄂托克旗、伊金霍洛旗、达拉特旗和鄂托克前旗都有不同程度的发生，发病期一般在7—8月，该病一旦发生则发展迅速，一般减产10%～30%，重者达50%以上。

一、病原菌

玉米茎腐病病原菌有20余种，可分为镰孢菌（*Fusarium* spp.）、腐霉菌（*Pythium* spp.）和细菌3大类。镰孢菌主要有禾谷镰刀菌（*F. graminearum*）和串珠镰刀菌（*F.moniliforme*）等。禾谷镰刀菌在高粱粒或麦粒上培养易产生大型分生孢子，分生孢子具隔膜，一般3～5个；串珠镰刀菌分生孢子呈串珠状，菌落为紫色或粉红色。腐霉菌有瓜果腐霉菌（*Pythium aphanidermatum*）、肿囊腐霉菌（*P.inflatum*）和禾生腐霉菌（*P.graminicola*）。瓜果腐霉菌菌丝发达，游动孢子囊丝状。肿囊腐霉菌菌丝纤细，游动孢子囊形成不规则球形突起，呈裂瓣状膨大；禾生腐霉菌菌丝不规则分枝，游动孢子囊顶生或间生，由菌丝膨大产生。细菌主要是菊欧文氏菌玉米致病变种（*Erwinia chrysanthemi* pv.*zeae*），菌体杆状，单生或双链，革兰氏染色阴性，周生有鞭毛，菌落圆形，透明，乳白色。

二、危害症状

（一）真菌性茎腐病　　一般在玉米灌浆期开始发病，乳熟后期至蜡熟期为发病高峰期，大部分病原菌都可引起青枯和黄枯两种症状类型。玉米乳熟后期，发病后植株叶片自下而上迅速枯死呈青绿色，故又称青枯病。青枯型也称急性型，从发病到全株枯萎一般3～7天，发病快，历期短。黄枯症状就是植株发病后叶片自下而上或自上而下逐渐变黄枯死，发病较慢，历期较长。真菌性茎腐病植株根部先受害，整株叶片突然失水干枯，植株枯死导致籽粒灌浆不足、秃尖增长、粒重下降，造成直接产量损失，同时植株茎节变软，引起倒伏，可造成更大的间接产量损失。症状表现为最初在毛根上产生水渍状淡褐色病变，逐渐扩展至次生根，直到整个根部空心变软，呈褐色或紫色腐烂，须根减少，易拔起。最后病原菌逐渐向茎基部扩展蔓延，茎基部1～2节处开始出现水渍状不规则病斑，很快变软下陷，内部空松，手可捏动，节间变淡褐

玉米茎腐病危害状

色，果穗苞叶青干下垂，籽粒干瘪。

（二）细菌性茎腐病　表现为青枯型，主要危害中部叶茎和叶鞘。发病时，在叶鞘及茎节处可见水渍状病斑，圆形、椭圆形或不规则形，叶鞘下茎秆腐烂下陷，病组织软化，叶片呈青枯状萎蔫，植株常倒折。当湿度大时，病斑向上、下迅速扩展，病部溢出黄褐色腐臭菌脓。

三、发病条件及规律

病原菌在种子、土壤及田间病残体上越冬，带病种子和病残体是主要初侵染源，第二年借助气流、风雨、昆虫、灌溉水、机械等进行传播，全生育期均可从根部或茎基部的伤口或表皮直接侵入，在植株体内逐渐蔓延，最后到达茎基部，堵塞维管束，使地上部得不到水分和营养而干枯死亡。

真菌性茎腐病发生流行的重要条件是高温高湿，尤其是雨后骤晴，土壤湿度大，气温剧升，往往导致该病暴发成灾。

细菌性茎腐病发生流行的重要条件是高温高湿、阴雨连绵或雨后闷热，气温28～30℃、相对湿度80%以上开始发病，气温34～35℃，病害扩展最快，温度下降至26℃以下时，病害停止发展。

害虫携带病原菌可起到传播和接种的作用，如玉米螟、棉铃虫等虫口数量大则发病重。镰孢菌是小麦、玉米的共同病原菌，也是造成秸秆田间腐烂的主要菌群，因此，小麦玉米连作区、秸秆还田或免耕地块发病重，地势低洼或排水不畅的地块发病重，施用氮肥过多、伤口多的地块发病重。适时晚播，保持田间通风透光和良好的土壤透气性可减轻或延缓发病。

四、综合防治措施

（一）加强监测预警　充分利用鄂尔多斯市农作物重大病虫害数字化监测预警系统以及监测站点配备的先进物联网监测设备，及时准确的监测数据是农作物病虫害科学防治的基础。同时适宜的气候条件有利于玉米叶部等病害的发生和发展，尤其是雨后骤晴，极易引起玉米茎腐病的发生，加上鄂尔多斯地区绝大多数玉米田长期连作，田间菌源量较高。因此，要认真开展玉米中后期病害监测调查，及时预警，指导农牧民进行科学有效防治。

（二）农业防治　选用抗病品种；秋季玉米收获后，清除田间病残体，避免秸秆还田，春秋耕地时深翻土壤，压埋病原；做好中耕除草，增强根系吸收能力，加强健康栽培；合理施肥，玉米拔节期或孕穗期增施钾肥或磷氮肥配合使用，可增强植株长势，提高抗病性；合理密植，掌握适宜的灌水量及次数，低洼地要注意排水，以降低田间相对湿度和保持土壤良好的透气性；同时与大豆、马铃薯等非寄主作物有计划地实行轮作倒茬，可显著减少该病害的发生。

（三）物理防治　玉米茎腐病初发期，可剥除叶鞘，在茎伤部位涂刷石灰水（熟石灰500克加水2.5～5.0千克）。发病轻的植株也可用刀割去病斑。

（四）生物防治　目前，已证明哈次木霉（*Trichoderma harzianum*）、粉红黏帚霉菌（*Gliocladium roseum*）、鞍形小球壳菌（*Sphaerodermella helvellae*）、简单节葡孢菌（*Gonatobotrys simplex*）等生防菌对茎腐病有防治作用。

（五）化学防治　用25%三唑酮可湿性粉剂按种子重量的0.2%拌种，对该病有一定的防治效果，同时还可兼防玉米丝黑穗病，或采用种子包衣可有效预防玉米茎腐病的发生；苗期开始注意药剂防治虫害，以减少伤口；发病初期用氨基寡糖素2 000～2 500倍液＋30%甲霜·噁霉灵水剂1 000倍液，或3%中生霉素可湿性粉剂600～800倍液+30%甲霜·噁霉灵水剂1 000倍液喷施基部2～3次；也可用30%甲霜·噁霉灵水剂30毫升+20%甲基立枯磷乳油1 200倍液兑水15千克，进行灌根，7～10天灌一次，连续2～3次可有效控制该病害的发展。

第八节　玉米顶腐病

玉米顶腐病是顶端腐烂病的总称，主要分为镰孢菌顶腐病和细菌性顶腐病，是我国玉米上的一种新病害，可在玉米整个生育期侵染发病。该病在辽宁、吉林、黑龙江和山东等省份都有发生，并有加重流行趋势。一旦发生，危害损失比较严重，如果不及时防治，就会影响玉米的产量和质量，因此必须及早进行防治。除侵染玉米外，还可侵染高粱、小麦等禾本科植物以及苏丹草、狗尾草和马唐等杂草。

一、病原菌

玉米镰孢菌顶腐病病原菌为串珠镰孢菌亚黏团变种（*Fusarium moniliforme* var. *subglutinans*）。很少形成大型分生孢子，有时也可在菌丝侧枝上的分生孢子梗上形成大型分子孢子，顶细胞尖而弯曲，基细胞具小柄，有3～7个分隔。形成的小分生孢子大小为（5～12）微米×（1.5～2.5）微米，纺锤形至棍棒形，基部稍平展，偶尔有1个分隔，链状排列。

玉米细菌性顶腐病病原菌为铜绿假单胞菌（*Pseudomonas aeruginosa*）。菌体细长而且长短不一，球杆状或线状，成对或短链状排列，菌体一端具单鞭毛。

二、危害症状

（一）玉米镰孢菌顶腐病　发病期多为苗期，病株生长缓慢，常矮化。表现为心叶从叶基部腐烂干枯，紧紧包裹内部心叶，使其不能展开而呈鞭状扭曲；或心叶基部纵向开裂，叶片畸形、皱缩或扭曲。发病后纵剖茎秆，可见茎基部纵向开裂，维管束有褐色病变，有的出现空洞，内生白色或粉红色霉状物。重病株多不结实或雌穗小，甚至枯萎死亡。

（二）玉米细菌性顶腐病　在玉米抽雄前均可发生。典型症状为心叶呈灰绿色失水萎蔫枯死，形成枯心苗或丛生苗；叶基部水渍状腐烂，病斑不规则，褐色或黄褐色，腐烂部有或无特殊臭味，有黏液；严重时用手能够拔出整个心叶，轻病株心叶扭曲不能展开，影响抽雄；穗位节的叶基和茎部发黄，叶鞘茎秆组织软化，植株顶端向一侧倾斜呈弯头状；抽穗感病植株可结实，但果穗小、结籽少，严重的雌穗雄穗败育、畸形，不能抽穗。感病植株的根系通常不发达，根冠变褐腐烂。

玉米顶腐病危害状

三、发病条件及规律

玉米顶腐病病原菌为土壤习居菌，可通过种子带菌进行远距离传播，也可在种子、病残体、土壤中越冬，翌年从植株的气孔、水孔、伤口或茎节、心叶等幼嫩组织侵入，虫害或其他原因造成的伤口利于病原菌侵入，特别是蓟马、蚜虫等害虫的危害会加重该病害的发生。病原菌兼有系统侵染和再次侵染的能力。高温高湿、旱后突降暴雨或暴雨后骤晴均有利于该病发生流行，植株发病多出现在雨后或田间灌溉后，低洼或排水不畅的地块发病相对较重。

四、综合防治措施

（一）积极推广抗病品种　不同玉米品种间抗病性有差异。在生产上，种植抗病品种能够有效控制玉米顶腐病的发生。

（二）农业防治　田间一旦发现病株，立即带出田外集中销毁；合理施肥，及时追肥，在玉米生长发育进入大喇叭口期，要迅速对玉米追施氮肥，针对发病较重地块，更要做好及早追肥工作；同时要配合做好喷施叶面肥（可选磷酸二氢钾）和植物生长调节剂（可选芸薹素内酯）工作，可以达到促苗早发，补充养分和提高抗逆性的效果。做好防虫工作，避免或减少病原菌从伤口侵入；雨后及时排水，重病田实行轮作倒茬。

（三）物理防治　扭曲心叶需用刀纵向剖开，以促进顶端生长和雄穗正常发育，剖开的叶片在通风和日晒条件下，发病组织会很快干枯，可有效控制病害的发展。对玉米心叶已扭曲腐烂的较重病株，可用剪刀剪去包裹雄穗上的叶片，以利于雄穗的正常吐穗，并将剪下的病叶带出田外处理。

（四）化学防治　一是药剂拌种，可用种子重量的0.2%～0.3%的75%百菌清可湿性粉剂，或80%代森锰锌可湿性粉剂，或50%多菌灵可湿性粉剂等广谱内吸性强的杀菌剂进行均匀拌种，晾干后播种。二是药剂防治，发病初期可用58%甲霜灵·锰锌可湿性粉剂300倍液，或70%甲基硫菌灵可湿性粉剂700倍液，或77%氢氧化铜可湿性粉剂600倍液，或50%多菌灵可湿性粉剂500倍液等进行喷雾防治；针对细菌性顶腐病可选用农用噻菌铜等杀细菌剂，最好配合杀虫剂（可选吡虫啉）和叶面肥，既能消灭害虫，促进植株生长，增强光合作用，又能提高植株的抗逆性。隔7～10天施药1次，连续喷药2～3次，喷药时最好将喷雾器喷头卸下，对准玉米心叶从上至下喷灌，发病株应当增加药液量。

第九节　玉米穗腐病

玉米穗腐病又称玉米穗粒腐病、玉米赤霉病，是由多种病原菌单独或复合侵染引起的果穗或籽粒霉烂病的总称，在我国各玉米产区都有不同程度的发生，发病以后不仅导致玉米产量降低、品质下降，失去粮食和饲料的经济价值，而且病原菌还会产生毒素，如黄曲霉菌和伏马菌素等化学物质会引起人和家畜、家禽中毒，给农牧业生产造成严重损失。

一、病原菌

有20余种，主要有禾谷镰孢菌（*Fusarium graminearum*）、拟轮枝镰孢菌（*F.verticillioide*）、青霉菌（*Penicillium* spp.）、曲霉菌（*Aspergillus* spp.）、枝孢菌（*Cladosporium* spp.）、串珠镰孢菌（*F.moniliforme*）、层出镰孢菌（*F.proliferatum*）等。其中，禾谷镰孢菌和拟轮枝镰孢菌为该病害的优势病原，均属子囊菌无性型镰孢属。

二、危害症状

因病原菌的不同而有差异，主要表现为整个或部分果穗或个别籽粒腐烂，其上可见各色霉层。严重时，穗轴或整穗腐烂。受害籽粒或受害果穗顶部、中部变色，并出现粉红色、蓝绿色、黑灰色或暗褐色、黄褐色霉层，即病原菌的菌丝体、分生孢子梗和分生孢子。病粒无光泽、不饱满、质脆、内部空虚，常为交织的菌丝所充塞。果穗病部苞叶常被密集的菌丝贯穿，黏结在一起贴于果穗上不易剥离。仓储玉米受害后，粮堆内外则长出疏密不等、各种颜色的菌丝和分生孢子，并散出发霉的气味。

玉米穗腐病危害状

三、发病条件及规律

病原菌在种子、病残体或土壤中越冬，第二年遇到阴雨潮湿的环境条件，病原菌的分生孢子就会快速生长成熟，成为发病的初侵染源，随风雨、气流飞散飘落在玉米的花丝上，或通过害虫等造成的伤口侵入，或从植株根部侵染，引起病害。高温多雨以及玉米虫害发生偏重的年份，玉米穗腐病往往发生较重，特别是进入夏季，多雨潮湿，温度在25℃以上，湿度达80%的天气条件正适合病原菌的生长和流行，而7—9月正是北方玉米产区降雨频繁的月份，连续的阴雨天造成玉米果穗上部积累大量的水分，为病原菌的侵入创造了有利条件，因此需特别注意玉米穗腐病的发生与防治。玉米成熟后在田里长时间不收获会增加穗腐病的发生，玉米粒没有晒干，入库时含水量偏高，以及贮藏期仓库密封不严，库内温度升高，也利于各种霉菌腐生蔓延，引起玉米粒腐烂或发霉。重茬地、密植地发病重；地势低洼、偏施氮肥的地块发病重；收获时间晚发病重；品种果穗包裹严、籽粒不外漏、果穗下垂的玉米发病轻。

四、综合防治措施

（一）农业防治　选择抗病品种，可以选育或引进高抗、高产且苞叶不易开裂的玉米品种，种植当地主推品种或新品种，可有效预防玉米穗腐病的发生。玉米收获后，及时清除田间遗留的玉米秸秆、穗、根茬等病残体，结合深耕翻入土中彻底腐烂分解，减少初侵染源。健康栽培，提高植株抗病性。加强穗期虫害防治工作，减少穗部伤口。适时收获，收获后的玉米要分散堆放，并做好防水防潮措施，切不要堆集在一起；收获后要尽早剥掉苞叶，在通风向阳处风干晾晒，不要堆得太厚，定期翻动尽早脱粒；如果发现堆中有发病的果穗，要及时挑拣出来，防止病原菌进一步扩散。充分晾晒后入仓贮存。有计划地实行轮作倒茬，避免重茬。

（二）化学防治

1.种子处理 用药剂对种子进行包衣可有效抑制病原菌对种子的侵害，可用20%福·克种衣剂包衣，每100千克种子用药440～800克，或用30%多·克·福种衣剂包衣，每100千克种子用药200～300克。

2.心叶期 及时防治害虫（主要是玉米螟、黏虫、金龟子、蟋类和棉铃虫等）对穗部的危害。

3.大喇叭口期 用20%井冈霉素可湿性粉剂或40%多菌灵可湿性粉剂每亩200克喷雾防治，也要注意及时防治虫害。

4.吐丝期 用65%代森锰锌可湿性粉剂400～500倍液或50%多菌灵可湿性粉剂1 000倍液喷洒果穗，可有效防止病原菌侵入果穗。

第十节 玉米鞘腐病

玉米鞘腐病是由多种病原菌单独或复合侵染引起的叶鞘腐烂病的总称。在我国最早报道是2008年在辽宁、吉林和黑龙江的春玉米上发现了此病害。2016年，在鄂尔多斯市伊金霍洛旗、乌审旗和鄂托克前旗发现了玉米鞘腐病，其症状与玉米褐斑病、纹枯病、圆斑病等有相似之处，主要发生在玉米生育中后期的籽粒形成直至灌浆期，受害叶鞘呈黑褐色腐烂症状，个别地块发生较重，病株率高达90%以上。

一、病原菌

玉米鞘腐病病原菌有层出镰孢菌（*Fusarium proliferatum*）、禾谷镰孢菌（*F. graminearum*）、串珠镰孢菌（*F. moniliform*）等，蚜虫等害虫危害也可引起并加重玉米鞘腐病的发生。层出镰孢菌为玉米鞘腐病的主要病原菌。小型分生孢子串生或假头生，长卵形或椭圆形，无隔膜或具隔膜，大小为（7.6～10.7）微米×（3.6～4.3）微米。大型分生孢子镰刀形，较直，顶胞渐尖，足胞较明显，1～5个分隔，大小（27.1～38.3）微米×（3.7～4.9）微米，产孢细胞为内壁芽生瓶梗式产孢。

二、危害症状

玉米鞘腐病主要危害玉米叶鞘，典型症状是形成不规则的褐色或黑褐色腐烂状病斑，病斑一般从下部逐渐往中上部叶鞘蔓延，发病初期为水渍状椭圆形或褐色小点，后逐渐扩展，直径可达5厘米以上，多个病斑汇合形成黑褐色不规则形斑块，蔓延至整个叶鞘。当条件适宜时，可见病斑中心部位产生粉白色霉层（即病原菌菌丝体和分生孢子），有时会有灰黑色、红紫色霉点。虫害引起的鞘腐，外观常呈紫色、浅紫色，叶鞘内侧可见蚜虫等小型害虫危害。病斑如果只局限在下部叶鞘时，基本不会造成大的产量损失，如果遇到适宜病原菌生长的条件，很快达到棒三叶，甚至穗上苞叶，引起秃尖、籽粒干瘪或穗腐，造成很大的产量损失。

玉米鞘腐病危害状

三、发病条件及规律

病原菌在病残体、土壤或种子中越冬，翌年随风雨、农具、种子、人畜等传播，遇到适宜气候条件侵染玉米发病。高温高湿有利于病害的流行。该病原菌在5 ~ 35℃均能生长，适宜温度为25 ~ 30℃，在最适温度28℃时菌丝生长茂盛密集。

四、综合防治措施

（一）农业防治　选用抗病品种。及时清除田间病残体，深翻灭茬，减少初侵染源。有计划地实行轮作倒茬。

（二）化学防治

1.种子处理　使用种衣剂拌种，用50%多菌灵可湿性粉剂500倍液拌种，堆闷4 ~ 8小时后直接播种。

2.发病初期　在茎秆喷施50%咯菌腈可湿性粉剂，或甲基硫菌灵可湿性粉剂等，7 ~ 10天施药1次，连续施2 ~ 3次。

第十一节　玉米疯顶病

玉米疯顶病又称丛顶病，是玉米霜霉病的一种，在玉米全生育期均可发病，1974年，在我国山东省首次发现，近年来该病发展迅速，在多地局部都有发生，西北地区尤为严重。该病是一种毁灭性的玉米病害，一旦发病，田间病株率相当于产量损失率，因此对玉米生产影响极大。可侵染危害玉米、小麦、水稻、高粱和狗尾草等100多种禾本科植物。

一、病原菌

玉米疯顶病病原菌为专性寄生菌大孢指梗霉（*Sclerophthora macrospora*）。该病原菌在玉米组织中经历菌丝体—多合体—藏卵器—卵孢子的有性世代过程。侵入寄主后，菌丝主要分布在维管束和细胞间，玉米抽雄后很少能见到菌丝体。孢囊梗自气孔下菌丝伸出，梗短，单生；孢子囊无色，柠檬形，有紫褐色或淡黄色乳突，孢子囊萌发产生游动孢子；游动孢子无色，球形，双鞭毛；藏卵器、卵孢子在叶片组织内形成。

二、危害症状

该病害是系统侵染病害，病株雌、雄穗增生畸形，结实减少，严重的颗粒无收。

1.苗期症状　表现为心叶黄化、扭曲、畸形；叶片上有黄白色条条纹状失绿，或皱缩成泡状；病株变矮并过度分蘖，有的株高甚至不到1米，不及健株的一半，严重时枯死。

2.抽雄后典型症状　典型症状为雌雄穗畸形，病株表现为雌穗感病雄穗正常或雄穗感病雌穗正常。常见症状有雄穗叶化，雄穗全部或部分增生畸形，小花叶化，即雄穗小花都变为叶柄较长的变态小叶，簇生呈刺头状，故称为疯顶病；雄穗呈球状，有的病株雄穗上部正常，下部大量增生畸形，呈圆形球状，不能产生正常雄花；雌穗丛生，不结实，雌穗苞叶顶端变态为小叶并增生，一个雌穗分化出多个小雌穗，呈丛生状，严重时雌穗内部籽粒全部转变为小叶，穗轴多茎节状，无花丝，无籽粒；心叶牛尾状，有的病株上部叶和心叶卷曲缠绕，严重扭曲，病株不抽雄；植株疯长，不分化出雌穗和雄穗，病株较正常植株高大，上部茎秆节间缩短，叶片对生、变厚，植株贪青，易倒伏、折断。

玉米疯顶病危害状

三、发病条件及规律

　　病原菌以卵孢子或菌丝体在种子、土壤、病残体或杂草寄主上越冬，第二年遇降雨或灌溉，卵孢子或菌丝体萌发产生孢子囊，释放游动孢子，侵染玉米，引起发病。带病种子是远距离传播的主要载体。引起发病的一个重要原因是气候条件，其中湿度是该病害发生的重要因素，土壤湿度饱和状态持续24～48小时，就能完成侵染。玉米芽期是适宜的侵染时期，病原菌通过玉米幼芽鞘侵入，在植株体内系统扩展而发病，因此保护幼芽期是防治的关键。多雨年份及地势低洼、土壤湿度大或积水田发病较重；田间种植密度大、重茬连作发病重；小麦和玉米带状套种也有利于发病；另外，发病与品种也有关系，一般马齿型玉米比硬粒型玉米抗病。

四、综合防治措施

　　（一）农业防治　选用抗病品种。加强植物检疫，严禁从疫区调种引种。玉米收获后彻底清除田间病残体和杂草，集中销毁，并深翻土地，促进土壤中病残体腐烂分解，或实行玉米与非寄主作物轮作，可选择与豆类、棉花轮作等。合理密植，农家肥要充分腐熟，增施有机肥、钾肥，控制氮肥。玉米苗期严格控制浇水量，防止大水漫灌，及时排除田间积水，降低土壤湿度。发现病株后，要及时拔除并带出田间销毁。重病田应避免秸秆还田。
　　（二）物理防治　对呈牛尾状的病株可用小刀划开扭曲部分，促使其抽穗。
　　（三）化学防治　通过包衣或用甲霜灵·锰锌、甲霜灵等药剂拌种来处理种子，有一定防效。苗期可用25%甲霜灵可湿性粉剂800倍液喷雾预防2次，有明显的控病效果。发病初期用90%三乙膦酸铝可湿性粉剂400倍液，或25%甲霜灵可湿性粉剂800倍液，或60%氟吗·锰锌可湿性粉剂100克，兑水50千克混匀喷雾，重点喷施茎基部，均有较好的防治效果。

第十二节　玉米纹枯病

　　玉米纹枯病又称花脚秆病、烂秆瘟病，是一种从苗期至穗期均可发生的土传病害，在世界各玉米产区普遍发生，我国最早于1966年在吉林省有发生报道。近年来，随着玉米种植面积的迅速扩大和高产密植栽培技术的推广，玉米纹枯病发展蔓延较快，危害日趋严重，一般发病率为40%左右，严重时达70%，个别地块或品种高达100%，已成为制约玉米持续增产的主要障碍之一。除危害玉米外，还可侵染水稻、小麦、高粱、棉花、大豆等多种作物。

一、病原菌

玉米纹枯病病原菌为立枯丝核菌（*Rhizoctonia solani*）、禾谷丝核菌（*Rhizoctonia cerealis*）和玉蜀黍丝核菌（*Rhizoctonia zeae*）等土壤习居菌，其中立枯丝核菌是引起中国玉米纹枯病的优势病原菌。菌丝初无色，较细，分枝处多缢缩，近分枝处有隔膜，随菌龄增长，菌丝细胞渐变粗短，纠结成菌核，变褐色，表面粗糙，有微孔，上凸、下凹或平，球形或椭圆形，单生或多个结成不规则形，直径 1 ~ 15 毫米。菌丝生长最适温度为 26 ~ 32℃，菌核形成最适温度为 22℃，菌丝只有在相对湿度 85% 以上时才能侵染致病。

二、危害症状

玉米纹枯病主要危害叶鞘，也可危害果穗及茎秆。一般多由近地面叶鞘发病，再由下而上逐渐发展。发病初期多在基部 1 ~ 3 茎节叶鞘上产生水渍状病斑，椭圆形或不规则形，病斑中部灰褐色、黄白色或黑褐色，后扩展愈合成云纹状或不规则大病斑。病斑可沿叶鞘上升至果穗，在苞叶上也产生同样的云纹状病斑，严重时，花丝腐烂，果穗秃顶，籽粒细扁或变褐腐烂。也可通过茎节侵入茎秆，在茎表皮产生褐色或黑褐色不规则病斑，病株茎秆松软，组织解体，易倒伏。若遇高温多雨，病斑长出稠密的白色菌丝体，菌丝体进一步集结形成黑褐色菌核。

玉米纹枯病危害状

三、发病条件及规律

该病的主要发病期在玉米性器官形成至灌浆期，苗期和生长后期发病较轻。病原菌以菌丝和菌核在土壤中或病残体上越冬，翌年春天当条件适宜时，菌核萌发，通过风雨、农事操作等传播到叶鞘或叶片，侵染发病，病斑上长出的菌丝、孢子和菌核为再侵染源。当条件适宜时，每 5 ~ 7 天上升一个叶位。温度 26 ~ 32℃，相对湿度 90% 以上，有利于该病害流行。玉米连茬种植田块、土壤中积累的菌源量大，发病重；播种过密、施氮肥过多、湿度大、连阴雨多易发病。

四、综合防治措施

（一）农业防治　选用抗（耐）病品种或杂交种。玉米收获后及时清除田间病残体，并进行深耕翻土，以消灭越冬菌源。合理密植，均衡施肥，避免偏施氮肥，做到氮、磷、钾配合使用，低洼地注意排水，降低田间湿度，增强植株抗病性。发病初期及早剥除玉米植株下部的部分有病叶鞘，并用药剂涂抹叶鞘等发病部位，可减轻发病。重病田严禁秸秆还田。

（二）生物防治　防治玉米纹枯病有效的生物农药有井冈·枯芽菌、枯草芽孢杆菌以及井冈霉素等。发病初期可在茎基叶鞘上喷施5%井冈霉素水剂1 000倍液，有较好的防效。

（三）化学防治　用2.5%咯菌腈悬浮种衣剂，或2%戊唑醇悬浮种衣剂处理种子，都有一定的防治效果。发病初期可喷洒40%菌核净可湿性粉剂1 000 ~ 1 500倍液，或50%甲基硫菌灵可湿性粉剂500倍液，或50%多菌灵可湿性粉剂600倍液，或50%苯菌灵可湿性粉剂1 500倍液，或50%腐霉利可湿性粉剂1 000 ~ 2 000倍液等。需注意喷药前一定要将已感病的叶片及叶鞘剥去，这样防治效果更好，喷药重点为玉米植株基部，以保护叶鞘。间隔7 ~ 10天施药1次。

第二章　玉米虫害发生与控制

第一节　草地贪夜蛾

草地贪夜蛾（*Spodoptera frugiperda*），又称秋黏虫、草地夜蛾等，被誉为世界十大植物害虫之一，寄主植物达到300多种，在我国，玉米是其最喜食的寄主作物，具有适生区域广、迁飞能力强、繁殖倍数高、暴食危害重、防控难度大等特点，是一种重要的农业害虫。2019年1月云南首次发现草地贪夜蛾，现已在云南、广东、海南等南方多省份周年进行繁殖。鄂尔多斯市杭锦旗吉日嘎郎图镇在2019年6月4日由测报站高空探照灯诱捕到一只草地贪夜蛾，至此，鄂尔多斯市成为内蒙古自治区第一个发现草地贪夜蛾的盟市，已对全市粮食生产构成潜在威胁。

一、形态特征

1.成虫　翅展32～40毫米。雌虫前翅灰色至灰棕色，具环形纹和肾形纹；雄虫前翅深棕色，翅顶角向内各具1个大白斑，环状纹后侧各具1条浅色带自翅外缘至中室，肾形纹内侧各具1条白色楔形纹。后翅灰白色，翅脉棕色并透明，边缘有窄褐色带。雄虫外生殖器抱握瓣正方形。抱器末端的抱器缘刻缺。雌虫交配囊无交配片。

2.卵　圆顶型，直径0.4毫米，高0.3毫米，多产于叶片正面，玉米喇叭口期多见于近喇叭口处。通常100～200粒卵堆积成块状，多由白色鳞毛覆盖，初产时为浅绿色或白色，孵化前为棕色。当适宜温度下，2～3天即可孵化。

3.幼虫　一般6个龄期，偶为5龄。初孵时全身绿色，具黑线和斑点。生长时仍保持绿色或浅黄色，并具黑色背中线和气门线。老熟幼虫体长35～50毫米，头部具黄白色倒Y形斑，黑色背毛片着生原生刚毛（每节背中线两侧有2根刚毛）。腹部末节有

草地贪夜蛾卵

呈正方形排列的4个黑斑。如密集时（种群密度大、食物短缺时），末龄幼虫在迁移期几乎为黑色。幼虫体色和体长随龄期变化，低龄幼虫体色为绿色或黄色，体长6～9毫米，头黑色或橙色。高龄幼虫多棕色，少数为黑色或绿色，体长30～50毫米，头部呈黑色、棕色或橙色，具白色或黄色倒Y形斑。幼虫体表有许多纵行条纹，背中线黄色，背中线两侧各有1条黄色纵条纹，条纹外侧依次是黑色、黄色纵条纹。幼虫最典型的特征是其腹部末节有4个呈正方形排

草地贪夜蛾幼虫

列的黑斑，三龄幼虫后头部可见明显的倒 Y 形纹。

4.蛹　椭圆形，红棕色，长14 ～ 18毫米，宽4.5毫米。老熟幼虫常在2 ～ 8厘米深的浅层土壤中化蛹，也可在寄主植物如玉米果穗或叶腋处化蛹。

二、危害症状

幼虫取食叶片可造成落叶，其后转移危害。有时大量幼虫以切根方式危害，切断种苗和幼小植株的茎，也可钻入植株的果穗中危害。种群数量大时，幼虫如行军状，成群扩散。在玉米上，一至三龄幼虫通常在夜间出来危害，多隐藏在心叶或叶片背面等部位取食，形成半透明薄膜"窗孔"。低龄幼虫还会吐丝，借助风扩散转移到周边的植株上继续危害。四至六龄幼虫对玉米的危害更严重，取食叶片后形成不规则的长形孔洞，可将整株玉米的叶片取食光，也会钻蛀心叶、未抽出的雄穗以及幼嫩雌穗组织，影响叶片和果穗的正常发育，严重危害时可造成玉米生长点死亡。

草地贪夜蛾危害状

三、生活习性及发生规律

鄂尔多斯市不是草地贪夜蛾的有效越冬区域。草地贪夜蛾无滞育现象，适宜发育温度广，为11～30℃，在28℃条件下，30天左右即可完成1个世代，而在低温条件下，需要60～90天。雌、雄虫均可多次交配，单头雌虫可产卵块10块以上，产卵量约1500粒。草地贪夜蛾完成1个世代要经历卵、幼虫、蛹和成虫4个虫态，其世代长短与所处的环境温度及寄主植物有关。成虫可在几百米的高空中借助风力进行远距离定向迁飞，每晚可飞行100千米，具有趋光性，一般在夜间进行迁飞、交配和产卵，卵块通常产在寄主植物下层叶片的背面。成虫寿命可达2～3周。卵孵化需2～10天（通常为3～5天）。幼虫发育至六龄的速度受食物和温度条件的影响，通常需要14～21天。大龄幼虫一般夜间活动。老熟幼虫钻入土表下2～8厘米下结松散的茧化蛹，若土壤过硬，幼虫会用丝网把碎叶片和其他材料缠绕在土表结茧，也有少数在寄主植物的叶间化蛹，蛹期夏天为8～9天，冬天可达20～30天。沙质黏土或黏质沙土适于化蛹和成虫羽化，化蛹和成虫羽化与温度成正比，与湿度成反比。

四、综合防治措施

（一）加强监测预警　按照早发现、早报告、早预警的要求，加强基础普查，在5—9月全面监测虫情发生动态，按照统一标准和方法开展区域联合监测，信息实时共享，全面掌握草地贪夜蛾发生发展动态，及时发布预报预警。

1.加密布设监测网点　做到"旗区有观测现场，乡镇有监测点，村嘎查有调查田"，织实织密监测网络，尽量减少监测盲点。重点在粮食主产地区增设测报网点，加密布设监测工具，及时新增性诱或灯诱设备，系统掌握草地贪夜蛾发生动态。在玉米等作物生长期，定点定人，开展田间系统观测，重点调查幼虫密度、发育龄期、受害株率等。根据系统观测结果及时开展大田普查，确定防治区域及时间。同时密切关注该虫在其他植物上的发生危害情况。

2.虫情确认与报告　任何单位和个人一旦发现疑似草地贪夜蛾，应当及时向当地农牧局或植保植检站报告。虫情确定后，逐级及时上报，同时报送本级农业行政主管部门，并纳入重大病虫监测内容。

3.虫情预测预报　根据虫情监测结果，结合气候、作物生长等因素综合分析，关键时期组织专家会商研判虫情趋势，准确发布病虫情报，包括成虫盛发期、产卵盛期、三龄以下幼虫发生盛期及发生程度等，科学指导在最佳防治时期和防治区域开展防治工作，通过病虫情报、电视、广播、网络等渠道及时发布相关情况。

（二）农业防治　调整作物播种时间，错开敏感生育期，减轻危害；有条件的地区可与非禾本科作物实行间作套种。

（三）物理防治　做好成虫理化诱控。在成虫发生高峰期，集中连片使用灯诱、性诱、食诱、高空测报灯及迷向等措施，诱杀迁入成虫、干扰交配繁殖、减少产卵数量，压低外来入侵虫源基数，控制迁出虫量。

（四）生物防治　在卵孵化初期可选择多杀菌素、苏云金杆菌、甘蓝夜蛾核型多角体病毒、金龟子绿僵菌、球孢白僵菌、短稳杆菌等生物制剂。同时注意保护农田自然环境中的寄生性天敌和捕食性天敌，发挥生物多样性的自然控制优势，可利用一些捕食性益蝽、寄生蜂、姬蜂等天敌来控制害虫危害。

（五）化学防治　在发生严重的地块可施用甲氨基阿维菌素苯甲酸盐、乙基多杀菌素、氯虫苯甲酰胺、啶虫脒等药剂进行防治，以压低虫源基数，遏制蔓延危害。在防控时间上，可结合虫情监测和田间普查，抓好三龄前幼虫防控的最佳时期，施药时间最好选择在清晨或傍晚，注意喷洒在玉米心叶、雄穗和雌穗等部位。

按照"治早治小、全力扑杀"的要求，以保幼苗、保心叶、保产量为目标，因地制宜采取综合防治措施。高密度发生区采取高效低毒低残留农药兼治虫卵，快速扑杀幼虫；低密度发生区采取生物制剂和天敌控害；连片发生区组织实施统防统治和群防群控；分散或点状发生区组织农牧民实施带药侦查、点杀点治。结合当地实际科学选药、轮换用药、交替用药，延缓抗药性产生。全力压低幼虫基数，最大限度控制危害。

第二节　玉米红蜘蛛

玉米红蜘蛛学名玉米叶螨，又称棉红蜘蛛，在我国主要有截形叶螨（*Tetranychus truncates*）、二斑叶螨（*T.urticae*）和朱砂叶螨（*T.cinnabarinus*）3种，在大部分玉米栽培区均有发生，寄主广泛，除危害玉米外，还可危害棉花、豆类、瓜类等。内蒙古自治区发生的主要是截形叶螨和二斑叶螨，鄂尔多斯市以截形叶螨为主。1992年首次在鄂尔多斯市发生以来，在玉米上间歇性发生危害。2015年、2017年在鄂尔多斯市大面积发生危害，其中以达拉特旗和杭锦旗发生最为严重。近年来，在玉米田发生普遍，当条件适宜时，虫口繁殖速度快，虫害暴发性强，已成为危害鄂尔多斯市玉米的主要害虫。

一、形态特征

1.**成螨**　椭圆形，多为深红色至紫红色，体长0.42～0.6毫米，雌螨较大。体背两侧各有2个椭圆形褐斑。

2.**卵**　圆球形，直径0.1～0.15毫米，初产时无色透明，后渐变为橙红色，有光泽，表面光滑，孵化前出现红色眼点。

3.**若螨**　椭圆形，越冬代若螨红色，非越冬代若螨黄色或橙红色。体长0.13～0.3毫米，背面两侧有明显黑斑，4对足。

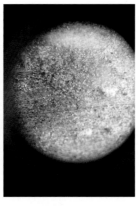

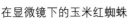

在显微镜下的玉米红蜘蛛　　　　　　　　　　　越冬红蜘蛛

二、危害症状

主要以成螨和若螨群集于玉米叶背刺吸叶片组织汁液，先危害下部叶片，后逐渐向中上部叶片转移危害。受害部初为针尖大小黄白失绿斑点，以后斑点逐渐变大，可连片成失绿斑块，

玉米红蜘蛛危害状

影响光合作用，叶片变黄白色或红褐色，俗称火烧叶。玉米红蜘蛛大发生或食料不足时，常千余头群集在玉米叶端成一团。严重发生时，叶片完全变白，整株枯死，造成减产。

三、生活习性及发生规律

玉米红蜘蛛一般为两性生殖，也可不经交配进行孤雌生殖，其后代多为雌性。在鄂尔多斯市一年发生15～20代，其发生消长、危害程度与温湿度及降水等有关。10月中下旬，受精雌螨常吐丝结网聚集在背风向阳的杂草根部、玉米枯叶或土壤缝隙等处越冬。秋、冬季及早春气温偏高有利红蜘蛛越冬。翌年3—4月，越冬雌螨开始在小旋花、蒲公英、车前草等杂草上活动、取食以及产卵繁殖。卵多散产于杂草叶上或新吐的丝网上，单雌产卵量为30～100粒，之后繁殖1～2代，约5月下旬向玉米田迁移危害，此时苗期玉米开始受害。以后在高温低湿的环境下，繁殖率增大，7—8月危害严重，9月中旬虫口密度开始下降，10月中下旬蛰伏越冬。

玉米红蜘蛛在整个发生过程中世代重叠现象严重。大发生或食料不足时，常千余头群集叶端成一团，有爬行扩散或吐丝下垂借风力扩散传播的习性。玉米红蜘蛛在田间的分布具有明显层次性，地头、地边的红蜘蛛数量往往高于地中心的密度，这在红蜘蛛发生初期尤为突出。在红蜘蛛危害盛期，以玉米果穗部位上下叶片分布最为密集，果穗下部2叶和上部3叶的红蜘蛛数量约占整个植株红蜘蛛总量的70%以上。高温干旱有利于红蜘蛛生长发育，其最适温度是25～30℃，最适相对湿度是35%～55%。低温、连续降雨或降水量大对红蜘蛛发生危害有抑制作用。此外，旱地发病重于水浇地，早播田发病重于晚播田，耕作粗放的地块发病重于耕作精细的地块。

四、综合防治措施

（一）加强监测预警　加大监测预警力度，随时掌握天气变化和玉米红蜘蛛发生发展动态，及时发布预警预报，掌握玉米红蜘蛛发生与防治的关键适期。对达到防治指标的地块，及时组织农牧民进行防治，确保不成灾、不蔓延危害。

（二）农业防治　早期防治（玉米拔节前）以农业防控措施为主，充分发挥玉米自身的抗虫性和补偿能力。种植抗螨品种。在重发区种植抗旱性强、持绿成熟的紧凑型抗螨玉米品种，是防治玉米红蜘蛛最简便、易行的措施。秋春季深翻土地，加入秸秆腐熟剂，同时清除田间、地埂、沟渠旁的秸秆、杂草等，减少害螨的食料和繁殖场所，从源头压低虫源基数。在每年秋季玉米收获后立即清洁田园，玉米秆、枯枝落叶集中处理或结合冬春积肥加以处理，压低越冬虫口基数。10月下旬深耕一次，深度以25厘米左右为宜，将越冬期玉米红蜘蛛翻入深土层，可使30%左右潜伏于土缝和枯叶下越冬的雌螨死亡。11月上旬，将深耕的地块浇好封冻水，在蓄水保墒的同时，把越冬红蜘蛛冲入淤泥中窒息死亡，可有效降低越冬雌螨量。开春进行越冬基数调查。加强农艺措施，提高植株抗性。因地制宜实行作物统一布局，连片种植，大小垄种植，每80米距离留2米作业道。压缩早播玉米，适期晚播，精细耕地，适期追肥、浇水、早间苗、早中耕，提高玉米抗逆性，高温干旱时，要及时浇水，控制虫情发展。对历年受害较重的玉米田增施农家肥和磷钾肥，喷施芸薹素内酯，促进植株健壮生长，增强抗性。注意合理密植，增强田间通风透光性。同时，清除田边、田埂、沟渠旁的杂草，恶化害螨的食料条件和栖息场所，切断中间寄主，减少害螨食料和繁殖场所。在玉米拔节至抽雄初期、抽穗至灌浆期饱浇1～2次水，并大力推广隔行去雄技术，把拔下来的雄穗统一装袋，统一处理，以改善田间小气候，抑制玉米红蜘蛛的发生。

（三）物理防治　喇叭口期，农业防治和物理防治相结合，加强田间管理。在玉米红蜘蛛发生时期，对其进行定点调查和全田普查，以便掌握虫情，为适时防治打好基础。

1. 诱杀防治　利用玉米红蜘蛛对黄色、蓝色的趋性，在其盛发期在玉米行间悬挂黄蓝板，以诱杀玉米红蜘蛛。

2. 一般防治　玉米红蜘蛛刚开始主要在玉米基部1～5片叶集中危害，可在其发生初期剪除玉米底部有红蜘蛛叶片，并装入袋内统一带出田外深埋或烧毁。

（四）生物防治　穗期是玉米红蜘蛛的增殖扩散期和发生高峰期，也是发生危害最严重的阶段，应在保护利用天敌的基础上，科学选用生物农药控制玉米红蜘蛛危害。

1. 天敌防治　玉米红蜘蛛天敌有深点食螨瓢虫、七星瓢虫、捕食螨、蜘蛛等，它们对控制玉米红蜘蛛发生有着极重要的作用。在农事操作中应注意保护和利用自然天敌，应尽量避免在天敌繁殖季节和活动盛期喷施广谱性杀虫剂。如自然天敌数量不足，可田间人工释放捕食螨。也可无人机释放天敌捕食螨进行生物防控。

2. 生物农药防治　当玉米红蜘蛛在玉米田点片发生时，可用苦参碱、藜芦碱、苦皮藤素等生物农药进行喷雾控制。

（五）化学防治　针对玉米红蜘蛛的化学防治，应掌握两个关键适期，一是每年4月下旬至5月上旬，玉米红蜘蛛开始从越冬田边杂草上向田内迁移，这时虫比较集中，抗性也差，是化学防治的最佳时间，可以集中对田边杂草和埂边附近玉米进行化学防治。二是7月中旬至8月下旬，是玉米红蜘蛛发生发展速度最快，危害最重的关键时间，此时如田间虫口密度达到指标，应定期进行化学药剂控制，以防止危害。可选用阿维·哒螨灵、哒螨灵、螺螨酯、噻螨酮、乙螨唑等防治效果较好的药剂进行化学防治，间隔7～10天喷1次，连续2～3次。药剂应选择兼杀螨和卵的，轮换使用，以免产生抗药性。喷药要均匀，务必喷到叶背面，且对田边的杂草等寄主植物也要喷药，防止其扩散。

同时需加强社会化服务组织药械装备水平和储备农药械，鼓励和扶持社会化服务组织发展壮大，尤其在后期玉米植株高大，及时组织当地社会化服务组织进行统防统治，以提高防控效果、效率和效益。

注意事项：作物生长期间，尽量避免施用广谱性杀虫剂，以有效保护自然天敌。喷药防治时操作要规范，喷雾力求均匀周到，严防漏喷；药液应喷在红蜘蛛集中危害的叶背，以提高防治效果。

第三节　棉　铃　虫

　　棉铃虫（*Helicoverpa armigera*）又名玉米穗虫、钻心虫等，寄主植物达20多科200余种，除危害棉花、玉米外，还危害向日葵、番茄、胡麻、豌豆、辣椒等作物以及多种杂草，是一种典型的杂食性害虫。1996年8月青海首次发现该虫危害玉米，其发生面积之大，虫量之多，损失之重，实为罕见，造成受害果穗不结实，减产严重。近年来，在一些栽培改制、复种面积扩大地区，棉铃虫危害玉米有加重趋势，尤以辽南、长江流域及新疆部分地区为主，玉米雌穗常受棉铃虫幼虫危害。鄂尔多斯市2017年首次发现棉铃虫，主要发生危害地为杭锦旗，调查发现玉米田一般虫口密度为20～30头/百株，最高达120头/百株，一般虫株率20%～40%，最高90%，已成为鄂尔多斯市一种新增主要害虫。

一、形态特征

　　1.成虫　灰褐色，体长15～20毫米，翅展31～40毫米。复眼球形，绿色。雌蛾赤褐色至灰褐色，雄蛾青灰色。成虫的前后翅可作为夜蛾科成虫的模式，其前翅具暗褐色环纹及肾形纹，外横线外有深灰色宽带，带上有7个小白点。后翅灰白，沿外缘有黑褐色宽带，宽带中央有2个相连的白斑。后翅前缘有1个月牙形褐色斑。

　　2.卵　乳白色，散产，半球形，高约0.5毫米。顶部微隆起，表面布满纵横纹，纵纹从顶部看有12条，从中部看有26～29条。一头雌蛾一生可产卵500～1 000粒，最高可达2 700粒。

　　3.幼虫　共有6龄，有时5龄（取食豌豆苗，向日葵花盘的）。体长30～42毫米，腹足趾钩为双序中带，两根前胸侧毛连线与前胸气门下端相切或相交，体表布满小刺。体色因食物或环境不同变化较大，分4个类型：①体色淡红色，背线、亚背线褐色，气门线白色，毛突黑色；②体色黄白色，背线、亚背线淡绿色，气门线白色，毛突与体色相同；③体色淡绿色，背线、亚背线不明显，气门线白色，毛突与体色相同；④体色深绿色，背线、亚背线不太明显，气门淡黄色。气门上方有1条褐色纵带，由尖锐微刺排列而成。幼虫腹部第1、第2、第5节各有2个毛突特别明显。老熟幼虫头黄褐色，背线明显，呈深色纵线，气门白色。

棉铃虫幼虫

　　4.蛹　黄褐色，长17～21毫米，纺锤形。腹部第5节背面和腹面有7～8排半圆形刻点，较粗而稀。臀棘钩刺2根，尖端微弯。气门较大，围孔片呈较高的筒状突起，入土5～15厘米化蛹，外被土茧。

二、危害症状

主要以幼虫发生蛀食危害。在玉米苗期幼虫自叶缘向内取食嫩叶造成孔洞或缺刻状，严重时叶片被取食的只剩下主脉和叶柄，有时咬断心叶，造成枯心。叶上虫孔和玉米螟危害状相似，但孔粗大，边缘不整齐。玉米抽穗后棉铃虫主要取食花丝、幼嫩的籽粒和穗轴等，花丝常被吃光，影响授粉，形成"戴帽"；籽粒被蛀食，穗轴内被啃食出一条深沟或被蛀空，在受害部位周围常见大量粒状粪便，且该部位易被虫粪污染，产生霉变，严重影响玉米的产量和品质。

棉铃虫危害状

三、生活习性及发生规律

棉铃虫成虫昼伏夜出，吸取植物花蜜补充营养，飞翔力强，对黑光灯趋性强，萎蔫的杨柳枝对成虫有诱集作用。产卵时有强烈的趋嫩性，卵多散产在叶背面，也可产在叶正面、顶芯、嫩茎或在雌穗刚吐出的花丝和刚抽出的雄穗上，每雌一般产卵900多粒，最多可达5 000余粒。在生长旺盛且抽穗早的玉米田比长势差的玉米田棉铃虫产卵量明显多。产卵适温为25 ～ 28℃，20℃以下很少产卵。幼虫发育最适温度为25 ～ 28℃，最适相对湿度为75% ～ 90%。幼虫有转株危害的习性。

棉铃虫发生的世代因年份、地区而异，在内蒙古自治区一年发生3代。老熟幼虫在玉米秸秆附近或杂草下5 ～ 15厘米深的土壤中化蛹越冬，气温回升至15℃时陆续羽化。玉米棉铃虫喜中温高湿，一般在玉米田6月下旬至7月危害玉米心叶，8月下旬至9月上旬危害玉米穗。6—8月降水量达到100 ～ 150毫米时，有利于棉铃虫严重发生。冬季气温变暖，有利于棉铃虫越冬。

四、综合防治措施

（一）加强监测预警　加强棉铃虫监测预警工作，切实发挥监测预警的防灾减灾功能。针对棉铃虫杂食性特点，全面监控辖区内棉铃虫主要寄主如玉米、向日葵等作物上虫量的发生动态，特别要重点关注成虫发生动态，及时发布预测预警信息。

（二）农业防治　作物收获后要及时进行秋耕冬灌，杀死越冬蛹，同时清除田间及周边杂草，压低虫源基数。利用棉铃虫成虫喜欢在玉米喇叭口栖息和产卵的习性，每天清晨专人抽打心叶，消灭成虫，减少虫源。花丝萎蔫后剪去雌穗顶部1 ～ 2厘米秃顶部分的花丝及苞叶，带出田外进行深埋处理。

（三）物理防治　杨枝把诱蛾。利用棉铃虫成虫对杨树叶挥发物具有趋性和白天在杨枝把内隐藏的特点，在成虫羽化、产卵时，把杨树枝扎成把，插入田中引诱成虫，每日清晨收集杨树枝把进行深埋处理，可消灭大量成虫，是行之有效的方法。

高压汞灯及频振式杀虫灯诱蛾具有诱杀棉铃虫数量大、对天敌杀伤小的特点，宜在棉铃虫重发区和羽化高峰期使用。也可用黑光灯诱杀成虫，以减少产卵量。

（四）生物防治　棉铃虫的主要天敌有赤眼蜂、寄生蝇等。可在产卵初期释放螟黄赤眼蜂灭卵。在棉铃虫产卵初期至盛期，选用螟黄赤眼蜂或当地优势蜂种，每亩放蜂1.5万～2万头，每亩设置3～5个释放点，分两次统一释放。在棉铃虫卵孵化盛期喷施每毫升含100亿孢子以上的苏云金杆菌悬浮剂100倍液。

（五）化学防治　在棉铃虫卵孵化盛期可使用甲氨基阿维菌素苯甲酸盐、氯虫苯甲酰胺等药剂进行喷雾防治。推荐药剂有0.5%甲氨基阿维菌素苯甲酸盐微乳剂，或2.5%多杀霉素悬浮剂，或15%茚虫威悬浮剂，或20%氯虫苯甲酰胺悬浮剂，或10%溴氰虫酰胺悬乳剂，或60克/升乙基多杀菌素悬浮剂等。由于幼虫有转株危害的习性，转移时间多在夜间和清晨，这时施药易接触到虫体，防治效果最好。

第四节　黏　　虫

黏虫（*Mythimna separata*）又称为剃枝虫、栗夜盗虫、行军虫等，是一种主要危害小麦、玉米、水稻等禾本科作物和禾本科杂草的杂食性、迁飞性、间歇暴发性害虫，可危害16科104种以上植物，尤其喜食禾本科植物。除西北局部地区外，在我国其他地区均有发生。大发生时，可将作物叶片全部食光，对作物产量造成严重损失。20世纪60年代，黏虫已成为鄂尔多斯市沿滩平原、梁地丘陵地区低洼地和沟塔地危害严重的害虫。2017年以前鄂尔多斯市一直是二代黏虫发生区，二代黏虫成虫向南迁飞，因此三代黏虫在鄂尔多斯市基本不发生危害。2017年受气候影响，加之蜜源植物丰富，气候条件和寄主条件均有利于黏虫暴发性危害，发生了鄂尔多斯市历史上面积最大、总体程度最重的一次三代黏虫危害，平均百株有虫800头，最高百株有虫2 000头。发生较重的地区为乌审旗、鄂托克前旗、杭锦旗和达拉特旗。

一、形态特征

1.成虫　淡黄色或淡灰褐色，体长16～20毫米，翅展35～40毫米，头、胸灰褐色，腹部暗褐色，触角丝状，前翅黄褐色，中央近前缘有2个淡黄色圆斑，外侧圆斑较大，肾纹后端有1个小白点，其两侧各有1个小黑点。前翅由翅尖向斜后方末端1/3处有1条暗色斜纹，外缘线有1列黑点；后翅暗褐色，向基部渐浅，缘毛呈白色。雄蛾较小，体色较深，其尾端经挤压后，可伸出1对鳃盖形的抱握器，抱握器顶端具1长刺，这一特征是区别于其他近似种的显著特征。雌蛾腹部末端有1尖形的产卵器。

2.卵　初产时乳白色，后渐为黄色，半球形，直径约0.5毫米，表面有网状脊纹，孵化前呈黄褐色至黑褐色。卵粒单层排列成行成块。

3.幼虫　共6龄，体长20～40毫米，短棍棒形。体色因虫龄、环境、食料和群体密度不同而多变，由淡绿色或黄褐色至浓黑色，大

黏虫幼虫

发生时体色灰黑色至浓黑色。头部黄褐色至红褐色，头盖有网纹，额扁，头部中央沿蜕裂线有1个"八"字形褐色纵纹。有5条明显的背线，背中线白色较细，两边为黑细线，亚背线红褐色。腹足外侧具有黑褐色宽纵带。

4.蛹　红褐色，长15～25毫米，腹部第5～7节背面近前缘处各有1列齿状刻点，中央刻点大而密，两侧渐稀。臀棘上有3对尾刺，中央2根粗大，两端较细短。雄蛹生殖孔在腹部第9节，雌蛹生殖孔位于第8节。

二、危害症状

一至二龄幼虫取食叶肉，三龄后幼虫咬食叶片成缺刻状或吃光心叶，形成无心苗；五至六龄幼虫达到暴食期，不仅把叶片吃光只剩下叶脉，甚至能将幼苗地上部全部吃光，而且啃食果穗和穗轴，严重影响作物生长，造成缺苗断垄，严重减产，甚至导致绝收。

黏虫危害状

三、生活习性及发生规律

黏虫成虫有远距离迁飞习性，昼伏夜出，白天多隐藏在杂草与作物丛中、草堆垛、灌木林等处，傍晚开始活动，黄昏时觅食，半夜交尾产卵，黎明时寻找隐蔽场所。在夜间有2次明显的活动高峰，第1次在20:00～21:00左右，第2次则在黎明前，无风晴朗的夜晚活动最强。趋光性较弱，对短波光趋性更强，故称为"扑灯蛾"；有趋化性，喜食蜜露、糖、醋、酒糟等。黏虫没有滞育现象，条件适宜时，可以逐代连续繁殖，繁殖力很强，一般每头雌蛾能产卵千余粒。产卵最适温度为19～22℃，时间多在21:00以后，喜产在叶尖或嫩叶、心叶皱缝间或叶背以及枯黄叶片上。在玉米苗期，卵多产在叶片尖端，成株期卵多产在穗部苞叶或果穗的花丝等部位。产卵时分泌胶质黏液，使叶片卷成条状，常将卵粘连成行或重叠排列包住，形成卵块，不易被发现。每个卵块一般20～40粒，成条状或重叠，多者达200～300粒。

在18～25℃范围内，全幼虫期35天左右，需经历6次蜕皮，每蜕一次皮，体型变大，食量也随之增大。初龄幼虫多聚集在心叶、叶鞘、叶背或土缝等隐蔽处，有吐丝下垂和假死习性。一般在夜间出来取食，但阴天或大发生进入高龄时，白天也能大量取食。幼虫近老熟时或食料缺乏时常成群迁移到附近地块危害，时间多在下午炎热时。老熟幼虫在1～3厘米土中入土化蛹，蛹蜕变成成虫后不危害植物，而改食花蜜，因为成虫羽化后必须取食花蜜补充营养，在适宜温湿度条件下，才能正常发育产卵，主要的蜜源植物有桃、李、杏、苹果、刺槐、苜蓿等。黏虫在鄂尔多斯市不能过冬。

黏虫在鄂尔多斯市一年发生2～3代，以二代幼虫危害最重，发生在6—7月。成虫于5月上中旬始见，是由临近省份迁飞而来。5月下旬至6月上中旬为蛾发盛期，6月下旬为末期。成虫于6月开始产卵，中旬为产卵盛期，6月下旬为末期，卵期4～8天。幼虫于6月中旬孵化，6月中旬至6月下旬为孵化盛期，6月20—25日一般可见到大量一至三龄幼虫，6月底至7月初是防治三龄前幼虫的关键时期。黏虫发育喜欢温暖高湿的条件，高温干旱不利于黏虫的发育和产卵。蛹在干燥情况下，体内水分损失严重，体重随之减轻，当减至原重的28%左右时，会导致死亡。但暴雨或湿度过大，也可控制黏虫发生危害。

四、综合防治措施

（一）加强监测预警　做好预测预报，掌握黏虫田间动态是主动消灭黏虫危害的重要措施。可利用地面虫情测报灯、高空探照灯和垂直昆虫雷达来实时监测虫源基数；利用杨树枝把开展成虫监测，调查卵巢发育进度，对谷子、玉米、高粱等作物田进行大面积普查。根据草把落卵量，预测幼虫发生期，明确发生分布区域、重点防治田块和最佳防治时期，及时发布预报预警信息，适时指导科学防控。

（二）农业防治　及时清除田间及地埂周边杂草，去除枯黄植株叶片并深埋，可减少黏虫食料，有效杀卵。加强栽培管理，选择抗虫能力较强的品种，加强玉米生长期的田间管理，做好灌溉和肥料管理、中耕除草，以提高玉米生长水平。冬季翻土，杀死越冬蛹。

（三）物理防治　在幼虫迁移危害时，可在其转移的道路上挖沟，对掉入沟内的黏虫集中处理，阻止其继续迁移危害。

成虫诱杀技术有2种。一种是谷草把法。一般扎直径为5厘米的草把，每亩插60～100个，5天更换1次，换下的草把集中烧毁，以消灭黏虫卵。另一种是杀虫灯法。成虫发生期，用糖醋液或田间安置杀虫灯，集中连片使用，夜间开灯，诱杀成虫。

（四）生物防治　天敌防治。田埂种植大豆等显花植物，保护利用蜘蛛、寄生蜂、青蛙等天敌生物防治黏虫。在黏虫卵孵化初期喷施苏云金杆菌制剂，可用灭幼脲防治低龄幼虫。

（五）化学防治　控制成虫种群数量，减少产卵量，抓住三龄幼虫暴食危害前的关键防治时期，集中连片普治重发生区，隔离防治局部高密度区。

当玉米田虫口密度二代达30头/百株和三代达50头/百株以上时，可选用甲氨基阿维菌素苯甲酸盐、氯虫苯甲酰胺、辛硫磷等杀虫剂喷雾防治，或撒30厘米宽的药带进行封锁，在玉米田可撒施辛硫磷毒土，建立隔离带。

第五节　草　地　螟

草地螟（*Loxostege sticticalis*）又名黄绿条螟、甜菜网螟等，是一种间歇性暴发成灾的重要害虫，可取食35科200余种植物，主要危害玉米、大豆、向日葵、马铃薯、蔬菜等多种作物，但最喜取食的植物是灰菜、甜菜和大豆等。在我国主要分布于东北、西北、华北一带，大发生时可对农作物造成毁灭性灾害。20世纪80年代后逐渐成为鄂尔多斯市危害最大的害虫，每次暴发，都给当地农业生产带来巨大损失。2001年和2008年草地螟在鄂尔多斯市大暴发，草地螟二代幼虫虫量之大，危害之重，均为历史罕见，虫口密度达300～400头/米^2，严重的达800～1 000头/米^2，盛发期田间百步惊蛾量5 000～7 000头，严重地块达10 000头以上。2010年外来草地螟越冬代成虫大量迁入鄂尔多斯市，测报工具诱蛾量为历史最高，一代幼虫大面积暴发危害，鄂尔多斯市各地区均有发生。

一、形态特征

1.成虫　灰褐色、黑褐色，体长8～12毫米，翅展20～26毫米，复眼蓝绿色，触角鞭状。前翅灰褐色，具暗褐色斑点，沿外缘有淡黄色点状条纹，近翅中央有较大的"八"字形黄斑，近顶角处有1个长形黄白色斑。后翅淡灰褐色，有2条与外缘平行的黑色波状纹。停息时，两前翅叠成三角形。

2.卵　椭圆形，长约1毫米，宽约0.5毫米。初产时乳白色，滑润而有光泽，后变为淡黄褐色，分散或5～8粒串状黏成覆瓦状，排列成卵块。

草地螟成虫

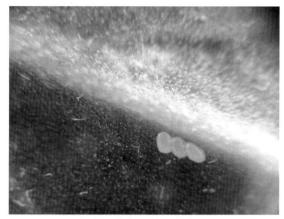

草地螟卵

3.幼虫　共5龄，棒状，长15～25毫米。一龄幼虫淡绿色，体背有多条暗褐色纹。三龄幼虫灰绿色，体侧有淡色纵带，周身有毛瘤。五龄幼虫多为灰黑色，头黑色有白斑，两侧有鲜黄绿色线条，胸、腹部黄绿色或暗绿色，每节各有瘤状突起2对，分别位于背线两侧。

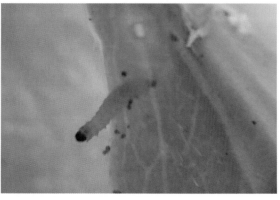

草地螟各龄幼虫

4.蛹　淡黄色，长14～20毫米，背部各节有多个赤褐色小点，排列于两侧，具尾刺8根。茧丝质袋状，长20～50毫米，直径3～4毫米，中部略粗，一般在土质坚硬处结茧较短，土质松软处结茧较长，茧外面粘有细土或细沙粒，外观颜色与结茧处的土壤颜色一致，垂直于土壤表层，羽化口与地面平行，状似小的枯草（木）棍。

草地螟蛹　　　　　　　　　　　　　　　　草地螟茧袋

二、危害症状

低龄幼虫取食叶肉组织，残留表皮或叶脉，吐丝结网群集危害。高龄幼虫分散危害，可将叶片吃成缺刻或食尽叶肉仅留叶脉成网状。在玉米穗期可取食花丝、苞叶和幼嫩籽粒，大发生时，可吃光整块地的玉米植株，使作物绝产。

草地螟危害状

三、生活习性及发生规律

草地螟成虫有趋光性，白天栖息于田间草丛中，夜间活动，对黑光灯有一定的趋性。喜食花蜜，有群集性。成虫常在夜间交尾、产卵，产卵选择性很强，喜产于灰菜、刺蓟等光滑的阔叶植物近地面处茎或叶背面，以距地面2～8厘米茎叶上较多。每头雌虫产卵60～330粒。成虫寿命约20天，通常在夜间羽化。初孵幼虫多集中在叶背上结网躲藏，有吐丝结网习性。三龄前幼虫多群栖网内，三龄后分散栖息，四至五龄期幼虫食量较大，该时期的幼虫1～2天可将大面积叶片吃光。性暴烈，稍触动，立即呈波浪状向前或向后跃动，大发生时能大批从草滩向农田迁移危害。同一时期的虫态体型特征大不相同，有交错复杂的世代重叠。幼虫期约20天，蛹期约15天。

草地螟在鄂尔多斯市一年发生2～3代，以老熟幼虫在土内吐丝作茧越冬。越冬幼虫于5—6月化蛹羽化，第1代成虫多发生在5月中旬至6月上旬，幼虫发生在6月上旬至7月上旬。常以第1代幼虫危害严重而成灾。第2代成虫发生于7月中旬以后，幼虫发生于8月左右，造成二次危害。个别年份第3代幼虫发生。一般春季低温多雨不利于草地螟发生，如在越冬代成虫羽化盛期气温较常年高，则有利于发生；孕卵期间如遇干燥环境，水分缺乏，则产卵减少或不产卵；在气温较低、阴暗潮湿、植株茂密的田块中，虫口密度较大。

四、综合防治措施

（一）加强监测预警　调查草地螟成虫要注意灯诱和田间同步，特别要注意调查雌蛾卵巢发育级别，卵巢发育级别高时，同时注意调查卵、幼虫，随时掌握虫情动态，及时发布草地螟虫情预报，为做好防控提供科学依据。

（二）农业防治　中耕除草灭卵。对草地螟非喜食作物如禾本科作物、马铃薯等，于产卵前除净田间杂草。对草地螟喜食性作物如豆类、向日葵等，于产卵盛期结合中耕除草灭卵，将除掉的杂草带出田外沤肥或集中处理，减少虫源，同时要注意清除田间及周边地埂的杂草，以免幼虫迁入农田危害。对越冬区，实行秋耕冬灌春耙，破坏越冬场所。适当种植荞麦、糜、黍等草地螟非喜食作物，实行生态控制，达到可持续治理。

（三）物理防治　灯光诱杀成虫。在草地螟越冬代成虫重点发生区和外来虫源降落地，提前安装频振式杀虫灯、黑光灯等物理诱杀工具，结合诱查其他害虫，利用性诱剂及时诱杀草地螟成虫，减少虫源基数。杀虫灯应安置在视线开阔、周围无遮挡物，在种植玉米、豆类、向日葵、苜蓿等蜜源植物较丰富的场所，安灯高度以灯底高出周围主要作物顶部20厘米为宜。

挖沟立膜阻隔幼虫迁移。草地螟严重发生区域，防止幼虫从草原、荒地、林带等交界处以及退化草场向农田迁移，在未受害或田内幼虫量少的地块和幼虫龄期较大、虫量集中危害的地块四周，实行挖沟、立膜阻隔的方法，防止其扩散危害。

（四）生物防治　草地螟天敌主要有赤眼蜂。在成虫产卵期每隔五六天释放一次赤眼蜂，可达到一定防治效果。三龄幼虫前（卵始盛期后10天左右），可选用苏云金杆菌、苦参碱等生物农药防治低龄幼虫；高龄幼虫可用球孢白僵菌防治。

（五）化学防治　以诱杀成虫为主，防治幼虫为辅。加强农田周边公共地带联防联控与统防统治。草地螟大龄幼虫具有暴食危害性，所以尽量选择在三龄幼虫前防治，此时虫口密度小，危害小，且幼虫的抗药性相对较弱，可选用4.5%高效氯氰菊酯乳油1 500～2 500倍液，或2.5%高效氯氟氰菊酯乳油1 500～2 500倍液，或20%氰戊菊酯乳油1 500～2 000倍液等低毒低残留的化学药剂进行喷雾防治（田边、地头、撂荒地幼虫要一并防治）。严重发生区采取药带隔离和应急防治集中歼灭，及时挑治幼虫分布不均匀的地块，同时要注意对田边、地头、撂荒地的幼虫进行防治。在幼虫已孵化的田块，一定要先打药，后除草，避免幼虫集中向农作物转移危害。可轮换用药，以延缓抗性的产生。

第六节　玉　米　螟

玉米螟又称钻心虫，是我国玉米上最重要的害虫，也是世界性的蛀食性害虫，有亚洲玉米螟（*Ostrinia furnacalis*）和欧洲玉米螟（*Ostrinia nubilalis*）两种，除新疆北部有欧洲玉米螟发生外，我国大部分地区发生的是亚洲玉米螟。玉米螟食性杂，危害寄主种类多，其中以玉米受害最重，可造成玉米产量损失5%～30%，因其发生隐蔽，在大发生时往往会造成防治困难，减产严重。在鄂尔多斯市各地区每年均有不同程度发生，总体危害不重。

一、形态特征

1.成虫　黄褐色，雄蛾体长10～13毫米，翅展20～30毫米。触角丝状，灰褐色。复眼黑色。体背黄褐色，腹末较瘦尖。前翅黄褐色，有2条暗褐色波状横纹，两纹之间有2条黄褐色短纹，缘毛内侧褐色，外侧白色，后翅灰褐色。雌蛾形态与雄蛾相似，比雄蛾体型大，体色浅，前翅鲜黄，线纹与斑纹均浅褐色，后翅淡黄褐色，腹部较肥胖。

2.卵　扁椭圆形，卵粒表面有大小不同的多角形网状纹。初产乳白色，后渐变为黄色，近孵化前卵的一部分变为黑褐色（为幼虫头部，称黑头期）。常常20～60粒排列成不规则的鱼鳞状卵块。

玉米螟幼虫

3.幼虫　共5龄。三龄前体长15～20毫米，头壳黑色，体背白色带粉红色、青灰色或灰褐色。老熟幼虫体长20～30毫米，头和前胸背板黑褐色，体背淡褐色，一般不带黑点，有纵线3条，以中央一条背线最明显，腹部第1～8节背面各有2列横排的毛瘤，前4个较大。胸足黄色，腹足趾钩为三序缺环。

4.蛹　红褐色，纺锤形，长15～18毫米，体背密布细小波状横皱纹，腹部末端有5～8根刺钩。

二、危害症状

以幼虫危害为主，可危害玉米植株地上的各个部位。三龄前幼虫主要集中在幼嫩心叶、雄穗、苞叶和花丝上活动取食，受害心叶展开后，即呈现整齐的排孔；三龄后幼虫主要危害抽穗植株的茎秆、穗柄和穗轴，茎秆、穗柄、穗轴被蛀食后，导致植株内水分、养分的输送受阻，植株生长衰弱，蛀孔口常堆有大量粪屑，茎秆遇风易从蛀孔处倒折。蛀食雌穗，导致雌穗发育不良且易引起霉变，降低籽粒产量和品质；蛀食雄穗，造成雄穗常易折断，影响授粉；蛀食苞叶、花丝，会造成缺粒和秕粒。

玉米螟危害状

三、生活习性及发生规律

玉米螟成虫白天一般不活动，潜伏在杂草或作物叶片下面，夜出活动，飞翔力强，具趋光性，通常在夜间羽化，羽化后第2天即能交尾产卵。成虫产卵对植物的生育期、长势和部位均有一定的选择，多产在50厘米以上植株的叶背中脉附近，为块状，每次可产卵400～500粒，卵期3～5天。幼虫期17～24天，蜕皮4次，幼虫孵化后会咬食卵壳。初孵幼虫可吐丝下垂，随风飘移扩散到邻近植株上。

玉米螟发生代数和数量会因各地气候条件不同而不同，其适合在高温、高湿条件下发育，最适温度为20～30℃，适宜相对湿度为80%。玉米螟在鄂尔多斯市一年发生2代，以老熟幼虫在玉米秆和玉米芯中越冬，部分幼虫在杂草茎秆中越冬。第二年5月下旬至6月上旬为化蛹期，蛹期6～10天。6月中旬开始羽化，下旬为羽化盛期，7月上旬为第1代幼虫孵化期，7月底至8月初幼虫老熟即在茎内化蛹。8月上旬第1代成虫出现，8月中旬为第2代幼虫危害期。第2代幼虫老熟后即在受害植株茎秆、穗轴内越冬，或在根茬内越冬。气候变暖，利于玉米螟越冬；玉米秸秆贮存数量较大，导致越冬虫源基数偏高，大发生频率增加。长期干旱，会使卵量减少；大风、大雨能使卵及初孵幼虫大量死亡，减轻其危害。

四、综合防治措施

（一）加强监测预警 要重点掌握玉米螟越冬基数调查，注意冬前和冬后各调查1次，每年调查时间和调查地点应相对固定。各代成虫监测可以重点运用灯诱法、性诱法等方法。

（二）农业防治 种植抗螟品种是一种经济、有效、安全的治螟措施。秋季粉碎秸秆，或在越冬幼虫化蛹、羽化前，处理玉米、高粱等越冬寄主的茎秆（可高湿沤肥、碾压后贮存等），可消灭越冬幼虫、有效压低越冬虫源基数。加强田间管理，增施有机肥，并及时进行间苗、定苗，发现玉米螟卵块人工摘除田外销毁。

（三）物理防治 灯光诱杀，在玉米螟成虫羽化期，利用频振式杀虫灯、黑光灯、高压汞灯等诱杀玉米螟成虫，每天20:30左右开灯，第2天5:00左右闭灯。不但能诱杀玉米螟成虫，还能诱杀其他趋光性害虫。每天早晨将诱到的蛾子捞出，池水每2～3天换1次，内加约50克洗衣粉，水少时及时添加。对越冬代成虫可结合性诱剂诱杀。

（四）生物防治 白僵菌封垛。于早春越冬幼虫在开始复苏后化蛹前15天左右，每立方米秸秆垛用100克白僵菌菌粉（每克含孢子100亿）进行喷撒，以防控越冬代幼虫。一般垛内杀虫效果可达80%。

以蜂治螟。成虫产卵初期至盛期释放赤眼蜂灭卵，利用赤眼蜂卵寄生在玉米螟卵内吸收其营养，致使玉米螟卵被破坏死亡而孵化出赤眼蜂，以消灭玉米螟虫卵，达到防治目的。每亩放蜂2万头，设置3～6个释放点，将蜂卡或放蜂器具安放在中部叶片背面，分两次统一释放，间隔5～7天。

生物农药。在玉米心叶末期，用0.2%苏云金杆菌颗粒剂撒在心叶内，每亩用量50克；在玉米喇叭口期，用每毫升100亿孢子的苏云金杆菌乳剂200倍液喷雾或稀释成2 500倍液灌心。

（五）化学防治 玉米螟防治的适期为心叶末期，也就是大喇叭口期。可在玉米心叶末期，用1.5%辛硫磷颗粒剂1.5～2千克，或2.5%溴氰菊酯乳油20～30毫升，加适量水，拌5千克细沙撒入喇叭口。也可在玉米抽丝盛期，将上述颗粒剂撒在雌穗顶部（花丝）、穗上两叶、穗下一叶和雌穗叶腋处（即一顶四叶），用药量比心叶期适当加大。

在玉米心叶末期，或玉米灌浆初期，可选用20%氯虫苯甲酰胺悬浮剂3 000倍液，或2.5%

溴氰菊酯乳油1 500倍液，或1.8%阿维菌素乳油1 000倍液，或30%乙酰甲胺磷乳油1 000倍液等喷雾防治。

第七节　蝗　虫

　　蝗虫俗称"蚱蜢"，全世界有超过1万种，其中对农、林、牧业可造成危害的有300多种，是一种杂食性、迁飞性、暴发性害虫，有繁殖快、种类多、食量大等特性，因此危害极大，是一种重要的农业害虫。主要包括飞蝗和土蝗，其中土蝗是鄂尔多斯市主要的测报监控对象，鄂尔多斯市发生的蝗虫种类主要为亚洲小车蝗、白边痂蝗、毛足棒脚蝗、笨蝗和花胫绿纹蝗，其中亚洲小车蝗（*Oedaleus decorus asiaticus*）为本地优势种，主要发生在鄂托克前旗、鄂托克旗以及东胜区等地区。土蝗在鄂尔多斯市进入农田的情况较少，仅2015年、2020年鄂托克旗、鄂托克前旗和东胜地区重度干旱、植被长势差的部分地区有土蝗进入农田危害，但虫口密度低，危害相对较轻。

一、形态特征

　　1.成虫　体色依环境而变化，常为草绿色、灰色、褐色或黑褐色；雄虫体长15～33毫米，雌虫19～40毫米；头大，触角短，有1对较大的复眼，3只单眼，仅能感光，咀嚼式口器；第1腹节的两侧或前足胫节的基部有鼓膜，中胸到腹部第8节左右两侧排列着很整齐的1行气门，共10对；有1对带齿的发达大颚和坚硬的前胸背板，前胸背板像马鞍状，中胸和后胸上各具1对翅；后腿发达，外骨骼坚硬，胫骨有尖锐的锯刺，是有效的防卫武器，产卵器没有明显的突出，是和螽斯最大的区别。

毛足棒脚蝗

亚洲小车蝗

　　2.卵　乳黄色或黄色，长粒形或长圆筒形，长约3.5毫米，宽约1毫米，表面光滑，一端有2个黑点，将来发育成复眼。褐色的胶质卵囊（卵块）包在卵外面，囊内含10～100粒卵，大多为30粒左右，斜列2纵行。

　　3.若虫（蝗蝻）　刚孵化的若虫外形和成虫相似，只是体小，8毫米左右，没有翅，体色较淡。若虫在最初的一龄、二龄长得更像成虫，但头部和身体不成比例。到了三龄长出翅芽，四龄时翅芽已很明显。五龄后若虫羽化为有翅成虫。

二、危害症状

　　蝗虫的成虫及幼虫均能以其发达的咀嚼式口器嚼食植物的茎、叶，受害部呈缺刻状。严重

蝗虫危害状

发生时，整个叶片仅剩叶脉，或全株被吃成光秆。

三、生活习性及发生规律

蝗虫是群居型的短角蚱蜢，两性生殖，雌虫卵子与雄虫精子结合后发育成新个体。个体发育为不完全变态，经历卵、若虫、成虫3个阶段。卵的孵化期为14～20天，适宜孵化温度为24℃左右，若虫期42～55天，长者80天，成虫期2～3个月，成虫羽化后第15～45天开始交配，一生可多次交配。每年夏、秋为繁衍季节，蝗虫产卵场所大多为湿润的河岸、湖泊、山麓和田埂，交尾后的雌蝗虫把产卵管插入5～10厘米深的土中，再产下约50粒卵。产卵时，雌虫会分泌白色物质形成圆筒形栓状物，然后再把卵粒产下。一周内准备再次产更多的卵。孵化的若虫要经历5次蜕皮才能羽化为成虫，每蜕皮一次，增加一龄，五龄时若虫会爬到植物上，虫体悬垂而下，静待一段时间，成虫及羽化而出，羽化时间一般在早晨。夜晚闷热时成虫有扑灯习性。春季干旱温暖利于蝗卵的孵化，蝗蝻发育速度加快；在严重干旱年份，可能会大暴发，对农作物形成灾害；多雨和阴湿环境不利于蝗虫的繁衍，而且雨、雪还能直接杀灭虫卵。

亚洲小车蝗是地栖性害虫，适生于板结的沙质土、植被稀疏、地面裸露的向阳坡地或丘陵地，有趋热性，中午活动盛。一年发生一代，以卵在田埂、荒滩、堤坝等土中或杂草根际越冬。在蝗卵里完成胚胎发育前期，胚后发育时期是蝗蝻和成虫。蝗蝻雄性四龄，雌性五龄，雌性成虫较雄性成虫个体大。亚洲小车蝗在内蒙古自治区西部地区每年5月下旬至6月上旬越冬卵开始孵化，6月下旬大部分为二至三龄，7月中下旬为成虫盛期，7月下旬至8月上旬开始产卵。产卵时，选择向阳温暖、地面裸露、土质板结、土壤温度较高的地方。土壤干湿交替，有利于越冬蝗的卵孵化。

四、综合防治措施

（一）加强监测预警 在蝗虫容易暴发的季节和地区，设立专门的蝗情监测站点，加强虫情监测，特别是旱情严重地区和植被裸露地区，密切注视蝗虫发生动态，实行周报制度，及时上报虫情动态。

（二）农业防治 减少蝗虫的食物源，可在蝗虫发生地尽量多种植果树和其他林木；减少蝗虫的产卵地，蝗虫喜欢在干燥裸露的地块产卵繁殖，可植树种草，加大植物的覆盖度；因地制宜，改变作物布局，减少危害。

（三）物理防治 当蝗虫密度小时，可用捕虫网进行人工捕捉。

（四）生物防治 保护和利用天敌，比如鸟、青蛙、捕食性甲虫等都可以控制蝗虫数量；采用蝗虫微孢子虫、绿僵菌和印楝素等生物农药进行防治；同时可以采取牧鸡牧鸭来防治蝗虫。

（五）化学防治 三龄幼虫时期是防治的蝗虫适期。化学防治应在三龄幼虫以前，可选马拉硫磷以及菊酯类农药进行防治。

使用化学农药时，要特别注意选择高效低毒、低残留农药，而且要严格按照农药使用操作规程，确保安全。及时防治农田周边草场和林带等公共地带，防止蝗虫进一步迁移至农田危害。尽量避开天敌发生期或发生地点，并且尽量选择只对蝗虫有杀伤作用，而对天敌没有杀伤作用的农药。喷药时，要佩戴防毒面具以防造成人畜中毒和其他意外事件发生，减少环境污染，确保生产安全。

应用加农炮和无人机实行统防统治，可降低防治成本，同时大幅度缩减喷药时间，从而提高防治效果。

第八节 双斑萤叶甲

双斑萤叶甲（*Monolepta hieroglyphica*）又称双斑长跗萤叶甲，是农作物的重要害虫，我国南北各省都有分布，其中以西北、华北和东北发生较多。内蒙古自治区玉米种植区每年均有发生危害。鄂尔多斯市2007年、2008年、2009年连续三年双斑萤叶甲大面积发生，其中2009年危害最重，发生面积72万亩次，防治面积21.45万亩次，造成损失约1.23万吨，成为当年仅次于玉米螟的第二大玉米害虫，造成极大的经济损失。近年来，除2017年气候干旱，双斑萤叶甲发生较重外，其余年份均有不同程度发生，但总体造成危害损失不大。

一、形态特征

1. **成虫**　棕黄色，具光泽，体长3.6～4.8毫米，宽2～2.5毫米，长卵形。触角11节，呈丝状，端部黑色，长度为体长的2/3。复眼大且呈卵圆形。前胸背板表面隆起，密布很多细小刻点；小盾片黑色，呈三角形。鞘翅上有线状细刻点，每个鞘翅基部各有1个大的淡黄色斑，四周黑色，鞘翅端半部为黄色。

2. **卵**　椭圆形，长0.6毫米，初产淡黄色或棕黄色，卵壳表面具有近等边的六角形网状纹。

3. **幼虫**　白色至黄白色，体长5～6毫米，随着龄期的增长，颜色逐渐变深，体表具瘤和刚毛，前胸背板颜色较深。

4. **蛹**　白色，长2.8～3.5毫米，宽2毫米，表面具刚毛，腹面可见头、触角、足、翅及部分腹节。

双斑萤叶甲

二、危害症状

双斑萤叶甲成虫取食玉米叶肉，残留网状叶脉或将叶片吃成孔洞，轻者叶片呈纱网状，重者玉米整个叶片干枯。成虫刚迁入玉米田时呈现点片危害，达到危害高峰即向外扩散，迁入相邻的农田危害。成虫还咬食谷子、高粱的花药、玉米的花丝以及刚灌浆的嫩粒。幼虫危害较

双斑萤叶甲危害状

轻，仅啃食根部。远看呈小面积不规则白斑，对光合作用影响较大；玉米抽雄吐丝后，该虫喜取食花药、花丝，影响玉米正常扬花和授粉，也可取食灌浆期的籽粒，引起穗腐烂。

三、生活习性及发生规律

玉米双斑萤叶甲成虫有群集性和弱趋光性，白天在玉米叶片和穗部活动，受惊吓后迅速跳跃或起飞，飞翔能力较强。早晨至晚间光线弱、温度低时飞翔活动能力差，常躲在叶片背面栖息。

鄂尔多斯地区一年发生1代，以散产卵在表土下越冬，第二年5月上中旬孵化，幼虫一直生活在土中，危害禾本科作物或杂草的根，7月中下旬进入成虫盛发期。高温干旱对双斑萤叶甲的发生极为有利，降水量少则发生重，降水量多则发生轻，但暴雨对其发生极为不利。在黏土地上发生早、危害重，在壤土地、沙土地上发生明显较轻；田间地头杂草多的地块发生重。

四、综合防治措施

（一）加强监测预警　根据双斑萤叶甲生活及发生规律，加强玉米田间调查，及时监测虫情，预测预报虫害盛发期和最佳防治期，提前发布防治指导信息，适时开展统防统治。

（二）农业防治　加强田间管理，秋翻冬灌；及时清除田间地边杂草，特别是稗草，减少越冬寄主植物，降低越冬基数；合理施肥，提高植株的抗逆性；对双斑萤叶甲危害较重和防治后的农田要及时补水、补肥，以促进作物的营养生长和生殖生长。

（三）物理防治　结合农艺措施，对点片发生的地块于早晚进行人工捕捉，降低虫口危害基数。

（四）生物防治　瓢虫、蜘蛛等都是双斑萤叶甲的天敌，要保护利用天敌，在农田周边科学种植生态带，如小麦、苜蓿等，以草养害，以害养益，引益入田，以益控害。

（五）化学防治　当玉米在抽雄、吐丝前，百株虫口达到300头，或受害株率达到30%时，需进行化学药剂防治。可选用1.8%阿维菌素乳油4 000倍液，或2.5%高效氯氟氰菊酯乳油1 500倍液，或50%辛硫磷乳油1 500倍液等进行喷雾防治，并且尽量避开玉米扬花期，以免影响授粉。药剂喷雾时重点喷在雌穗周围，时间应选在9:00之前或18:00之后，此时双斑萤叶甲活跃，危害最重。间隔5～7天再喷施1次，同时均需添加助剂，增加药剂吸附和渗透力。

第九节　玉米蚜虫

玉米蚜虫（*Rhopalosiphum maidis*）又称玉米蜜虫、腻虫等，是危害禾本科植物的重要害虫，也是我国玉米种植区主要害虫之一，种类多、分布广，主要分布于东北、华北、华东、华中及西南等地区，严重影响玉米的产量和品质。内蒙古自治区玉米种植区每年蚜虫均有不同程度发生，在鄂尔多斯地区7—8月发生频繁且进入危害高峰期。

一、形态特征

（一）无翅孤雌蚜　深绿色，长卵形，体长1.8～2.2毫米，体表有网纹，且有一层薄白粉，复眼红褐色，附肢黑色。腹部第7节毛片黑色，第8节具背中横带。触角、喙、足、腹管、尾片均为黑色。触角6节，长度短于体长的1/3。喙粗短，不达中足基节。腹管长圆筒形，长大于宽，基部粗，向端部渐细，中部或端部有时膨大，顶端常有缘突，表面光滑或有瓦纹或端部有网纹。尾片有圆锥形、指形、剑形、三角形、五角形、盔形至半月形，具毛4～5根。

（二）有翅孤雌蚜　头、胸部黑色发亮，腹部黄红色至深绿色，长卵形，体长1.6～1.8毫米。腹管前各节有暗色侧斑。触角通常6节，长度为体长的1/3。腹部第2～4节各有1对大型缘斑，第6～7节上具背中横带，第8节中带贯通全节。前翅中脉通常分为2～3支，后翅常有肘脉2支，翅脉退化。翅脉有时镶黑边，体半透明。

二、危害症状

玉米蚜虫主要群集在植株叶片、心叶、叶鞘、茎秆、花丝和雄穗等部位取食，并且分泌出一种物质，通常称为"蜜露"，被侵害部位覆有黑色霉状物，严重时整株玉米布满蚜虫，严重影响光合作用，导致叶片边缘变黄。危害雄穗则会影响正常授粉，造成雌穗授粉不良，穗瘦小，籽粒不饱满，导致产量和品质下降。蚜虫还是一些病毒病害的传播媒介，如花叶病毒和红叶病毒等病毒病。当玉米处于成熟期后，植株的营养物质迅速下降，不能满足玉米蚜虫的必需营养水平时，玉米蚜虫就会迅速寻找新的寄主，向新的寄主迁移危害。

玉米蚜虫危害状

三、生活习性及发生规律

玉米蚜虫是玉米生长发育过程中危害较重的一种虫害，其繁殖代数多，适应温度广，世代重叠现象突出。以成虫、若蚜在禾本科作物或杂草的心叶里越冬，在第二年3—4月随着气温上升，开始在越冬寄主上繁殖。在当年6月下旬至7月初蚜虫由现有寄主迁往玉米田危害，到7月下旬，玉米蚜虫大量的迁入，在抽雄前主要危害玉米心叶，7月底至8月上旬即玉米进行抽雄期后，玉米蚜的增殖速度迅速，到8月上中旬进入盛期。8月下旬气候变得干燥凉爽，并且此时有大量的天敌出现，则数量开始大幅度下降，此时会集中在雌穗苞叶或下部叶片，在玉米收获前产生有翅蚜进入其他寄主。鄂尔多斯地区8月下旬至9月上旬是玉米蚜虫盛行的季节，此时气候条件较适宜，加之植株的营养物质丰富，玉米蚜虫频繁发生，危害较为严重。

四、综合防治措施

（一）加强监测预警　按照蚜虫生活习性及发生规律，在蚜虫危害关键时期，注意加强监测调查，在蚜虫暴发之前，危害初期及时发布虫情动态，提醒农牧户开展防治，降低危害损失。

（二）农业防治　优选抗蚜品种，合理密植，及时清除田间、地头杂草，并对种植地进行秋翻深耕，以减少越冬虫源。加强肥水管理，增施有机肥，尤其是配合使用氮肥和磷肥，以促进植株健壮生长，降低蚜虫危害。

（三）物理防治　利用蚜虫趋黄色的特性，在黄板上涂机油或农药粘杀蚜虫，也可利用蚜虫对银灰色有负趋性的特性，在有蚜虫的地方挂银灰色或覆盖银灰膜驱蚜。

（四）生物防治　保护利用玉米蚜虫的天敌，如黄蜂、草蛉、七星瓢虫、寄生蜂、食蚜蝇、小花蝽、蜘蛛、真菌等；也可利用寄生性微生物制剂，如苏云金杆菌制剂或灭蚜菌等防治蚜虫。

（五）化学防治　在播种前，优先选用包衣种子预防玉米蚜虫的发生，避免裸种。在玉米苗期和抽雄期两个关键时期，如玉米蚜虫危害严重，可用10%吡虫啉可湿性粉剂1 000倍液，或10%高效氯氰菊酯乳油2 000倍液，或25%噻虫嗪水分散粒剂6 000倍液，或18%阿维菌素乳油2 000倍液，或20%氰戊菊酯乳油3 000倍液进行茎叶喷雾。根据蚜虫数量及田间发生趋势喷药防治，并添加助剂提高药效，适当减少农药使用量。间隔5～7天再喷施1次。

第十节 藜夜蛾

藜夜蛾（*Scotogramma trifolii*）又称旋幽夜蛾，幼虫俗称葵夜盗、绿虫子、剂心虫，是间歇性局部发生的多食性害虫。在我国分布广泛，东北、华北、西北等地均有发生，食性杂，危害作物广。内蒙古自治区东西部均有分布，受地方气候限制，不同年份发生危害程度不同。藜夜蛾在鄂尔多斯地区每年均有不同程度发生，主要危害蔬菜、玉米和甜菜，严重发生时还能危害高粱、豆类等作物。

一、形态特征

1.成虫　体长15～19毫米，翅展34～40毫米，体及前翅淡赤褐色或黄褐色。前翅各横线很细，黄白色，外缘线有7个近三角形黑色斑；后翅浅黄色，近外缘有较宽的暗色带。

2.卵　长0.56～0.7毫米，扁圆形，底部较平，表面有纵横隆起线。

3.幼虫　共5龄，末龄幼虫体长31～35毫米，头褐色或褐绿色，体色变化较大，有黄绿色、绿色、褐绿色等颜色，多皱纹，背线不明显，亚背线及气门线呈断续黑褐色，气门下线下缘镶有黄白色宽带，各体节近亚背线处有黑色短纹。

4.蛹　长13～14毫米，头、胸、翅均为绿褐色，腹部绿色，腹部第5～7节背面具刻点，中部较密集，体末端生臀刺2根，短针状，基部远离。

二、危害症状

藜夜蛾主要以幼虫危害农作物，成虫基本不危害，只吸食开花植物的花粉。初孵幼虫隐蔽在玉米叶背危害，危害时只取食叶肉，留下上表皮呈窗膜状；二至三龄幼虫可将叶片咬成缺刻状；四龄幼虫食量暴增，危害叶片后造成孔洞，严重时，可吃光叶肉，仅留叶脉，甚至剥食茎秆皮层或玉米穗部苞叶。

藜夜蛾危害状

三、生活习性及发生规律

藜夜蛾成虫有趋光性和趋化性，因此可用糖蜜液及黑光灯诱杀。成虫白天潜伏，夜间出来取食、交配、产卵，22:00左右活动最盛，卵多散产于甜菜、灰菜叶正面或背面。幼虫具有多食性、暴发性和迁移危害性特点。初孵幼虫有吐丝和假死习性，白天潜伏在叶片下面和暗处，早晨一般在叶片上面。大龄幼虫一般白天潜伏在根部附近浅土层中，晚上出土危害叶片。幼虫期17～32天，老熟后入土化蛹。

藜夜蛾在鄂尔多斯地区一年发生3代，以蛹在土壤中越冬。越冬代成虫于4月上中旬出现，4月下旬至5月上旬为盛发期。成虫在4月中下旬开始产卵，5月中上旬为产卵盛期，卵期7～10天。第1代幼虫5月上旬可见，5月中旬为孵化盛期。幼虫危害期在5月下旬至6月上旬。6月上中旬为化蛹期，6月中下旬为第1代成虫期。6月下旬至7月上旬为第2代卵期，7月中下旬为第2代幼虫危害期，7月下旬开始化蛹，直到8月上旬可见第2代成虫。8月中旬为第3代卵期，8月下旬以后为第3代幼虫危害期，10月上旬进入第3代蛹期，后入土越冬。

四、综合防治措施

参考玉米虫害——草地螟。

第十一节　甜菜夜蛾

甜菜夜蛾（*Spodoptera exigua*）又称玉米叶夜蛾，是一种世界性、多食性、暴发性害虫，在我国各地玉米种植区均有分布，尤以长江流域危害最为严重。内蒙古自治区玉米种植区甜菜夜蛾不能越冬，主要是从南方随气流迁飞而来，同时受气候条件影响，不同年份发生危害程度不同。2019年鄂尔多斯部分地区出现几种鳞翅目害虫混合发生危害，分别为甜菜夜蛾、苜蓿夜蛾和斜纹夜蛾，主要发生在杭锦旗、乌审旗和鄂托克前旗，共发生14万亩次，其中，甜菜夜蛾发生7万亩次，防治3万亩次。其余年份均有不同程度发生危害，主要危害蔬菜、甜菜、玉米等。

一、形态特征

1. 成虫　灰褐色，头、胸有黑点，体长8～10毫米，翅展19～25毫米。前翅内横线双线，黑色，呈波浪形外纹；剑纹为黑条，环纹粉黄色，黑边；肾纹粉黄色，中央褐色，黑边；中横线黑色，呈波浪形，外横线双线，黑色锯齿形。后翅银白色。

2. 卵　圆球状，外面覆有雌蛾脱落的白色绒毛。

3. 幼虫　共5龄，老熟幼虫体长约22毫米。体色多变，有绿色、黄褐色、暗绿色、褐色至黑褐色。体色不同背线不同或无背线。腹部气门下线为明显的黄白色纵带，有时带粉红色，纵带末端

甜菜夜蛾成虫

直达腹部末端，不弯到臀足上，这是区别于甘蓝夜蛾的重要特征。各节气门后上方有1个明显白点，以绿色型幼虫尤为明显。

4. 蛹　黄褐色，体长约10毫米。中胸气门深褐色，位于前胸后缘，并外突，臀棘上有刚毛2根，腹面基部也有极短刚毛2根，前者是后者长度的1.5～2倍。

甜菜夜蛾幼虫

二、危害症状

初孵幼虫结疏松网在玉米叶背群集危害，危害时只取食叶肉，留下表皮呈网状半透明的窗斑。三龄后幼虫分散危害，四龄幼虫食量暴增，四至五龄幼虫的食量占幼虫一生食量的90%左右。危害叶片成孔洞缺刻，严重时，可吃光叶肉，仅留叶脉，甚至剥食茎秆皮层。

三、生活习性及发生规律

甜菜夜蛾成虫迁飞性极强，昼伏夜出，白天潜伏在杂草、枯叶和土缝等阴暗处，受惊吓后

可短距离飞行，21:00 ～ 23:00活动最盛，进行取食、交尾和产卵，有趋光性、趋化性，对黑光灯和糖醋气味有较强趋性。甜菜夜蛾在鄂尔多斯地区一年可发生2 ～ 3代，成虫始见于5月上旬，常产卵于叶背或叶柄处，卵块平铺一层或多层重叠，每头雌蛾平均产卵量为104.8粒，卵孵化率为82%。幼虫危害往往在5月中下旬，蛹期6天左右，夏季完成一个完整世代仅需28天，因此，甜菜夜蛾可在短期内普遍发生。7—8月是危害盛期。幼虫可成群聚集危害，受惊扰后吐丝落地，有假死性，进入老龄后入土化蛹。

四、综合防治措施

（一）加强监测预警 根据甜菜夜蛾成虫生活习性，及时开展田间监测调查，尤其要利用信息化和数据化测报手段，加强监测预警，及时监测虫情日发生量，预测成虫盛发期和幼虫最佳防治期，提前发布防治指导信息，适时开展统防统治。

（二）农业防治 选种抗虫或耐虫品种，在早春及时铲除田间、地边、田埂、地头杂草，破坏早期虫源滋生、栖息场所，恶化其取食、产卵环境，降低虫害发生率。合理安排农作物及蔬菜布局，实行间作套种或轮作模式，不与十字花科蔬菜寄主植物进行轮作，切断虫源。

（三）物理防治 利用频振式杀虫灯及糖醋液诱杀甜菜夜蛾成虫，也可根据甜菜夜蛾成虫把卵成块产于玉米叶上的习性，结合农事操作实行人工摘除卵块。

（四）生物防治 保护和利用天敌防治甜菜夜蛾，可在其产卵期及卵孵化初期释放寄生蜂，如释放马尼拉陡胸茧蜂。利用甜菜夜蛾性引诱剂进行诱集杀灭，每亩放置1个性诱捕器，诱捕器底部距离作物顶部20厘米左右，30天更换1次诱芯。也可在甜菜夜蛾发生初期（三龄以下），选用甜菜夜蛾核型多角体病毒悬浮剂500倍液，或苜蓿银纹夜蛾核型多角体病毒悬浮剂500倍液，或100亿孢子/克金龟子绿僵菌油悬浮剂1 000倍液连续喷施2次，间隔7天。

（五）化学防治 在甜菜夜蛾幼虫发生危害初期应适时采用药剂防治，可选用50%辛硫磷乳油+90%敌百虫（1：1 000倍），或2.5%高效氟氯氰菊酯乳油1 500倍液，或8.2%甲维·虫酰肼乳油1 000倍液，或25%灭幼脲悬浮剂3 000倍液，或15%茚虫威悬浮剂3 000倍液进行均匀喷雾防治。注意以上药剂均需添加助剂提高药效，并且多种药剂交替使用，以防甜菜夜蛾出现抗药性，影响防治效果。

第十二节 斜纹夜蛾

斜纹夜蛾（*Spodoptera exigua*）是一种间歇性大暴发的杂食性食叶害虫，几乎遍及我国各玉米栽培区，可危害99科200余种植物，最喜食植物90余种。在鄂尔多斯地区每年均有不同程度发生危害，主要危害蔬菜、甜菜、玉米等作物，尤以玉米为主，但未发生大面积集中危害。

一、形态特征

1.成虫 前翅灰褐色，内横线和外横线灰白色，呈波浪形，有白色条纹，环状纹不明显，肾状纹前部呈白色，后部呈黑色，环状纹和肾状纹之间由3条白线组成明显的较宽的斜纹，自翅基部向外缘还有1条白纹。后翅白色，外缘暗褐色。

2.卵 扁半球状，直径约0.5毫米，初产黄白色，孵化前变为暗灰色，表面有纵横脊纹，数十至上百粒黏合在一起成卵块，上覆黄褐色绒毛。

3.幼虫 共6龄，体长33 ～ 50毫米，头部黑褐色，腹部体色因寄主和虫口密度不同而异，密度大时腹部黑色，一般密度时呈土黄色、暗褐色至黑绿色，体表散生小白点，各体节亚背线内侧有近半月形黑斑1对，中后胸的黑斑外侧有黄白色小圆点。

斜纹夜蛾成虫　　　　　　　　　　　　　　　斜纹夜蛾幼虫

4. 蛹　红褐色，长15～20毫米，圆筒形，腹部背面第4～7节近前缘处各有1个小刻点，尾部有1对短刺。

二、危害症状

以幼虫咬食玉米叶片、花丝、雌穗，初龄幼虫群集危害，啃食叶片下表皮及叶肉，仅留上表皮呈筛网状花叶，二龄以后幼虫分散危害。幼虫还可钻入玉米心叶内进行危害，把新叶咬食成缺刻或孔洞，并排泄大量粪便。四龄以后幼虫进入暴食期，咬食叶片，仅留叶脉，虫口密度高时把全田吃成光秆，成群迁移，造成大面积绝收。老龄幼虫还可蛀食雌穗、幼粒，造成籽粒缺损、品质下降。

三、生活习性及发生规律

斜纹夜蛾成虫终日均能羽化，以18:00～21:00为最多。羽化后白天潜伏于玉米叶下部、枯叶或土壤间隙内，夜晚外出活动，取食花蜜作为补充营养，然后才能交尾产卵，卵多产在植株叶背面，呈块状。一头雌蛾产卵3～5块，每块有卵300粒左右。未取食者只能产卵数粒。成虫具有趋光性和趋化性，糖醋液及发酵的胡萝卜、豆饼等对成虫均有不同程度的引诱作用。斜纹夜蛾是一种喜温性害虫，其生长发育最适宜温湿度条件为温度28～30℃，相对湿度75%～85%。38℃以上高温和冬季低温，对卵、幼虫和蛹的发育都不利，当土壤湿度过低，含水量在20%以下时，不利于幼虫化蛹和成虫羽化。幼虫有吐丝下垂随风飘散的习性，三龄以上幼虫还具有明显的假死性，末龄幼虫入土筑椭圆形土室化蛹。

鄂尔多斯地区冬季寒冷不能越冬，主要是南方随气流迁飞入侵危害，一年发生3～4代。一至二龄幼虫如遇暴风雨则大量死亡。蛹期大雨、田间积水也不利于羽化。田间水肥好，作物生长茂盛的田块，虫口密度往往较大。

四、综合防治措施

细菌治虫。可施用苏云金杆菌乳剂1 000倍液进行喷雾，对斜纹夜蛾等鳞翅目害虫有较好的防治效果。

其他防治措施参考玉米虫害——草地螟。

第十三节　地老虎

地老虎又称地蚕、切根虫，全世界约2万种，我国约1 600种，食性极杂，主要危害玉米、向日葵、高粱以及蔬菜等。危害玉米的主要有小地老虎（*Agrotis ipsilon*）、黄地老虎（*A. segetum*）和大地老虎（*Trachea tokionis*）。在鄂尔多斯市发生危害的主要有小地老虎和黄地老虎两种，是苗期的主要地下害虫，在全市普遍发生危害，特别以沿河地区，包括达拉特旗和杭锦旗发生危害最为严重，全市每年发生面积都在30万亩次以上。

一、形态特征

（一）小地老虎

1.成虫　深褐色或暗褐色，体长16～23毫米，翅展42～54毫米。前翅翅基部淡黄色，外部黑色，中部灰黄色，有显著的肾状斑、环形纹、棒状纹和2个黑色剑状纹。后翅灰白色，无斑纹，半透明，边缘褐色。雌虫触角丝状，雄虫触角栉齿状。

2.卵　馒头形，直径约0.5毫米，表面有纵横隆纹。初产乳白色，渐变为黄褐色，孵化前卵顶端具黑点。

小地老虎卵

3.幼虫　共6龄，暗褐色，圆筒形，体长37～47毫米，表皮粗糙，密生大小不同的颗粒。腹部第1～8节背面每节有4个毛瘤，前2个显著小于后2个。前胸背板暗褐色，体末端臀板为黄褐色，坚硬，上有2条黑褐色纵带。

小地老虎幼虫

4.蛹　赤褐色，有光泽，体长18～23毫米。腹部第5～7节背面前缘中央深褐色，且有粗大的刻点，两侧刻点细小，延伸至气门附近。腹部末端有1对较短的毛刺。

（二）黄地老虎

1.成虫　黄褐色。体长14～19毫米，翅展32～43毫米。前翅黄褐色，各横线为双条曲线，但多不明显，翅上肾形纹、环形纹和棒形纹均很明显。后翅白色，前缘略带黄褐色。雌蛾触角丝状，雄蛾触角双栉状。

2.卵　半圆形，底平，直径约0.5毫米，卵壳表面有纵脊纹。初产乳白色，后渐现淡红色斑纹，孵化前变为黑色。

3.幼虫　与小地老虎相似，其区别为：体长33～45毫米，头部黑褐色，有不规则深褐色网纹，体表多皱纹，黄褐色。腹部背面各节有4个毛片，前方2个与后方2个大小相似。腹足趾钩12～21个，臀足趾钩19～21个。臀板有2个大黄褐色斑纹，中央断开，有较多分散的小黑点。

4.蛹　红褐色，体长16～19毫米，腹部末节有臀刺1对。第1～3腹节无明显横沟，第4腹节仅背面中央有稀疏刻点，第5～7腹节刻点小而多，气门下方有1列刻点。

二、危害症状

以幼虫危害寄主的幼茎及叶片等。玉米出苗后，幼虫常群集在幼苗心叶或叶背，把叶片咬成孔洞或缺刻状，之后转移至地下危害，主要危害玉米生长点或从根颈处蛀入嫩茎中取食，造成萎蔫苗或空心苗。大龄幼虫常把幼苗齐地咬断，并拉入洞穴取食，或咬食未出土的种子，造成缺苗断垄，严重地块甚至绝收。

地老虎危害状

三、生活习性及发生规律

（一）小地老虎　小地老虎喜温暖潮湿的条件，最适发育温度为13～25℃。成虫昼伏夜出，白天躲在土块、草滩等阴暗处不活动，黄昏后活动、交配产卵，卵多散产于5厘米以下矮小杂草上，尤其在贴近地面的叶背或嫩茎上，也可直接产在土表及残枝上，卵经过5～7天孵化，每头雌蛾平均产卵800～1 000粒。成虫对黑光灯及糖醋液等趋性较强，并有弱趋光性。幼虫三龄前在地上昼夜危害，虫体暴露于地面上，三龄后入土，白天潜伏在作物根部附近表土的干湿层之间，夜间活动取食危害。幼虫有转株危害习性。老熟幼虫行动敏捷，有假死性，受惊缩成环形或僵直不动，在虫口过多或食物不足时有互相残杀习性。幼虫共6龄，幼虫期约47天。

小地老虎在鄂尔多斯市一年发生2代，以第1代幼虫危害最重。越冬成虫于3月下旬至4月上旬开始出现，4月中下旬为成虫盛发期，4月下旬至5月上旬为产卵盛期，第1代幼虫于5月上旬出现，5月中旬至6月中旬是幼虫危害期，5月上中旬是防治幼虫三龄前的关键时期，6月中下旬老熟幼虫入土作土室化蛹，蛹期10天左右，于7月上中旬成虫羽化，7月下旬至8月上旬为第2代成虫期。高温不利于发生，阴凉潮湿、土壤湿度大，虫量就多，危害加重；沙壤土、黏壤土发生重，沙质土发生危害轻；河流湖泊地区或低洼内涝、雨水充足及常年灌溉地区均适于小地老虎发生。杂草丛生，可提供产卵场所；蜜源植物多，可为成虫提供补充营养，将会形成较大的虫源，发生严重。

（二）黄地老虎　成虫昼伏夜出，白天躲在柴草、杂草丛间或土块下，傍晚开始活动，在高温、无风、空气湿度大的黑夜最活跃。喜食花蜜，蜜源植物主要有沙枣、葱、向日葵等。有较强的趋光性和趋化性。产卵前需要丰富的补充营养，能大量繁殖。黄地老虎产卵于低矮植物近地面的叶上，一雌蛾产卵量为数百至千余粒，卵期一般5～9天。幼虫三龄前群集危害，三龄后开始扩散，白天潜伏在受害作物或杂草根部附近土层中，夜晚出来危害，幼虫老熟后化蛹。以第1代幼虫危害最重，发生比小地老虎晚，危害盛期相差半个月以上。

黄地老虎在鄂尔多斯市一年发生2代，以幼虫在土壤深处越冬。越冬场所为玉米地、麦地、菜地以及田埂、沟渠堤坡附近等，一般田埂密度大于田中，向阳田埂大于向阴面。4月气温回升，越冬幼虫开始化蛹，蛹直立于土室中，头部向上，蛹期20～30天。5月上旬出现成虫，5月中下旬为发蛾盛期，5月下旬至6月上旬开始出现幼虫，6月中下旬为幼虫危害期，对糜黍、高粱、谷子等危害最重，6月上中旬是防治三龄前幼虫的关键时期，7月下旬为化蛹羽化期。干旱地区或干旱季节危害相对严重。春播作物早播发生轻，晚播重。

四、综合防治措施

（一）加强监测预警　强化对地老虎的监测预警，认真开展调查监测，及时预警，指导农牧民进行科学防治。对成虫的测报可用黑光灯或糖醋液诱蛾器，对幼虫的测报采用田间调查的方法，一旦达到防治指标，立即开展防治。

（二）农业防治　及时清除田间地头杂草，防止成虫在杂草上产卵。当地老虎发生后，根据作物种类，及时灌水，有一定防效，同时结合秋耕冬灌，消灭地老虎越冬幼虫，减少虫源。也可人工捕捉幼虫，老龄幼虫白天躲藏在土中，清晨在田间寻找刚出现的萎蔫苗、枯心苗，拨开周围泥土，挖出大龄幼虫。

（三）物理防治　用黑光灯或糖醋液诱杀成虫，糖醋液的调配方法为：糖6份、醋3份、白酒1份、水10份、90%敌百虫1份，调匀即可，或用泡菜水或发酵变酸的食物，如胡萝卜、烂水果等加入适量农药，制成诱杀液，诱杀成虫。

（四）生物防治　保护和利用天敌。小地老虎的天敌主要有知鸟、鼬鼠、步行虫、寄生蝇、寄生蜂及细菌、真菌等。

（五）化学防治　种子包衣。利用含有噻虫嗪、吡虫啉、氯虫苯甲酰胺或溴氰虫酰胺等成分的种衣剂进行种子包衣。

毒饵、毒土诱杀幼虫。每亩用90%敌百虫100克热水溶解后，加清水5千克左右，喷在炒香的油渣上搅拌均匀即可；或用50%辛硫磷乳油50克，拌炒过的棉籽饼或麦麸5千克，于傍晚撒在作物周围，环施或条施。

喷雾防治。防治最佳适期在幼虫一至三龄期，此时幼虫对药剂抗性较差，且暴露在寄主植物或地面上，三龄后潜伏在土表中，不易防治。可用2.5%高效氯氟氰菊酯乳油2 000倍液，或90%敌百虫晶体800倍液，或40%辛硫磷乳油800倍液，或20%菊·马乳油3 000倍液等灌根或于傍晚喷施在玉米茎基部；也可每亩喷施40.8%毒死蜱乳油90～120克兑水50～60千克。

第十四节　蛴　螬

蛴螬又称核桃虫、白地蚕，是金龟甲总科幼虫的通称，为世界性地下害虫，杂食性，寄主范围广，对小麦、玉米、高粱以及豆、薯、蔬菜类均能产生危害，有种类多、分布广、发生量大、危害重的特点。在许多地区危害连年加重，造成不可估量的经济损失，也是鄂尔多斯地区主要的地下害虫之一，主要发生在鄂托克旗、伊金霍洛旗、乌审旗等地区。

一、形态特征

体肥大，弯曲呈C形，白色至黄白色，体壁

蛴　螬

较柔软多皱。头部黄褐色至红褐色，上颚显著，头部前顶每侧生有左右对称的刚毛，刚毛数量的多少常为分种的特征。具3对胸足，后足较长，腹部10节，第10节称为臀节，臀节的背面称肛背片，腹面称肛腹片，肛腹片的后部腹毛区生有刚毛、刺毛，其刺毛数目的多少和排列方式也是分种的重要依据。

二、危害症状

终年在地下活动，取食萌发的种子或幼苗根须，食痕整齐，常导致地上部萎蔫死亡，或植株生长缓慢，发育不良。害虫造成的伤口有利于病原菌侵入，诱发根须部腐烂或导致其他病害。

三、生活习性及发生规律

成虫大多危害林木叶片，少有危害玉米，有假死性和趋粪性，对未腐熟的粪肥有趋性。喜欢在潮湿的地块产卵，卵多散产于根际周围松软的土壤中。幼虫三龄后进入暴食期，可转株危害。

在鄂尔多斯市一年发生1代或两年发生1代，因种而异。比如鄂尔多斯市常见的成虫黄褐金龟甲每年发生1代，而阔胸金龟甲、黑皱金龟甲和华北大黑金龟甲两年发生1代。以幼虫或成虫在土中越冬，第二年气温升高开始出土活动。从卵孵化到成虫羽化均在土中完成，喜松软湿润土壤。蛴螬共3龄，一至二龄期较短，三龄期最长。蛴螬的危害程度和土壤温湿度有很大关系。春季当10厘米土温达5℃时，蛴螬开始上升活动，平均土温在13～18℃时，活动危害最盛。土温超过23℃又向深土层移动，危害减轻。秋季温度降低，又上升到表土层活动，危害秋播作物和秋季生长作物。土温在5℃以下时进入越冬。因此，在一年中蛴螬有2个危害时期。一般情况下土壤含水量低于10%或高于20%时，蛴螬便向较深的土层移动，危害也暂时停止。湿度过低，卵不能孵化，甚至干死，幼虫也容易死亡，成虫的生殖和活动能力也受影响。一般在阴雨时期特别是小雨连绵危害严重。因此水浇地、低洼地或雨量充足地区的旱地以及多雨的年份，蛴螬发生危害较为严重，但雨量过大，土壤积水对其生活也不利，尤其低龄幼虫容易死亡。黏壤土较沙壤土发生数量多，危害重。淤泥土比沙壤土虫口密度大。施有机肥料的地块，危害重。前茬是大豆、马铃薯的地块，蛴螬数量往往较多。

四、综合防治措施

参考玉米虫害——地老虎。

第十五节　蝼　　蛄

蝼蛄又称拉拉蛄、土狗等，全世界已知110种，我国记载11种。在我国，危害玉米的主要有华北蝼蛄（*Gryllotalpa unispina*）和东方蝼蛄（*G.orientalis*）。鄂尔多斯市发生种类也是华北蝼蛄和东方蝼蛄，但以华北蝼蛄为主，是玉米田里咬食作物根颈部的多食性地下害虫之一，严重影响玉米生长发育。蝼蛄在鄂尔多斯市分布广、发生面积大、危害重，主要发生在沿黄河、灌渠、水库等低湿地区，在部分地区的下湿盐碱地发生也比较严重。

一、形态特征

（一）华北蝼蛄

1.成虫　体黄褐色或黑褐色，体较肥大，全身密布黄褐色细毛。雌虫体长45～66毫米，头宽9毫米，雄虫体长39～45毫米，头宽5.5毫米。前胸背板中央有1个凹陷不明显的暗红色心脏形斑。前翅黄褐色，长14～16毫米，平叠于背上，后翅纵卷成筒状，附于前翅下。腹部圆筒形、背面黑褐色，有7条褐色横线。足黄褐色，前足发达，适宜在土中开掘潜行，中后足细小，后足胫节背侧内缘有距1～2个或消失。尾毛2根，黄褐色。

2. 卵　椭圆形，初产时黄白色，后渐变为黄褐色，孵化前变为暗灰色。

3. 若虫　共13龄。长3.56～41.2毫米，体型与成虫相近，前、后翅不发达。初孵化时全身乳白色，复眼为淡红色，后头部变为淡黑色，前胸背板黄白色，二龄后体变为黄褐色，五龄或六龄后即与成虫同色。

（二）东方蝼蛄

1. 成虫　淡黄褐色或暗褐色，全身密布细毛。雌虫体长30～35毫米，雄虫略小。头圆锥形。触角丝状。复眼1对，内侧后方有较明显的3个单眼。咀嚼式口器发达。前胸背板卵圆形，背中央有1条下陷的纵沟，长约5毫米。前翅较短，仅达腹部中央；后翅扇形，较长，超过腹部末端。胫节扁阔而坚硬，尖端有锐利的4枚扁齿，上面2个较大，适于挖掘洞穴隧道。后足腿节大，在胫节背侧内缘有3～4个能活动的棘，腹部近纺锤形，末端2节的背面两侧有弯向内方的刚毛。

2. 卵　椭圆形，初产时乳白色，有光泽，后渐变为黄褐色，孵化前变为暗紫色，长约4毫米。

3. 若虫　共8～9龄。初孵化时乳白色，复眼淡红色。末龄若虫体长25毫米，体型与成虫相似。

另外，区别蝼蛄雌雄，可用手指轻轻挤压其腹部末端。若是雄虫，末端呈叉状突

蝼　蛄

出，在其中央可看见1个褐色针形管状突出，即为雄性生殖器；若是雌虫，就较难挤出，一旦挤出，则末端呈圆形突起，在中央可看见1个白色乳状突起，即为雌性生殖孔。

二、危害症状

蝼蛄成虫和若虫均能产生危害，主要危害时期在播种期和幼苗期。玉米播种后，蝼蛄可直接取食刚播种的种子或已发芽种子；咬食幼根和嫩茎，把茎秆咬断，咬断处呈乱麻状（这是蝼蛄危害最明显的特征），使幼苗萎蔫而死，造成缺苗断垄。蝼蛄常在地表土层活动，其穿行造成纵横交错的隧道，使幼苗和土壤分离，不能吸收水分和营养物质，导致幼苗干枯而死。

三、生活习性及发生规律

蝼蛄喜昼伏夜出，白天潜伏，夜间在隧道内活动、交配、产卵，以20:00～23:00活动最盛，特别在气温高、湿度大、闷热的夜晚，大量出土到地面进行危害，喜食玉米幼嫩部位。蝼蛄具趋光性，并对香甜物质，如半熟的谷子、炒香的豆饼、麦麸以及马粪等有机肥具有强烈趋性。成虫、若虫均喜松软潮湿的壤土或沙壤土，20厘米表土层含水量20%以上最适宜，小于15%时活动减弱。适宜气温为12.5～19.8℃，适宜土温为15.2～19.9℃。

华北蝼蛄生活史较长，完成1代需3年左右，东方蝼蛄约两年完成1代。两种蝼蛄均以成虫和若虫在土中越冬，越冬深度在冻土层以下、地下水位以上。越冬时每洞有虫1头，头朝

下。第二年春天气温回升，越冬成虫和若虫于4月下旬开始活动，华北蝼蛄活动时在地表面留有长约10厘米的隧道，东方蝼蛄在洞顶筑起一堆虚土或较短的虚土隧道。5月中旬至6月上中旬是蝼蛄活动危害盛期，此时地面出现大量隧道，当大部分隧道上有1个孔眼时，表明蝼蛄已迁移危害。成虫于6月上中旬开始产卵，产卵直到8月上中旬，其中6月下旬至7月为产卵盛期。华北蝼蛄卵多产在轻盐碱地内，集中在缺苗断垄、干燥向阳、靠近地埂、地垄等处，卵产在距地面15～30厘米卵室中，一头雌虫可产卵100～800粒，卵期15～25天。7月初卵开始孵化，初孵若虫群集，三龄后逐渐分散，至秋季约10月达八龄、九龄时开始越冬。第二年春越冬若虫恢复活动继续危害，至秋季达十二龄、十三龄后又进入越冬。第三年春天又活动危害到8月若虫老熟，最后一次蜕皮变为成虫，成虫活动危害到初冬越冬。3年才完成一个生活史。越冬成虫在第四年春天开始活动危害，6月上中旬产卵。由此可见，蝼蛄一年中有两次在土中上升和下移的过程，即有两次危害高峰。东方蝼蛄发生期较早，产卵习性与华北蝼蛄相似，但喜产卵在潮湿地区，多集中在沿河、水库和沟渠附近等地块，产卵期长达120天左右，卵期15～30天，若虫期400多天。

四、综合防治措施

施用腐熟的有机肥；在蝼蛄危害期，可追施碳酸氢铵等化肥，散出的氨气对蝼蛄有一定的驱避作用。

其他防治措施参考玉米虫害——地老虎。

第十六节　金　针　虫

金针虫又称叩头虫、黄蚰蜒、铁丝虫等，是一类重要的地下害虫，可危害小麦、玉米等多种农作物以及牧草等，在我国从南到北分布很广，危害农作物的金针虫有数十种，其中发生普遍、危害严重的种类有细胸金针虫（*Agriotes fuscicollis*）、沟金针虫（*Pleonomus canaliculatus*）和褐纹金针虫（*Melanotus caudex*）。金针虫在鄂尔多斯市历年均有发生危害，是全市主要地下害虫之一，发生种类有细胸金针虫和沟金针虫，以细胸金针虫为常见种，发生危害较普遍，在局部地区危害较重，往往造成缺苗断垄，甚至毁种。

一、形态特征

（一）细胸金针虫

1.成虫　体色暗褐色，略有光泽，体细长，体长8～10毫米，密生灰色短毛。触角褐色，第2节球形。前胸背板略呈圆形。鞘翅长约为胸部的2倍，上有9条纵列的刻点。足赤褐色。

2.卵　乳白色，圆形，长0.5～1毫米。

3.幼虫　初孵幼虫白色半透明，老熟后体色淡黄褐色有光泽，细长，圆筒形，8～24毫米，头部扁平，与体同色，尾节呈圆锥形，尖端为红褐色小突起，背面两侧各有1个褐色圆斑，并有4条褐色纵纹。足3对，大小相同。

4.蛹　纺锤形，初为乳白色，后为黄色，长8～9毫米。

细胸金针虫

（二）沟金针虫

1. **成虫** 体长14～18毫米，头部扁平，呈三角形凹陷。雌虫体扁平，暗褐色，羽化初期黄褐色。触角短粗，11节。前胸发达，呈半球形隆起，前窄后宽。鞘翅上有极细纵沟，后翅退化。雄虫触角细长，12节，长达鞘翅末端，足细长。

2. **卵** 乳白色，近椭圆形，长0.5～0.8毫米。

3. **幼虫** 初孵幼虫白色，老熟后体色黄褐色，体长20～30毫米。体型较宽，头部扁平，胸腹背面有1条纵沟。尾节背面有近圆形凹陷，且密生较粗刻点，两侧缘隆起，有3对锯齿状突起。尾端分叉，并稍向上弯曲，分叉内侧各有1小齿，足3对。

4. **蛹** 乳白色，长纺锤形，长15～23毫米，前胸背板隆起，前缘有1对剑状细刺，腹部末端纵裂。

二、危害症状

金针虫幼虫可咬断刚出土的玉米幼苗，也可钻蛀在根颈内取食，有褐色蛀孔，受害株的主根不完全咬断，断口不整齐。幼虫还能咬食种子及嫩芽等，造成受害植株出苗率降低，生长不良或干枯死亡。成虫可在地上取食嫩叶。

三、生活习性及发生规律

细胸金针虫和沟金针虫生活习性及发生规律基本相同。成虫白天躲在田间表土、田旁杂草或土块下，夜间爬出土面活动交配。雌成虫行动迟缓，不能飞翔，有假死性，雄虫飞翔力较强，常以幼虫长期生活于土壤中，随土温季节性变化而上下移动。成虫羽化后，活动能力强，对刚腐烂的禾本科草类有趋性。卵散产于3～7厘米表土内，每头雌虫产卵百粒左右，成虫交配或产卵后即死亡。

细胸金针虫完成1代需2～3年，以幼虫在土内60～90厘米处越冬，越冬幼虫于4月下旬至5月上中旬上升至地表进行危害，6月上旬开始化蛹，6月中旬出现成虫。6月下旬至7月中旬为产卵盛期，卵期15～18天，7月中下旬能见到初孵化的幼虫，秋末冬初，幼虫潜入深土内越冬。

沟金针虫约3年完成1代，其中以幼虫期最长，约1 200天。老熟幼虫于8月化蛹，蛹期约20天，9月能见到成虫。成虫羽化后即在土室中越冬，第二年4—5月成虫开始活动，5月下旬至6月上中旬为产卵期，卵期约35天。6月中下旬幼虫孵化并开始危害。

细胸金针虫一般在10厘米土温7～13℃时危害严重，土温升至17℃时逐渐停止危害，为下移的高温临界点，故春季恢复活动较早。而沟金针虫活动危害温度比细胸金针虫偏高，15.1～16.6℃时危害最重。短期浸水不仅对金针虫无害，反而有利。细胸金针虫喜欢潮湿、低洼、有机质含量高的土壤，因此主要发生在水浇地、低洼地和土质肥沃的黏土地，而沟金针虫主要发生在旱地平原上，土质多为沙壤土和沙黏壤土。

四、综合防治措施

（一）**加强监测预警** 金针虫为土栖昆虫，生活在土层中，在玉米苗期危害猖獗，而且隐蔽性强，一旦发现，即已错过防治适期，因此，应在秋季收获后至翌年播种前进行系统调查，选择不同土壤、不同地势、不同茬口的地块，采用随机5点式取样法，每样点面积为1米²，尤其要注意调查玉米苗期萎蔫植株，重点检查受害根部有无金针虫或其钻蛀的孔洞。当金针虫达到3头/米²以上时，应及时采取防治措施。

（二）**其他防治措施** 参考玉米虫害——地老虎。

第三章　小麦病害发生与控制

第一节　小麦黑粉病

小麦黑粉病是一类世界性病害，在我国主要有小麦散黑穗病、小麦腥黑穗病和小麦秆黑粉病三种。在鄂尔多斯市主要发生的是小麦散黑穗病和小麦腥黑穗病。

小麦散黑穗病俗称黑疸、灰包、乌麦等，在我国冬春麦区普遍发生，尤其在潮湿地区发病严重。小麦单株一旦发病，产量损失近100%。一般发病地块的病穗率为1%～5%，严重地块可达10%以上，可造成小麦减产5%～20%。该病在鄂尔多斯市春麦区常见，病穗率在2%～4%。近年来，玉米散黑穗病有逐年加重的趋势。

小麦腥黑穗病在新中国成立前后曾是全国各产麦区的主要病害，可造成小麦减产10%～20%。由于大力开展防治，20世纪60年代以后该病害在大部分地区已经基本消灭。但近几年，该病害有所回升甚至有严重发生的趋势。

一、病原菌

小麦散黑穗病病原菌为担子菌门黑粉菌属小麦散黑粉菌（*Ustilago tritici*）。麦穗上的黑粉即为冬孢子。冬孢子球形或近球形，浅黄色至褐色，一半色深，一半色浅，表面有微刺。在最适温度20～25℃时，从冬孢子色浅的一侧伸出先菌丝，先菌丝4个细胞可分别长出单核分枝菌丝。单核菌丝成对融合才形成具有侵染寄主能力的双核菌丝体。

小麦腥黑穗病病原菌有2种，即担子菌门腥黑粉菌属的网腥黑粉菌（*Tilletia caries*）和光腥黑粉菌（*Tilletia foetida*）。网腥黑粉菌的冬孢子表面有网纹，球形或近球形，褐色至深褐色。光腥黑粉菌的冬孢子表面无网纹，圆形或椭圆形，淡褐色至青褐色。

二、危害症状

小麦散黑穗病主要危害穗部。穗部所有的穗组织变成黑粉即冬孢子，外层为灰色薄膜。病株较矮，直立，一般比健株提前几天抽穗，抽穗后不久灰色薄膜破裂，黑粉散出。产生的黑粉污染健康籽粒，影响籽粒质量，造成产量损失。

小麦腥黑穗病病株较矮，分蘖增多，病穗较短，直立，颜色较健穗深，初为灰绿色，后变为灰白色，发病的小穗后期颖片张开，露出灰黑色或灰白色的菌瘿，外面包一层灰褐色薄膜，破裂后散出黑粉（冬孢子），菌瘿因含有挥发性三甲胺并有鱼腥味，故称为腥黑穗病。此病害不仅导致小麦减产，还可影响面粉品质。用含病原菌孢子的小麦作饲料喂食畜禽可致其中毒。

小麦散黑穗病危害状

三、发病条件及规律

小麦散黑穗病一年只有一次侵染，主要通过种子带菌越冬。当带菌种子萌发时，菌丝也随植株生长而扩展至穗部进行危害，散出冬孢子（即黑粉），散开的冬孢子可随气流传播到健康小麦花柱头上，萌发后产生双核侵染菌丝直接从子房壁侵入，进入珠心，潜伏于胚部细胞间隙。当籽粒成熟时，可以菌丝状态在种子内越冬。第二年播种时，种内菌丝可随种子萌发而扩展致病。小麦扬花期和授粉期是该病原菌侵染的最佳时期。该病第二年的发病率与上一年种子病原菌侵入率有直接关系。小麦开花期如遇高温高湿环境，有利于冬孢子萌发侵入，种子带菌率就高。但暴雨天气可将冬孢子冲于地下，不利于冬孢子传播。小麦开花期如遇干旱天气，冬孢子则很难萌发侵入，因此种子带菌率就低。种子带菌是目前唯一的初侵染源，冬孢子在田间只能存活几个星期，冬孢子在鄂尔多斯市不能越冬。

小麦散黑穗病病害循环过程

小麦腥黑穗病是单循环系统性侵染病害。病害的初侵染源一般有3种：①种子带菌（有些病原菌的菌瘿及其碎片可混杂在种子间，或病原菌的冬孢子可黏附在种子上）；②土壤带菌（收割时落入土壤中的菌瘿和冬孢子）；③粪肥带菌（带菌的麦麸、麦秸等落入粪肥中，或带菌的麦草、种子被家畜食用后排出的粪便中）。病原菌冬孢子在种子、土壤和粪肥中越冬，春季播种时，在适宜条件下萌发并成功侵入种子，冬孢子在麦苗出土前和幼苗有伤口时最容易成功侵入。侵入后的病原菌在小麦植株体内以菌丝体形态随着麦株的生长而生长，长到孕穗期病原菌可从生长点侵入幼穗的子房，并在其中发育产生新的冬孢子（黑粉），使整个受害小穗

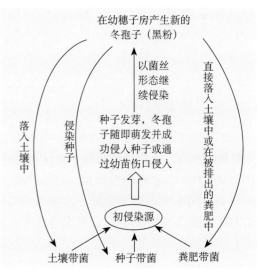

小麦腥黑穗病病害循环过程

变成菌瘿。小麦腥黑穗病的两种病菌均有很强的存活力，在干土内能存活7年，在病粒中的冬孢子不易死亡，即使在土壤中也能存活1年以上，但孢子在潮湿的土壤中仅存活1～2个月，病原菌冬孢子通过畜禽肠胃后，仍具萌发力和致病力。影响小麦腥黑穗病发病轻重的主要因素是地温和墒情。病原菌侵入小麦幼苗的温度为5～20℃，春小麦发育的温度为16～20℃。如果当年温度低，则延长了种子萌发时间，从而增加了病原菌侵染概率，发病就重。同时，土壤湿度过高过低都会影响病原菌萌发，一般土壤含水量＜40%，适于病原菌孢子萌发。

四、综合防治措施

（一）加强检疫　在我国部分省份引起小麦腥黑穗病的网腥黑粉菌和光腥黑粉菌已被列为检疫真菌，因此，一定要加强检疫，防止外部带菌种子传入。

（二）农业防治　鄂尔多斯市小麦种植区属于一年一熟制春麦土默川灌区，主要集中在黄河南岸灌区达拉特旗和无定河流域灌区杭锦旗，种植面积从2017年（11.7万亩）后逐年减少，到2020年仅剩8.5万亩，主栽品种为宁春4号（又称永良4号）。该品种中熟偏晚，较耐盐碱、耐瘠薄、耐旱涝、抗倒伏、适应性广，感条锈病、叶锈病、白粉病、赤霉病、黄矮病，但耐病。适当培育选用新的抗病品种，可有效控制该病害发生。

小麦抽穗后，及时清除病株、病穗，建立无病的留种田繁殖无病种子。留种田做好选种、种子消毒，要与生产田间隔200米以上。生产田播种前做好整地和保墒工作，适期播种，春麦适当晚播，播种不易过深，可使幼苗早出土，减少病原菌侵染种子的机会。播种时用硫酸铵等肥料作种肥，可减轻发病。加强栽培管理，粪肥需经充分腐熟后使用。

（三）化学防治　药剂拌种或种子包衣是防治黑穗病最经济、简便、可行、有效的防治措施。播种前对小麦进行拌种处理，防治小麦散黑穗病可选用27%苯醚甲环唑·咯菌腈·噻虫嗪悬浮种衣剂，或20%三唑酮乳油，或5%烯唑醇可湿性粉剂，或50%多菌灵可湿性粉剂等。防治小麦腥黑穗病可选用30克/升苯醚甲环唑悬浮种衣剂，或12.5%烯唑醇可湿性粉剂，或30%己唑醇悬浮剂，或50%多菌灵可湿性粉剂，或15%三唑酮可湿性粉剂，或50%甲基硫菌灵等可湿性粉剂拌种处理。另外，用生石灰浸种防病效果好。石灰水浸种的方法：将约35千克小麦种置于盆或桶中，用0.5千克生石灰，加水100千克，浸没小麦种约10厘米，浸种过程中不要搅动，不要弄破石灰水表面的薄膜，以免影响杀菌效果。保持35℃水温浸种1天。

第二节　小麦锈病

小麦锈病是一种世界范围内普遍发生和流行的气传性真菌病害，包括条锈病、叶锈病和秆锈病三种。其中，小麦条锈病在我国西北、西南、黄淮海等冬麦区和西北春麦区发生最广，危害最严重，流行年份可减产20%～30%，严重发生时甚至绝收。我国历史上曾暴发四次大流行，造成小麦减产600万吨。小麦叶锈病在华北、西北、东北均有发生，发生面积也不断扩大。小麦秆锈病主要发生在东北、内蒙古自治区、西北春麦区，但基本未产生过严重危害。小麦三种锈病在病叶上产生的夏孢子形状和大小有所不同，可根据"条锈成行叶锈乱，秆锈是个大红斑"来区分。鄂尔多斯市小麦锈病主要以叶锈病为主，其他两种病害也有发生。

一、病原菌

小麦条锈病病原菌为担子菌门柄锈菌属条形柄锈菌小麦转化型（*Puccinia striiformis* f. sp. *tritici*）。夏孢子单胞，球形或椭球形，鲜黄色，在电子显微镜下可观察到有突刺，孢子壁无色。冬孢子双胞，棍棒形，褐色，顶部扁平或斜切。

小麦叶锈病病原菌为担子菌门柄锈菌属小麦柄锈菌（*Puccinia triticina*）。夏孢子单胞，球形或近球形，黄褐色，表面有微刺，冬孢子双胞，棍棒状，上宽下窄，暗褐色。

小麦秆锈病病原菌为担子菌门柄锈菌属禾柄锈菌小麦专化型（*Puccinia graminis* f. sp. *tritici*）。夏孢子单胞，暗黄色，长圆形。冬孢子有柄，双胞，椭圆形或长棒形，深褐色。

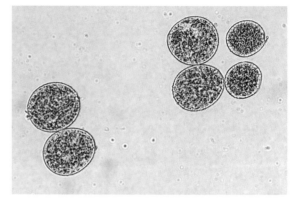

小麦条锈病病原菌夏孢子
（在光学显微镜10×40倍下观察）

二、危害症状

小麦条锈病和叶锈病主要危害叶片，也可危害叶鞘和茎秆等部位。小麦秆锈病主要危害叶鞘。病叶上初形成褪绿花斑，后逐渐形成隆起的橘黄色或黄褐色夏孢子堆，后期夏孢子堆上的寄主表皮破裂，散出粉末状夏孢子。当小麦近成熟时，病部出现椭圆形黑褐色或暗褐色疱疹，即冬孢子堆。三种锈病的区别见表1。

表1　三种锈病的区别

名称	危害部位	夏孢子堆形态	夏孢子堆部位	冬孢子堆
小麦条锈病	主要危害叶片，也可危害叶鞘、茎秆和穗部	橘黄色，孢子堆较小，椭圆形，产生鲜黄色夏孢子粉	与叶脉平行排列成整齐的虚线条状	黑褐色，扁平的短线条状，见于叶片背面
小麦叶锈病	主要危害叶片，也可危害叶鞘和茎秆	橘红色，圆形或近圆形，产生黄褐色夏孢子粉	不规则散生，常见于叶片正面	暗褐色，椭圆形，散生，见于叶片背面
小麦秆锈病	主要危害茎秆和叶鞘，也可危害叶片和穗部	黄褐色，长椭圆形，产生锈褐色夏孢子粉，三种锈病中个头最大，隆起最高	不规则散生	黑色，锈粉状冬孢子

小麦条锈病危害状

小麦叶锈病危害状

三、发病条件及规律

初侵染产生的夏孢子可随气流作远距离传播，遇到感病植株后在适宜的温度（条锈病病原菌7～10℃，叶锈病病原菌15～20℃，秆锈病病原菌18～22℃）和100%相对湿度或有水膜存在下，经2～3小时即可萌发长出芽管，随后形成附着胞，产生侵入丝通过气孔进入。小麦锈菌是专性寄生菌，通过分枝状吸器伸入寄主细胞吸取养分。

鄂尔多斯市由于种植一年一熟制春小麦，每年3月中旬开始播种，7月中下旬开始收获，秋冬季寒冷越冬率低。因此，基本没有本地越冬菌源。引起春季、夏季锈病发生的菌源主要由南方早发地区的外来菌源引起。所以，田间发病以大面积同时发病为特征，无真正发病中心。另外，当夏季平均温度超过22℃，锈病病原菌便不能越夏，会传到自生麦苗或杂草上越夏，但越夏的病菌在鄂尔多斯市是否会一直存活并在流行中起作用，目前无报道。

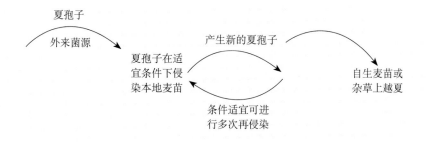

小麦锈病病害循环过程

四、综合防治措施

（一）加强监测预警　1956年，鄂尔多斯市首先在北部黄河灌溉区建立了小麦锈病测报点：按照一定距离，架设高穴捕捉器，捕捉小麦锈病孢子，预测锈病发生情况。随着科技水平的提高和研究的持续深入，目前已经实现对小麦锈病的实时监测与预警。2014年西北农林科技大学的胡小平教授研制出了基于物联网的小麦赤霉病、小麦条锈病和小麦白粉病监测预警系统。2018年，被全国农业技术推广服务中心采纳并在全国推广。2019年西北农林科技大学成立全国首个作物病虫草害监测预警中心，从而实现对作物典型病害的监测预警，提高测报准确度，减少作物产量损失。

（二）农业防治　小麦锈病病原菌具有明显的生理分化现象，病原菌新型致病性生理小种不断出现、变异和发展，导致多批小麦生产品种先后"丧失"抗病性，形成"病菌小种—小麦品种"不断兴衰发展形势。深入研究当前优势生理小种，选育种植抗锈病小麦品种仍然是防治锈病发生的主要措施。

同时，及时清除自生麦苗，减少越夏菌源量。施足底肥，增施磷钾肥，增强植株抗病性，施氮肥不宜过多过晚，否则会导致麦株贪青晚熟，加重锈病发生。

（三）化学防治　15%三唑酮可湿性粉剂，或430克/升戊唑醇悬浮剂，或150克/升丙环唑乳油，或12.5%烯唑醇可湿性粉剂等三唑类药剂，或250克/升嘧菌酯悬浮剂，或250克/升醚菌酯乳油等甲氧基丙烯酸酯类杀菌剂，或11.2%吡唑·萘菌胺悬浮剂等琥珀酸脱氢酶抑制剂是防治小麦锈病的有效药剂。可拌种或在拔节至孕穗期进行叶面喷施。15%三唑酮可湿性粉剂按麦种量0.03%（有效成分）进行拌种，持效期可达50天，一次施药即可控制住成株期小麦锈病危害。

第三节　小麦全蚀病

小麦全蚀病又称小麦全蚀根腐病、小麦黑脚病，是一种典型的根部病害，在世界各地均有发生，我国最早于1931年浙江省发现小麦全蚀病。目前，小麦全蚀病在我国西北、华北春麦区普遍发生，北方冬麦区局部发生。鄂尔多斯市也有发生。小麦全蚀病破坏小麦根系，受害田块一般减产10%～20%，重病田可达50%以上，甚至绝收。

一、病原菌

小麦全蚀病病原菌为子囊菌门顶囊壳属的禾顶囊壳小麦变种（*Gaeumannomyces graminis* var. *tritici*）。该病菌的匍匐菌丝粗壮，栗褐色，有隔。老化菌丝多呈锐角分枝，分枝处主枝与侧枝各形成一隔膜，呈 ∧ 形。病原菌仅在寄主成熟后产生子囊壳。子囊壳黑色，球形或梨形，顶部有一稍弯曲的颈。子囊无色，棍棒状，子囊内有8个平行排列的子囊孢子。自然情况下，尚未发现该病原菌的无性态。

二、危害症状

小麦全蚀病主要危害小麦根部和茎基部第1～2节处，苗期至成株期均可发生。苗期初生根和根颈变黑褐色，次生根上有大量黑褐色病斑，病株易自根颈处拔断，严重时导致根系死亡。拔节后，茎基1～2节的叶鞘内侧和茎基部表面形成黑褐色菌丝层，俗称"黑脚"，这是小麦全蚀病区别于其他根腐病的典型症状。高湿时在茎基部叶鞘内产生黑色小颗粒，即子囊壳。抽穗后根系腐烂，病株早枯，灌浆期形成白穗，遇干热风加速病株死亡。在显微镜下观察确定小麦全蚀病病株的方法是将变黑的根剪约1厘米小段，放在载玻片上用乳酚油封片，在酒精灯上略加温使其透明，用光学显微镜观察，根表面如有纵向栗褐色的葡萄菌丝体，即为全蚀病病株。

小麦全蚀病危害状

三、发病条件及规律

小麦全蚀病在小麦整个生育期均可发生侵染，但以苗期侵染为主。小麦全蚀病是典型的土传病害，病原菌主要以菌丝的形式随病残体在土壤、未腐熟的粪肥、混有病残体的种子中存活，也可寄生在自生麦苗和禾本科杂草上。一般病原菌在土壤中6个月后仍有少量存活，1年内失去活力。落入土壤中的子囊孢子因对土壤微生物的拮抗作用敏感，其存活受抑制，因此传病作用不如菌丝。播种后病原菌多从麦苗根毛处侵入，侵害根部及分蘖与茎基部。病原菌生长发育需要较高的空气湿度和80%～90%的土壤相对湿度，土壤相对湿度<50%则生长缓慢，不易产生子囊壳。鄂尔多斯市冬季寒冷，每年12月至翌年1月的最低气温可达−25～−18℃，病原菌以菌丝形式随病残体在土壤、粪肥中成功越冬率低，有幸存活的能成为第二年的初侵染源。混有病残体的种子也是第二年发病的主要初侵染源。至于

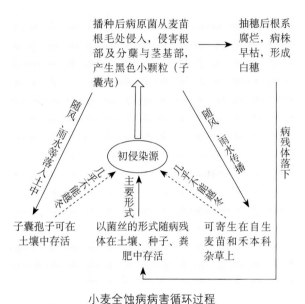

小麦全蚀病病害循环过程

存活在土壤中的子囊孢子和寄生在禾本科杂草上的病原菌在鄂尔多斯市几乎不可能成功越冬。

四、综合防治措施

（一）农业防治　小麦全蚀病是土传病害，土壤肥力、耕作制度和条件都是影响小麦全蚀病发生的主要原因。首先，要禁止从病区调种，防止病害蔓延。对带菌种子可在52℃水中浸种10分钟进行处理。其次，要清除田间自生麦苗和杂草，及时拔除病株并烧毁，避免病原菌在较近距离扩散。再次，因地制宜实施轮作换茬，坚持1～2年与非寄主植物轮作，从而降低土壤菌源量的积累。如果小麦和夏玉米采用复种的方式种植就会导致病原菌迅速积累，病害发生严重。最后，适当增施完全腐熟的有机肥料和硫酸铵、过磷酸钙等可提高土壤肥力，增强植株抗病性。氮肥中的铵态氮可明显减轻病害发生，硝态氮有利于病害发生。增加土壤中的钙、镁、锰、锌等微量元素也可明显降低病害发生。

（二）生物防治　荧光假单胞菌、芽孢杆菌、木霉等对小麦全蚀病病原菌有一定抑制作用。可采用5亿活芽孢/克荧光假单胞菌可湿性粉剂浸种防治小麦全蚀病。

（三）化学防治　用4.8%咯菌腈·苯醚甲环唑悬浮种衣剂按1∶（300～500）进行包衣，或10%苯醚甲环唑水分散粒剂按种子重量0.02%～0.03%（有效成分）进行拌种或包衣。播种前可用50%多菌灵可湿性粉剂，或50%硫菌灵可湿性粉剂对土壤进行处理。生长后期用20%三唑酮乳油对准小麦茎基部喷施。

第四节　小麦病毒病

小麦病毒病是小麦生产上的一类重要病害。全世界报道能侵染小麦的病毒有几十种，我国已经明确的小麦病毒有十几种，其中主要引起的病害包括小麦黄矮病、小麦黄花叶病、小麦

矮缩病、小麦红矮病等。小麦黄矮病和小麦黄花叶病分布最广，小麦黄花叶病在春麦区尚未见报道，小麦黄矮病已广泛分布于我国各冬麦区和春麦区。其中，宁夏回族自治区、内蒙古自治区、山西省北部等地为春小麦黄矮病的主要流行区。受害小麦一般减产5%～10%，个别田块可造成绝产。鄂尔多斯市小麦病毒病主要是小麦黄矮病。

一、病原

小麦黄矮病由黄症病毒科黄症病毒属的大麦黄矮病毒（*Barley yellow dwarf virus*，BYDV）引起。根据不同蚜虫的传播特性与介体专化性，国外将大麦黄矮病毒分为禾谷缢管蚜株系（RPV）、麦长管蚜株系（MAV）、麦二叉蚜株系（SGV）、禾谷缢管蚜与麦长管蚜株系（PAV）和玉米蚜株系（RMV）5个病毒株系。中国将其分为麦二叉蚜与麦长管蚜株系（GAV）、禾谷缢管蚜与麦长管蚜株系（PAV）、麦二叉蚜与禾谷缢管蚜株系（GPV）和玉米蚜株系（RMV）4个病毒株系。其中，GAV、PAV、RMV株系分别与国外的MAV、PAV、RMV株系有较强的相似性，而GPV株系为中国独有的株系类型。引起鄂尔多斯市小麦黄矮病的是哪种病毒有待深入研究。

二、危害症状

小麦感染小麦黄矮病时期不同，症状有所差异。苗期感染导致植株根系不发达，分蘖减少，病叶从叶尖开始褪绿黄化，并向叶片基部扩展，病株严重矮化，剑叶变小，抽穗后籽粒不饱满甚至不能抽穗。拔节期感染的植株，仅中部以上的叶片发病，从叶尖开始发病，病部占整个叶片的1/3～2/3，病株矮化不明显，秕穗率增加，千粒重降低。穗期感染的病株症状不明显，但相比健康植株秕穗率增加，千粒重降低。

小麦黄矮病危害状

三、发病条件及规律

小麦黄矮病只能通过传毒介体昆虫进行持久性传毒，不能通过种子、土壤传播。小麦黄矮病的发生发展与传毒介体蚜虫的发生密切相关。鄂尔多斯市小麦病毒病的虫源和毒源主要来自冬麦区和冬春麦混种区，也有小部分本地虫源和毒源。5月上旬，麦蚜逐渐产生有翅蚜，向春小麦及禾本科杂草上迁飞，并且可在自生麦苗上越夏。9月下旬，冬小麦出苗后，蚜虫又迁回陕西省关中、甘肃省陇南、甘肃省陇东等冬麦区越冬。一部分麦蚜可在多年生禾本科杂草上产卵越冬，成为本地第二年的虫源和毒源。一般情况下，麦蚜在病叶上吸食30分钟即可获毒，迁飞在健苗上吸食5～10分钟即可传毒。获毒后3～8天带毒蚜虫的传毒率最高，可传毒约20天，以后逐渐减弱。小麦黄矮病发生程度与麦蚜虫口密度、气候因子、耕作栽培条件有关。在16～20℃条件下，小麦黄矮病的潜育期为15～20天。温度降低潜育期延长。温度超过25℃病害逐渐隐症，30℃以上不显症。如果上一年10月份平均气温高，降水量小，当年1—2月的平均气温高，有利于麦蚜取食、繁殖、传毒、越冬及早春活动，易导致小麦黄矮病的大发生。小麦拔节至孕穗期遇低温或倒春寒，生长发育受影响，植株抗病性减弱，也易致小麦黄矮病发生。

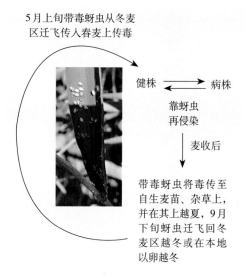

5月上旬带毒蚜虫从冬麦区迁飞传入春麦上传毒

健株 ⇄ 病株

靠蚜虫再侵染

麦收后

带毒蚜虫将毒传至自生麦苗、杂草上，并在其上越夏，9月下旬蚜虫迁飞回冬麦区越冬或在本地以卵越冬

小麦病毒病病害循环过程

四、综合防治措施

（一）加强监测预警　小麦黄矮病发生程度与麦蚜冬前的越冬基数和早春的虫口密度密切相关。冬前基数大，成功越冬的麦蚜数量增多，使第二年的虫源和毒源增多。早春虫口密度大，则为小麦拔节及穗期提供大量虫源、毒源。因此，及早对麦蚜开展监测预报，及时发布虫情动态，提醒农户做好防治工作至关重要。

（二）农业防治　适期播种，春麦区提倡早播，避开麦蚜发生期。铲除田间周围杂草，及时清除田间自生麦苗，减少传毒蚜虫的栖息场所。合理密植可减轻发病。增施有机肥可提高小麦抗病性。

（三）化学防治　小麦黄矮病属于病毒病，靠蚜虫传播，因而控制蚜虫可减轻病害发生。用70%吡虫啉可湿性粉剂进行种子拌种处理，可有效控制带毒传病蚜虫数量。当蚜株率达5%，拔节前百株有蚜量达200头，扬花期百穗有蚜量达800头时，用10%吡虫啉可湿性粉剂喷雾，可有效控制麦蚜。

第五节　小麦白粉病

小麦白粉病是一种发生普遍的气传性真菌病害，在世界各小麦产区均有发现，1927年在我国江苏省被首次发现。小麦白粉病是我国主要产麦区发生面积最大、危害损失最重的常发性病害。目前，中国已有20个省（自治区、直辖市）发生小麦白粉病。该病害在流行年份一般减产约10%，严重地块损失达50%以上。

一、病原菌

小麦白粉病病原菌有性态为子囊菌门禾本科布氏白粉菌小麦专化型（*Blumeria graminis* f. sp. *tritici*）。无性态为串珠粉孢菌（*Oidium monilioides*），属于无性真菌类粉孢属。菌丝无色，以吸器伸入寄主表皮细胞吸取营养。分生孢子梗垂直生长于菌丝上，基部膨大呈球形，梗上生有成串的分生孢子。分子孢子卵圆形，单胞，无色，其侵染力只能保持3～4天。闭囊壳球形，黑色，壳外有发育不全的丝状附属丝。闭囊壳内含有多个长椭圆形的子囊，子囊内有4个或8个子囊孢子。子囊孢子椭圆形，单胞，无色。

小麦白粉病病原菌属于典型的活体专性寄生菌，只能在活的寄主上生长发育。但病原菌对湿度和温度的适应性很强，相对湿度在0～100%，温度在0.5～30℃，分生孢子均可萌发。一般情况下湿度越大萌发率越高，但在水滴中萌发率下降。分生孢子不耐高温，夏季一般只能存活4天。子囊孢子形成、萌发和侵入都较快。

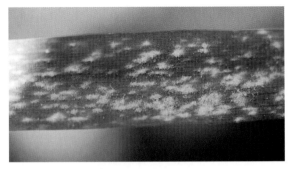

小麦白粉病危害状

二、危害症状

小麦白粉病在各生育期均可发生，主要危害叶片，严重时危害叶鞘、茎秆和穗部。发病叶片表面先出现黄色小点，后逐渐扩大成椭圆形或不规则形病斑，并在表面形成白粉状霉层（即菌丝、分生孢子梗和分生孢子）。严重时，霉层几乎可全部覆盖叶片，后期霉层变为灰白色至浅褐色，病原菌进行有性生殖，在上面密生黑色小颗粒（闭囊壳）。闭囊壳在成熟条件下裂开释放出子囊孢子。小麦受损后叶片早枯，分蘖数少，成穗率降低，千粒重下降。茎和叶鞘受害后植株易倒伏。

三、发病条件及规律

小麦白粉病通过分生孢子和子囊孢子借助高空气流传播到健康小麦上，在16～18℃条件下，12小时之内便可侵入，第5天便可产生新的分生孢子梗和分生孢子，新产生的分生孢子成熟后脱落可随风进行再侵染。该病害潜育期很短，21～25℃只需要3天，因此，在整个生育期中再侵染发生频繁。小麦白粉病病原菌可通过分生孢子和闭囊壳两种方式越夏。在夏季气温较低的地区，小麦白粉病病原菌以分生孢子在自生麦苗或夏播小麦上继续侵染繁殖，或以潜育菌丝状态越夏。自生麦苗是病原菌的主要越夏寄主。在低温干燥地区，病原菌以闭囊壳混杂于种子间或在病残体上越夏。有报道表明，在内蒙古自治区闭囊壳10月下旬仍具有活力，但多数情况下，闭囊壳很难越夏。在冬麦区，病原菌可以菌丝形式潜伏在寄主组织内越冬，成为第二年的初侵染源。鄂尔多斯市冬季寒冷，12月至翌年1月的最低温度可达−24～−18℃，自生麦苗基本被冻死，小麦白粉病病原菌又是典型的活体寄生菌，目前也无该病原菌在本地自身麦苗上越冬的证据。

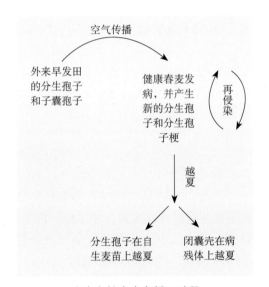

小麦白粉病病害循环过程

四、综合防治措施

（一）加强监测预警　根据小麦白粉病的发生规律，利用信息测报手段，建立监测预警模型，实现提前测报、及早防控的目的。2014年西北农林科技大学胡小平教授研制出了基于物联网的小麦白粉病监测预警系统。2018年，该系统被全国农业技术推广服务中心采纳并在全国推广。2020年为全面了解现有小麦白粉病预测模型的有效性，西北农林科技大学植物保护学院、中国农业科学院植物保护研究所、全国农业技术推广服务中心三家单位联合收集整理了全国9个省31个县（市）46个小麦白粉病预测模型，在对其实用性、时效性和准确性评价的基础上，对其中6个模型进行了优化、简化或重建，共获得4省7市12个小麦白粉病预测模型，为生产应用提供了依据。

（二）农业防治　因地制宜选用抗白粉病品种。铲除自生麦苗，及时处理带病麦秸，从而减少越夏菌源。适时播种，控制田间密度，避免播种量高造成田间植株密度过大，通风透光性差，导致植株弱，易倒伏。控制氮肥用量，增施磷钾肥。合理灌溉，降低田间湿度。

（三）化学防治　可用30%苯醚甲环唑悬浮剂按种子重量的0.03%（有效成分）拌种防治。当病叶率达到10%或病情指数为1以上时，用250克/升嘧菌酯悬浮剂，或5%烯效唑可湿性粉剂进行叶片喷施。

第六节　小麦赤霉病

小麦赤霉病俗称烂麦头、红麦头，是世界各地均发生的小麦主要病害之一。在我国主要发生于小麦穗期湿润多雨的长江流域和沿海麦区，20世纪70年代后逐渐向北方麦区蔓延。近几年，由于大面积推广秸秆还田，加上水肥条件的改善和雾霾的发生，小麦赤霉病也逐渐成为北方麦区流行频率较高的病害。发病后一般可减产10%～20%，严重时达80%～90%。发病麦粒中含有脱氧雪腐镰孢菌烯醇和玉米赤霉烯酮等真菌毒素，人畜误食后出现发热、呕吐、腹泻等中毒症状。2020年9月，小麦赤霉病被农业农村部列入《一类农作物病虫害名录》。

一、病原菌

小麦赤霉病病原菌无性态为镰孢属禾谷镰孢（*Fusarium graminearum*），有性态为子囊菌门赤霉属玉蜀黍赤霉（*Gibberella zeae*）。另外，黄色镰孢（*Fusarium culmorum*）、燕麦镰孢（*Fusarium avenaceum*）、轮状镰孢（*Fusarium verticillioides*）、弯角镰孢（*Fusarium camptoceras*）等也可引起小麦赤霉病。

禾谷镰孢大型分生孢子为镰刀状，稍弯曲，顶端钝，基部有明显足胞。子囊壳卵圆形或圆锥形，深蓝色或紫褐色，表面光滑，顶端瘤状突起处是孔口。子囊无色，棍棒状，内生8个弯纺锤形的子囊孢子。

二、危害症状

小麦赤霉病在小麦各生育期均能发生，在苗期发生可致苗枯，在成株期发生可致茎基腐烂和穗枯，以穗枯危害最重。种子带菌可引起苗枯，胚根鞘及胚芽鞘呈黄褐色水渍状腐烂，出苗的地上部分发黄。茎基腐表现为茎基部变褐腐烂，严重时整株枯死。穗枯初期在颖壳上出现水渍状褐斑，后逐渐褪色呈灰白色，蔓延至整个小穗至其枯死而不能结实或形成干瘪籽粒。发病后期，当湿度大时，小穗基部和颖壳缝隙处出现粉红色霉层（即分生孢子），在高湿条件下在霉层处可产生黑色小颗粒（子囊壳），病原菌可进一步侵染麦穗内的籽粒。病穗籽粒皱缩干瘪，呈苍白色或紫红色，有时在籽粒表面也发现粉红色霉层。

小麦赤霉病危害状

三、发病条件及规律

小麦赤霉病病原菌腐生能力很强，可以子囊壳、分生孢子座、菌丝体等形式在小麦（8月初收获完毕）、玉米（10月下旬收获完毕，大部分秸秆留田间）

等作物病残体上越冬，土壤和带病种子也是重要的越冬场所。第二年，子囊壳成熟后遇水滴或相对湿度≥98%时释放子囊孢子，成为主要初侵染源。在春麦区分生孢子也可成为初侵染源。高温高湿有利于子囊壳的形成和发育成熟。子囊孢子和分生孢子可借风雨传播，但极少数病原菌孢子可以进行远距离传播，因此，小麦赤霉病病原菌的传播还是以本田或本地区为主。但在鄂尔多斯市分生孢子、子囊壳、菌丝体等越冬成功率很低。

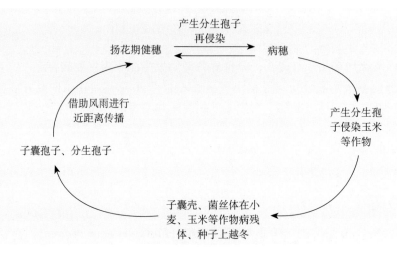

小麦赤霉病病害循环过程

四、综合防治措施

（一）加强预测预报　小麦抽穗扬花期的降水量、降水日数和相对湿度是小麦赤霉病流行的主要因素。小麦抽穗后降水次数多，降水量大，日照时数少是小麦赤霉病大发生的主要原因。根据小麦赤霉病发生的主要因素，西北农林科技大学胡小平教授建立了小麦赤霉病物联网实时监测预警技术，可实现对小麦赤霉病病穗率和发生程度的预测，从而及时指导防控。

（二）农业防治　小麦赤霉病的防治，采用以抗病品种为基础，药剂防治为重点，结合农业防治的综合治理策略。鄂尔多斯市主要种植宁春4号，宁春4号属于耐病品种，可充分利用。及时清除麦秸、玉米秸秆等病残体，减少田间菌源量。播种时要精选种子，对种子进行浸种消毒处理可减少种子带菌率，方法参考小麦黑粉病化学防治。适时早播，使花期提前，以避开扬花期遇雨。增施磷钾肥可防止倒伏早衰。收获后尽快脱粒晒干，减少霉垛损失。

（三）生物防治　5亿孢子/克枯草芽孢杆菌对小麦赤霉病病原菌有抑制作用，小面积防治效果显著，大面积应用效果不理想。

（四）化学防治　用50%多菌灵可湿性粉剂每100千克种子用药100～200克（有效成分）拌种可防治早期小麦赤霉病病原菌引起的苗枯。防治穗腐最适施药时期为小麦扬花期。25%氰烯菌酯悬浮剂是防治小麦赤霉病的有效药剂，或用50%多菌灵可湿性粉剂、50%甲基硫菌灵可湿性粉剂兑水喷雾，建议50%多菌灵可湿性粉剂和25%氰烯菌酯悬浮剂等交替使用，可延长药剂持效性。喷施时，喷头应离开穗顶约30厘米，以利于雾滴飘移降落，从而增加穗部着药机会和数量。

第四章　小麦虫害发生与控制

第一节　麦　蚜

小麦蚜虫俗称油虫、腻虫、蜜虫，属同翅目蚜科，可对小麦进行刺吸危害。小麦蚜虫在我国麦区均有分布，一般在黄河流域和西北地区发生严重。在20世纪80年代，小麦蚜虫的数量持续上升，猖獗发生，并由以前的苗期危害麦苗为主转为穗期危害麦穗为主。在我国发生的麦蚜主要有麦长管蚜（*Macrosiphum avenae*）、麦二叉蚜（*Schizaphis graminum*）、禾谷缢管蚜（*Rhopalosiphum padi*）和麦无网蚜（*Acyrthosiphon dirhodum*）4种，除麦无网蚜分布较窄外，其余3种在各麦区均有普遍发生，几种蚜虫经常混生。在小麦生长期，南方麦区以麦长管蚜和禾谷缢管蚜为主，西北麦区以麦长管蚜和麦二叉蚜为主。在各麦区的小麦穗期均以麦长管蚜为优势种。几种麦蚜的主要寄主均为麦类作物及其他多种禾本科作物和杂草。2020年9月，小麦蚜虫被农业农村部列入《一类农作物病虫害名录》。

一、形态特征

蚜虫为多型性昆虫，个体发育过程中要经历卵、干母、干雌、有翅胎生雌蚜、无翅胎生雌蚜、性蚜等几种形态，但以无翅胎生雌蚜和有翅胎生雌蚜发生数量最多，出现历期最长，为主要危害蚜型。

麦长管蚜的无翅孤雌蚜体长约3.1毫米，草绿色或橘红色，头部略显灰色，腹侧具有灰绿色斑。触角、喙端节、腹管为黑色。有翅孤雌蚜体长3毫米，椭圆形，绿色，触角为黑色，尾片长圆锥状。麦长管蚜有迁飞性，以穗期危害为主，喜光照。

麦二叉蚜的无翅孤雌蚜体长2毫米，卵圆形，淡绿色，背中线深绿色，腹管浅绿色，顶端黑色。有翅孤雌蚜体长1.8毫米，长卵形，绿色，背中线深绿色，头、胸黑色，腹部色浅，常见于小麦中部叶片，较喜光照。

二、危害症状

麦蚜的成虫、若虫均以刺吸式口器吸食小麦叶、茎、穗的汁液。受害叶片出现黄白色斑点，叶片枯黄，分蘖减少，严重时生长停滞，麦穗枯白，不能结实，甚至全株枯死，从而造成减产。麦二叉蚜最喜食幼苗，常在苗期开始危害，喜干旱，小麦成株期多分布在植株下部或叶片背面。麦长管蚜喜光照，喜潮湿，分布在植株上部叶片正面和穗部，小麦抽穗后数量急剧上升，多集中在穗部取食。此外，几种麦蚜都是小麦黄矮病毒的传播媒介，以麦二叉蚜传播性最强。

麦蚜成虫危害状

三、生活习性及发生规律

麦蚜繁殖代数多，一年可发生约20代，世代重叠现象严重。小麦抽穗前期，麦蚜主要发生在麦株下部叶片，后随小麦的生长而上移至上部叶片进行危害。小麦抽穗后，90%的麦蚜集中在穗部的小穗间进行危害，此时小麦受害最重。麦二叉蚜在小麦上出现最早，在小麦拔节期至孕穗期达到高峰。麦长管蚜在小麦抽穗期蚜量急剧上升，灌浆期至乳熟期种群数量达高峰。小麦蜡熟期，麦株老化，蚜量急剧下降。此时，产生大量有翅蚜飞离麦田，迁向其他禾本科植物、自生麦苗上继续繁殖危害并越夏。在春麦区，一年仅在小麦穗期有一个蚜量高峰。小麦蚜虫在南方无越冬期，在北方麦区以无翅胎生雌蚜在麦株基部叶丛或土缝内越冬，或以卵在麦苗枯叶上、杂草上、茬管中、土缝内越冬。在鄂尔多斯市，一部分麦蚜以卵的形式越冬，一部分蚜虫迁回附近冬麦区越冬。

麦蚜间歇性猖獗发生，与气候条件密切相关。麦长管蚜喜中温不耐高温，最适相对湿度为40%～80%。麦二叉蚜耐高温，喜干怕湿，最适相对湿度为35%～67%。早播麦田，蚜虫迁入早，繁殖快，危害重。如果前期低温多雨，后期突然气温升高，常会造成麦蚜的大暴发。

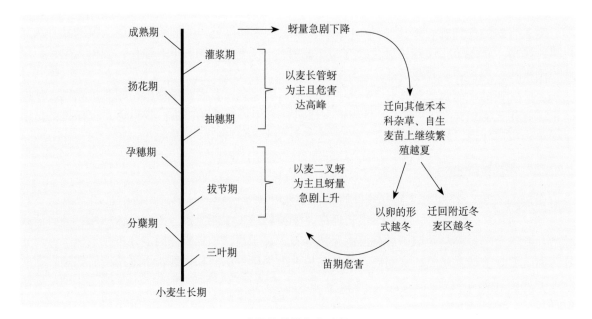

麦蚜的传播危害过程

四、综合防治措施

（一）加强监测预警　选择代表性田块2～3块，每块不小于5亩，按对角线随机5点取样，每样点50株，当百株蚜量超过500头，且分布较均匀时，每点可减至20株，当蚜量特别大时，每点可减至10株。根据田间调查结果，当蚜株率超过30%，百株蚜量500头以上，天敌单位与麦蚜比例小于1∶150，气象预报短期内无中到大雨，应立即发出防治情报，及时开展防治。

（二）农业防治　培育选用抗蚜、耐蚜的丰产品种。清除麦田内外杂草，播前深翻。增施基肥，追施速效肥，促进麦苗生长。

（三）生物防治　麦田蚜虫天敌资源丰富，如瓢虫、草蛉、食蚜蝇、蜘蛛、蚜茧蜂、绒螨等，对蚜虫的控制作用显著，尤其是瓢虫和蚜茧蜂最为重要。瓢虫在小麦穗期大量捕食蚜虫，蚜茧蜂在穗期寄生率常达20%左右，甚至达50%，可有效控制蚜害。

（四）化学防治　播种前可用70%吡虫啉可湿性粉剂拌种处理。播种后可撒3%克百威颗粒剂，再覆土。小麦生长期可用10%吡虫啉可湿性粉剂，或3%啶虫脒微乳剂，或50%抗蚜威可湿性粉剂。一定注意农药合理选用，避免杀伤天敌或促进天敌繁殖。

第二节　小麦黏虫

小麦黏虫（*Mythimna separata*）又称五色虫、夜盗虫、剃枝虫、行军虫等，属鳞翅目夜蛾科。20世纪60年代，黏虫成为鄂尔多斯市南部危害严重的害虫。大部分地区以二代幼虫发生危害。1963年，乌审旗的河南、纳林河、沙尔力格等公社发生3万亩次，虫口密度40头/米^2，防治2万亩次。20世纪70年代末以后，达拉特旗沿黄河各乡镇小麦产区黏虫多次发生危害，包括树林召乡、解放滩乡、昭君坟乡、四村乡、榆林子乡、白泥井乡、吉格斯太乡。2017年全市共发生黏虫1.19万亩次，重发生0.17万亩次，防治0.99万亩次。2018年未有二代黏虫成虫较大规模迁入，三代黏虫危害减轻。三代黏虫全市发生0.087万亩次，防治面积0.014万亩次。2019年全市二代黏虫发生1.84万亩次，防治0.17万亩次，三代黏虫发生0.004 5万亩次，未防治。发生较重的旗区为乌审旗、鄂托克前旗、杭锦旗和达拉特旗。

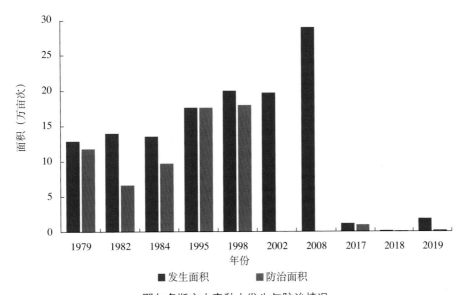

鄂尔多斯市小麦黏虫发生与防治情况

一、形态特征

黏虫成虫体长约20毫米，淡黄褐色或灰褐色，前翅中央前缘各有2个淡黄色圆斑，外侧圆斑后方有1个小白点，白点两侧各有1个小黑点，顶角具有1条伸向后缘的黑色斜纹。卵馒头形，产卵时分泌胶质物质将卵粘在叶片上，单层成行排成卵块。幼虫共6龄，体色变异大，腹足4对。高龄幼虫头部沿蜕裂线有棕黑色"八"字纹，体背具各色纵条纹，背中线白色较细，两边为黑细线，亚背线红褐色，气门线黄色，上、下具白色带纹。蛹长约20毫米，红褐色。

二、危害症状

低龄幼虫咬食叶肉，使叶片成透明条斑状，三龄后幼虫沿叶缘啃食小麦叶片导致缺刻，严重时将小麦吃成光秆，穗期可咬断穗子

小麦黏虫危害状

或咬食小枝梗，引起大量落粒。大发生时可在1～2天内吃光成片作物，造成严重损失。

三、生活习性及发生规律

黏虫是典型的迁飞性害虫，每年3月顺气流由南往北迁入，8月下旬至9月又随气流南迁。鄂尔多斯市小麦黏虫一年可发生3代，以第二代幼虫发生危害为主。夏季世代发生较多，危害麦、粟、玉米、高粱及牧草等。黏虫在鄂尔多斯市不能越冬，每年由南方迁入。

黏虫成虫昼伏夜出，白天潜伏在植物丛间、土块、树洞或玉米和高粱的心叶内等阴暗环境中，晚上出来活动。成虫羽化后有取食补充营养的习性，喜食桃、李、杏、苹果等植物的花蜜，也喜食蚜虫、介壳虫等分泌的蜜露。对糖醋液趋性较强，有趋光性。黏虫幼虫多在夜晚活动，阴天时白天也活动取食。幼虫有假死性和迁移危害的习性。

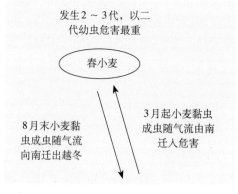

小麦黏虫传播危害过程

四、综合防治措施

（一）加强监测预警　参考玉米虫害——黏虫。

（二）农业防治　合理密植，加强田间水肥管理，控制田间小气候，及时清除田间及地埂周边杂草，可降低小麦黏虫卵孵化率和幼虫存活率。

（三）物理防治　利用成虫喜在禾谷类作物上产卵习性，在成虫产卵盛期前选叶片完整、不霉烂的稻草8～10根扎成一小把，吸引成虫在稻草上产卵，每亩30～50把，每隔1周更换1次，然后集中销毁，可显著减少田间虫口密度。用振频式杀虫灯诱杀成虫，效果好。也可利用成虫的趋化性，在成虫发生期，田间放置糖醋液盆诱杀成虫。

（四）生物防治　　小麦黏虫的天敌有150多种，其中发生数量大，自然抑制作用明显的天敌有步甲、螟蛉绒茧蜂、黏虫绒茧蜂、黏虫白星姬蜂、黑印蜂等。

（五）化学防治　　药剂防治小麦黏虫必须把幼虫控制在三龄以前，超过四龄就进入暴食期，防治效果低。喷施5%高氯·甲维盐乳油可有效防治小麦黏虫。

第三节　麦　秆　蝇

麦秆蝇（*Meromyza saltatrix*）属双翅目黄潜蝇科，是我国北部春麦区及华北平原中熟冬麦区的主要害虫之一。麦秆蝇分布广泛，在中国15个省（自治区、直辖市）均有过发生。20世纪50年代末至20世纪80年代初，麦秆蝇一直是鄂尔多斯市小麦种植区的重要害虫。1978年，乌审旗发生1.7万亩次，其中有近1万亩次小麦减产30%～50%，严重地块减产70%～80%。20世纪80年代开始，实施深翻土地，精耕细作，增施肥料，适时早播，适当浅播，合理密植，及时灌排等一系列措施，促进了小麦生长发育，避开易受害期，同时对小麦品种进行优化，科学实施化学防治，1984年以后，麦秆蝇不再是当地重要害虫。

一、形态特征

成虫体长3.0～3.5毫米（雄虫），3.7～4.5毫米（雌虫），体色黄绿色，复眼黑色，有青绿色光泽。腹部膨大成黑色棍棒状，翅透明，有光泽，翅脉黄色，胸部背面有3条黑色或深褐色纵纹。卵壳白色，表面有条状纵纹，光泽不显著。末龄幼虫体长6.0～6.5毫米，体蛆形，细长，呈黄绿色或淡黄绿色。围蛹，初期颜色较淡，后期变为黄绿色。

二、危害症状

以幼虫钻入小麦茎内蛀食危害，初孵幼虫从叶鞘或茎节间钻入麦茎，或在幼嫩心叶及穗节基部1/5～1/4处呈螺旋状向下蛀食，造成枯心、白穗、烂穗，不能结实。第一代成虫在春麦上产卵危害，使主茎不能抽出。卵多产于叶片内侧靠近叶鞘处，第二代成虫在禾本科杂草上寄生。

三、生活习性及发生规律

鄂尔多斯市春麦区一年发生2代，以第一代幼虫危害春麦，第二代幼虫在禾本科杂草的根颈部或土缝中越冬。越冬代成虫一般在5月下旬至6月上旬开始大量发生，盛发期延续到6月中旬。卵多产于叶面基部，散产。卵经4～7天孵化，盛孵期在6月上中旬。幼虫经约20天成熟化蛹，7月中旬为化蛹盛期。第一代成虫于7月下旬羽化，一般在麦收时已大部羽化离开麦田，转移到禾本科杂草上产卵危害并越冬。

四、防治措施

（一）加强预测预报　　在鄂尔多斯市5月中旬开始查虫，每隔2～3天于10:00在麦苗顶端扫网200次侦查虫情，当200网有虫2～3头时，说明约在15天后即为越冬代成虫羽化盛期，这是第一次药剂防

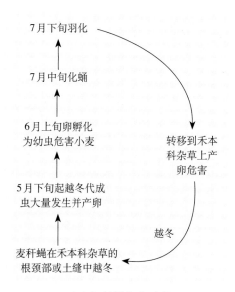

7月下旬羽化

7月中旬化蛹

6月上旬卵孵化为幼虫危害小麦

5月下旬起越冬代成虫大量发生并产卵

麦秆蝇在禾本科杂草的根颈部或土缝中越冬

转移到禾本科杂草上产卵危害

越冬

麦秆蝇传播危害过程

治的最佳时期。

（二）农业防治　实施深翻土地，精耕细作，增施肥料，适时早播、浅播，合理密植，及时灌排，因地制宜选育种植早、中熟品种，促进小麦生长发育，避开易受害期。麦秆蝇产卵对小麦植株生育期有明显的选择性，拔节期、孕穗期是小麦易受麦秆蝇危害的危险生育期。

（三）物理防治　成虫喜光，栖息于叶片背面，且多在植株下部。晴朗天气，喜在麦株顶端附近大量活动，可用捕虫网扫捕，效率高。

（四）生物防治　在麦秆蝇幼虫上有两种寄生蜂，一种属姬蜂科，另一种属小蜂科，一般小蜂科寄生率较高。但在鄂尔多斯市小蜂科寄生率一般也较低。

（五）化学防治　在幼虫三龄前使用90%敌百虫晶体，或50%马拉硫磷乳油喷施。在卵孵化前用45%高效氯氰菊酯乳油2 500倍液，或80%敌敌畏乳油与40%乐果乳油1∶1混合后兑水1 000倍液，或25%噻嗪·速灭威可湿性粉剂600倍液，可有效控制卵孵化。

第四节　小麦吸浆虫

小麦吸浆虫又称小红虫、麦蛆，是世界性害虫。小麦吸浆虫一般可造成减产10%～30%，严重时达70%以上，甚至绝收。我国小麦吸浆虫有麦红吸浆虫（*Sitodiplosis mosellana*）和麦黄吸浆虫（*Contarinia tritici*）两种，均属于双翅目瘿蚊科。麦红吸浆虫主要发生在黄河流域、淮河流域的冬小麦产区，麦黄吸浆虫一般多发生在高原地区和高寒冷凉地带。该虫害在20世纪50年代经过有效防治已基本得到控制。

一、形态特征

麦红吸浆虫成虫体长2～2.5毫米，橘红色，密披细毛；前翅透明，有4条发达的翅脉，后翅退化成平衡棒；触角细长，念珠状。卵长0.09毫米，长椭圆形，淡红色，表面光滑。幼虫长2.5～3毫米，长椭圆形，橙黄色，无足，蛆状，体表有鱼鳞状皱起，前胸腹面有一Y形剑骨片。蛹长2毫米，裸蛹，橙黄色。

麦黄吸浆虫成虫体长2毫米，鲜黄色至姜黄色。卵长0.29毫米，香蕉形，前端略弯，末端有细长的卵柄。幼虫体长2～2.5毫米，姜黄色，体表光滑，前胸剑骨片为T形，顶部稍凹陷。蛹为鲜黄色，头顶端有1对长毛。

二、危害症状

小麦吸浆虫可危害小麦、大麦、青稞、燕麦、黑麦、雀麦等作物。以幼虫潜伏在颖壳内吸食正在灌浆的麦粒浆液，导致籽粒灌浆不饱满，出现瘪粒，严重时造成绝收，是一种毁灭性害虫。幼虫还能危害花器、籽实。麦粒被吸空后，麦秆表现为直立不倒，具有"假旺盛"的长势，在田间表现为贪青晚熟。

小麦吸浆虫幼虫危害状

三、生活习性及发生规律

小麦吸浆虫一年发生1代，如遇不良环境时幼虫具有多年休眠习性，可多年发生1代。小麦吸浆虫以老熟幼虫在土中结茧越夏越冬。当春季转暖，土壤含水量达20%，越冬幼虫破茧而出变为活动幼虫，并向土壤表皮移动。小麦孕穗期，土壤表皮幼虫在适宜条件下开始化蛹。小麦抽穗期，蛹开始羽化，羽化当天的成虫就可交尾并在穗上产卵。小麦吸浆虫的卵经3～7天孵化为幼虫，此时小麦正处于扬花后期和灌浆初期，幼虫即从小穗内外颖间侵入子房进行危害。幼虫刺破种皮，吸食正在灌浆的麦粒，造成瘪粒减产。幼虫在小麦颖壳内生活15～20天即老熟，遇较大雨水时，爬出颖壳随雨滴、露水或自动弹落在土表，潜入土中，经2～3天开始结圆茧滞育，以圆茧在土中越夏越冬。小麦吸浆虫成虫畏惧强光，怕高温，具有滞育率高、滞育能力强的特点。

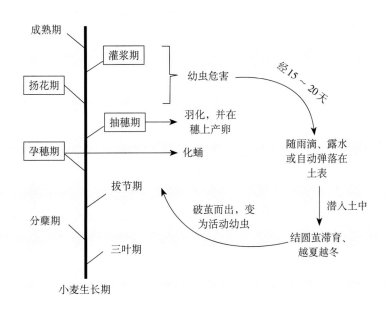

小麦吸浆虫传播危害过程

四、防治措施

（一）农业防治　小麦吸浆虫耐低温而不耐高温，越冬成活率高。麦田需连年深翻，消除越冬虫源，麦茬耕翻暴晒消灭幼虫，实行轮作，断绝吸浆虫食物来源。选种不利于小麦吸浆虫成虫产卵、幼虫入侵的小麦品种。一般选择穗形紧密，内外颖毛长且密，麦粒皮厚，浆液不易外流的小麦品种。

（二）物理防治　利用网捕法从见蛹开始，到成虫羽化盛期，每天傍晚手持捕虫网，顺麦垄行走，往返兜捕10余次集中捕获成虫。

（三）化学防治　首先在小麦播种前，最后一次浅耕时进行土壤处理，可用2%甲基异柳磷粉剂，或80%敌敌畏乳油，或50%辛硫磷乳油喷在细土上，拌匀制成毒土施用，边撒边耕，翻入土中。当70%的麦穗露脸时，可用40%乐果乳剂，或40%杀螟松可湿性粉剂，或5%高效氯氰菊酯乳剂等进行叶面喷施。

第五章　马铃薯病害发生与控制

第一节　马铃薯晚疫病

由致病疫霉菌引起的马铃薯晚疫病，是危害马铃薯茎、叶和块茎的主要真菌性病害，最早发现于墨西哥中部，主要发生在昼夜温差大的马铃薯种植区，特别是西南、东北、华北、西北及海拔较高的地区发生较重，尤其是多雨潮湿的年份危害严重。在我国马铃薯晚疫病自20世纪50年代初大流行，2020年9月15日被农业农村部列入《一类农作物病虫害名录》。内蒙古自治区马铃薯晚疫病具有常发性或偶发性，在各种植区域均有发生。鄂尔多斯市地处内蒙古自治区西南部，相对干旱少雨，因此马铃薯晚疫病发生相对较轻，每年零星发生，主要在达拉特旗的沿黄地区和无定河流域的乌审旗、鄂托克前旗一带，一般在7—8月进入雨季时易发生，减产20%左右，严重时个别地块减产40%以上。

一、病原菌

马铃薯晚疫病病原菌为致病疫霉菌（*Phytophthora infestans*）。致病疫霉菌在形态上分为菌丝、孢囊梗、孢子囊、游动孢子和卵孢子。孢囊梗分枝上着生孢子囊处具膨大的节。孢子囊呈柠檬形，一端具乳突，另一端有小柄，易脱落，在水中可释放出肾形游动孢子。游动孢子具2根鞭毛，失去鞭毛后变成休止孢子，萌发出芽管，同时长出穿透钉侵入寄主体内。孢子囊的形成时期、大小随不同温湿度或危害部位不同又有较大差异。

二、危害症状

马铃薯晚疫病为全株型病害，主要危害叶、茎和块茎。病害最初从叶缘或叶尖开始侵染发病，潮湿条件下迅速扩大，呈水渍状暗绿色病斑，病斑周围具有浅绿色晕圈，湿度大时病斑迅速扩大，呈褐色，并产生白色霉圈，即孢囊梗和孢子囊。尤以叶背面最为明显，此时感病叶边缘发生萎蔫、干枯，质脆易裂，不见白霉，且扩展速度减慢。病原菌可沿叶脉、叶柄扩展至茎部，在表皮层形成长短不一的褐色条状病斑，病处易变脆折断。随着病害不断扩大叶片萎蔫下垂，最后全株焦黑，呈湿腐状。茎或叶上的病原菌可通过多种途径继续侵染

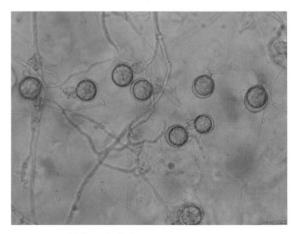

马铃薯晚疫病有性繁殖产生的卵孢子

马铃薯晚疫病危害状

块茎，块茎染病后病斑呈褐色，形状不规则，微下陷，不变软，切开后可见不同深浅的褐色坏死，严重时整个块茎腐烂，导致马铃薯品质和产量下降。晚疫病在马铃薯田发生大面积侵染危害时，会出现中心病株，且呈现扩散化传播，逐渐向四周传播病害，形成流行性趋势。

三、发病条件及规律

马铃薯晚疫病病原菌以菌丝体在薯块中越冬，第二年带病种薯播种后，多数感病芽失去发芽能力，少数病薯上的越冬菌丝随种薯发芽而开始活动、扩展，并向幼芽蔓延，长出的植株成为中心病株。因此带病种薯是晚疫病流行的最主要初侵染源。马铃薯晚疫病是一种典型的气候型病害，马铃薯一般在幼苗期抗病力较强，不易感病，而开花期前后最容易感病。马铃薯晚疫病病原菌喜欢"日暖夜凉"的天气，喜欢高湿低温的条件，若温度在 18～22℃时，且空气相对湿度 >95% 时，极易诱发马铃薯晚疫病的孢子囊形成与发育。当天气转凉，且有水滴时，能够为孢子囊的萌发提供便利条件。一般情况下，马铃薯晚疫病多发生于气温偏低、多降水的年份。鄂尔多斯地区西南部和北部沿黄一带马铃薯晚疫病病原菌基数相对较高，蔓延流行期一般在 7—8 月，此时平均气温为 21℃左右，降水量占全年（170～350 毫米）的 60%，土壤肥力差、地势低洼、密度过大、连作地、瘠薄地块，具备马铃薯晚疫病快速蔓延的条件。因此，应注意此时的气候条件和晚疫病发生情况，及时采取有效措施进行防治。

四、综合防治措施

（一）加强监测预警　科学监测是摸清马铃薯晚疫病发病规律的前提，按照早发现、早报告、早预警的要求，做好预警系统监测、综合分析马铃薯晚疫病流行趋势是有效防控马铃薯晚疫病的关键环节。因此，马铃薯晚疫病的防控要严格执行关键时期报送制度，及时发布马铃薯晚疫病短期预报和警报，明确重点防控区域和最佳防治时间，科学指导开展应急防治和统防统治，同时通过病虫情报、电视、广播、网络、报纸等渠道及时发布防治措施，做到早监测、早预警、早防治。鄂尔多斯市于 2016 年年底已建成马铃薯晚疫病数据化监测预警系统，包括马铃薯晚疫病自动监测仪 8 套，分别布置于各旗区马铃薯种植集中区域，可覆盖全市马铃薯种植区，实现了自动化、智能化、数字化监测，能够及时、准确、有效地指导马铃薯晚疫病的防治。

（二）农业防治

1.选用抗病和脱毒种薯　优先选用抗（耐）病脱毒种薯是防治马铃薯晚疫病的最根本措施。推广种植丰产、抗病新品种，减少初侵染源，可有效减轻马铃薯晚疫病发生程度，而且可达到丰产增收的效果。

2.**科学整地，合理轮作倒茬**　选择土质疏松、土层深厚、排水良好的田块深翻，适期早播。采取高垄栽培方式，降低田间湿度，促进植株健壮生长。避免与茄科作物和十字花科蔬菜连作或邻近种植。

3.**加强田间管理**　施足基肥，优选配方施肥，增施磷钾肥，避免偏施氮肥。施氮肥过多会造成马铃薯茎叶发生徒长，从而致使田间密度高，花期茎叶量过大，不利于植株间通风透光。增施磷钾肥，可增强植株抗病性，有效降低马铃薯晚疫病的发病率。同时在定植后要及时中耕除草，保持田间清洁。

4.**合理密植**　根据不同品种生育期长短、薯块膨大习性，采用不同的密植方式，如双秆整枝栽培方式每亩应栽 2 000 株左右，单秆整枝每亩栽 2 500 ～ 3 500 株。通过合理密植，可改善田间通风透光条件，降低田间湿度，减轻病害的发生。

（三）生物防治　利用生防细菌及其代谢物抑制致病疫霉生长，防治马铃薯晚疫病。如芽孢杆菌属中的短小芽孢杆菌、韦氏芽孢杆菌、解淀粉芽孢杆菌和枯草芽孢杆菌，对马铃薯晚疫病致病疫霉菌菌丝生长均具有显著的抑制效果。利用生防措施可降低马铃薯晚疫病的发生，同时有利于保护环境和人类健康，并有助于解决病原菌对农药的抗性问题。也可利用植物源杀菌剂防治马铃薯晚疫病，如用生物碱类、黄酮类、酚类、挥发油类物质进行喷雾防治马铃薯晚疫病，均有显著的抑制作用。此外，外源性褪黑激素也可抑制疫霉菌菌丝生长，而且与杀菌剂混合喷雾使用时，可起到协同作用，降低杀菌剂使用剂量并增强杀菌剂对马铃薯晚疫病的防治效果。

（四）化学防治

1.**药剂拌种**　可在播种前采用药剂拌种，用 58% 甲霜灵·锰锌可湿性粉剂 50 克 +70% 甲基硫菌灵可湿性粉剂 100 克与 10 ～ 15 克滑石粉充分搅拌后，并与 100 千克略干的种薯块充分拌匀，不仅可防治马铃薯晚疫病，还可兼治马铃薯茎基腐病、马铃薯早疫病、马铃薯黑胫病、马铃薯软腐病和马铃薯环腐病等病害。

2.**药剂喷雾防治**　马铃薯晚疫病以预防为主，可在出苗后未发病前喷施保护性杀菌剂，如用 80% 代森锰锌可湿性粉剂 1 000 倍液进行均匀喷雾预防。而后根据气候条件及发病情况喷施内吸性治疗剂或保护兼治疗的杀菌剂，如用 58% 甲霜·锰锌可湿性粉剂 500 倍液，或 40% 烯酰·嘧菌酯悬浮剂 800 倍液，或 40% 烯酰·氟啶胺悬浮剂 1 000 倍液，或 68.75% 氟菌·霜霉威悬浮剂 800 倍液进行喷雾防治。根据当地的气象条件进行施药，如果雨水较多时，后续应隔 7 ～ 10 天进行 1 次施药；如雨水较少，后续可隔 10 ～ 15 天进行 1 次施药。注意事项：在化学药剂喷雾防治时均需添加助剂提高药效，适当减少农药使用量，并且多种药剂交替使用，以防止病原菌出现抗药性，影响防治效果。

第二节　马铃薯早疫病

马铃薯早疫病又称夏疫病、轮纹病或干斑病，是危害马铃薯叶片的主要真菌性病害，严重时也危害茎和块茎，多发生在雨水过多、雾多或露水重的地块。我国马铃薯早疫病自 20 世纪 60 年代初开始广泛流行，南北方马铃薯种植地区均有发生危害，经常造成枝叶枯死，明显影响马铃薯生产。近年来随着马铃薯种植面积的不断扩大，种薯调运频繁，马铃薯早疫病有进一步加重的趋势。在内蒙古自治区马铃薯早疫病也是主要病害之一，在各种植区域时有流行发生。鄂尔多斯地区马铃薯早疫病发生相对较轻，一般遇连阴雨天气易发生，连作重茬、地势低洼、排水不良、土壤瘠薄、肥力不足时易暴发流行，主要在乌审旗、鄂托克前旗、伊金霍洛旗和准格尔旗易发生。

一、病原菌

马铃薯早疫病病原菌为茄链格孢（*Alternaria solani*）。病原菌菌丝呈丝状并有隔膜，分生孢子梗自气孔伸出，暗褐色，单生或几根成束，具隔膜1～4个，直或较直，梗顶端着生分生孢子。分生孢子梗呈长椭圆形或倒棍棒形，淡褐色，具纵隔3～9个，横隔7～13个，顶端长有较长的喙，无色，多数具1～5个横隔。分生孢子大小、形状常因环境条件、营养条件或危害部位不同而有较大差异。

二、危害症状

近年，马铃薯早疫病主要危害马铃薯茎、叶柄、块茎，已成为仅次于马铃薯晚疫病的第二大病害。侵染叶片时，首先侵染植株下部较老叶片，初侵染时出现1～2毫米小斑点，后扩大成3～12毫米圆形或椭圆形褐色病斑，并且斑面上有明显的同心轮纹。当湿度大时病斑上形成黑褐色霉层，后期病斑在叶片上不断扩展并相互连接，形成不规则大斑，最后使叶片干枯脱落。叶柄和茎秆分枝受到侵染时，病斑呈褐色，线条形，稍凹陷，扩大后呈灰褐色长椭圆形同心轮纹。块茎受害时，薯皮上产生暗褐色凹陷的近圆形或不规则形病斑，病斑大小不一，直径可达2厘米，会产生暗褐色、稍凹陷、圆形或近圆形的斑块，病健交界明显。病部深入皮下0.5厘米左右，薯肉呈浅褐色海绵状干腐。在贮藏期，病斑增大，严重时老病斑出现裂缝致薯块干腐皱缩。

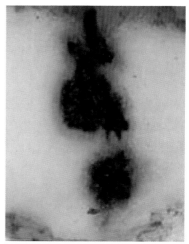

马铃薯早疫病危害状

三、发病条件及规律

马铃薯早疫病病原菌主要侵染茄属植物，以分生孢子或菌丝体在土壤或带病薯块或病株残体上越冬，第二年重新产生的分生孢子，成为发病的初侵染源。分生孢子借风、雨传播，从气孔、皮孔、伤口或表皮侵入，引起植株发病并可进行多次再侵染，造成幼芽腐烂或形成病苗而蔓延扩展。分生孢子生长温度为1～45℃，最适温度为25～28℃。病害随种薯调运进行远距离传播，田间病原菌通过风雨、灌溉水和农事操作等传播蔓延。因此，多年连作重茬、地势低洼、排水不良、土壤瘠薄、肥力不足等植株长势弱的地块极易发病传染。鄂尔多斯地区进入7—8月的雨季，同时马铃薯正值开花期，如遇高温高湿条件或有2～3天连阴雨或在湿润和干旱天气交替期间，病害发展迅速，发病严重，尤其是乌审旗、鄂托克前旗、伊金霍洛旗和准格尔旗马铃薯种植区进入雨季后极易发生马铃薯早疫病。

四、综合防治措施

（一）加强监测预警 马铃薯早疫病暴发流行条件与侵染循环均与气象因素有关，因此，应加强马铃薯早疫病自动化监测预警、防控调查、气象预报等，初步预测早疫病的发生趋势，明确重点防控区域和最佳防治时间，发布防治技术措施，科学指导应急防治和统防统治，做到早监测、早预警、早防治。尤其是前一年马铃薯早疫病发生严重、防控效果差、冬季温暖、春季多雨的条件下，马铃薯早疫病势必在下一年暴发，因此应提前预防。

（二）农业防治

1.选用抗病品种 因地制宜选用相对抗（耐）病品种，适当早播和提前收获。

2.合理轮作倒茬 避免连作及与茄科作物轮作，可与小麦、玉米、豆类、中药材等作物进行轮作，并且在三年以上地块种植马铃薯较好。

3.加强栽培管理 选择土壤肥沃疏松、地势平坦、排水良好的沙壤土质种植，深翻晒土，减少越冬菌源；合理密植，采用高垄双行种植，及时中耕除草，保持田园清洁，改善通风透光条件；增施磷钾肥和有机肥，推广测土配方施肥，提高植株抗病性。

（三）生物防治 生物防治是指利用有益微生物及其代谢产物对农作物病害进行防控的方法。目前海洋芽孢杆菌、木霉菌被证实对马铃薯早疫病具有良好防效。

（四）化学防治 马铃薯早疫病防治以预防为主，鄂尔多斯地区一般在封垄时（一般是6月下旬）开始第一次施药预防，之后间隔10 ～ 15天用药1次。首先使用保护性杀菌剂75%百菌清可湿性粉剂600 ～ 800倍液。当田间发现马铃薯早疫病症状时及时喷施治疗性杀菌剂，如80%代森锰锌可湿性粉剂800倍液，或64%噁霜·锰锌可湿性粉剂500倍液，或25%嘧菌酯悬浮剂1 000倍液，或60%锰锌·氟吗啉可湿性粉剂600倍液，或10%苯醚甲环唑微乳剂500倍液等均有良好的防治效果，7天喷1次，共喷3次。注意事项：杀菌剂要混合交叉使用并且添加助剂增强药效，以避免病原菌产生抗药性。大面积防治仅靠一家一户自发防治，很难得到有效防控，有条件的地方应进行统防统治，提高防效。

第三节 马铃薯环腐病

马铃薯环腐病又称轮腐病，俗称转圈烂、黄眼圈，是危害马铃薯的重要细菌性病害，主要危害维管束系统。分布较广，发生较普遍，我国最早在20世纪50年代于黑龙江省发现，60年代在青海、北京等地发生。目前我国马铃薯栽培地区均发生此病，损失程度因地区、品种、天气条件不同而差异较大，轻者低于5%，重病地块损失可达80%以上，严重影响马铃薯生产。内蒙古自治区马铃薯种植区均有发生，尤其是冷凉地区发生较重且频繁。鄂尔多斯地区自20世纪60年代随大量调种开始蔓延全市，每年都会有不同程度的发生，尤其是近年来乌审旗、鄂托克前旗规模化种植马铃薯，与陕西、宁夏交界处种薯调运频繁，导致马铃薯环腐病传播，有加重趋势，个别地块严重时可减产30%以上。

一、病原菌

马铃薯环腐病病原菌为环腐棒状杆菌（*Corynebacterium sepedonicum*）。菌体短杆状，有的呈棍棒状、球状，多单个生长，无荚膜、芽孢及鞭毛，不能游动，好气性，呼吸型代谢。革兰氏染色反应阳性。生长温度广泛，但适宜温度为20 ～ 23℃，致死温度为56℃，生长最适

pH7.0～8.4。在液体培养液中，有时双生或四个连生。菌体在培养基上生长缓慢，菌落乳白色或淡黄色，稍隆起，半透明，表面光滑，边缘整齐。若以新鲜培养物制片，在显微镜下可观察到相连的呈 V 形、L 形和 Y 形菌体。

二、危害症状

马铃薯环腐病主要危害马铃薯维管束，一般先从地下茎部及块茎开始危害，表现为地上部分发生萎蔫和地下块茎维管束呈环状腐烂。马铃薯感染环腐病以后，轻者植株矮小，生长缓慢，尤其是在开花现薯后症状表现明显，主要表现为叶片变小，同时会沿着中脉向内侧卷曲，叶缘向上，叶片褪绿，叶片颜色变浅，枝条萎蔫、垂倒，最后黄化枯死。病株在枯死后叶片并不脱落，并且茎秆仍为绿色，但是维管束变为黄褐色。在发病初期，中午温度高时叶片发生萎蔫，但在早晚气温较低时叶片可恢复，发病严重的植株发芽出苗晚。病株茎部和根部维管束表现为乳黄色至黄褐色，有时溢出白色菌脓。块茎发病时轻者外表无明显症状，或病薯脐部皱缩凹陷，纵切薯块可见自基部开始维管束变淡黄色或乳黄色，稍挤压可见乳黄色黏稠菌液。病薯经过贮藏后，薯皮变为褐色，病株薯尾（脐）部皱缩凹陷，剖视内部，维管束黄褐色，呈环状，有时环腐部分有黄色菌脓溢出。薯块皮层与髓部易分离，外部表皮出现龟裂，常并发软腐病，使薯块迅速腐烂。当病薯播种后，病重者不能出土，造成缺苗断垄。

马铃薯环腐病危害状

三、发病条件及规律

马铃薯环腐病主要潜伏在薯块内越冬，带菌种薯是该病主要侵染源，在土壤中存活时间很短，土壤带菌传播该病可能性较小。第二年当带病种薯被播下后，一部分芽眼烂掉不发芽，一部分出土发芽，随着薯苗生长，病原菌沿着维管束向上至茎中部或向下至薯块扩散侵染。在高温高湿的气候条件下，该病发展迅速，一般在土壤温度为19～23℃时利于该病发展，但是当温度超过31℃时或低于16℃时病原菌的生长则会受到抑制。因此，发病程度与马铃薯的播种期、收获期有明显关系，播种早发病重，收获早发病轻。近几年，乌审旗、鄂托克前旗和准格尔旗马铃薯种植区病原菌基数相对较高，通过收获、运输、入窖等途径接触伤口传播，在切薯块时通过切刀极易传播，进入7—8月气候条件适宜时发展较快，严重影响马铃薯产量和品质。尤其是土壤肥力差、植株密度过大、连作、瘠薄地块发病严重。

四、综合防治措施

（一）加强监测预警　加强对种薯调运检疫，做到早发现早隔离，避免随种薯传播。在马铃薯环腐病发病关键时期，及时开展田间调查，发布马铃薯环腐病情报，科学指导应急防治和统防统治，做到早监测、早预警、早防治。

（二）农业防治　选用抗病优良脱毒种薯。严格执行检疫制度，不用病田薯做种薯，发现病株应立即销毁。尽可能采用整薯播种。播种前把种薯先放在室内堆放5～6天，进行晾种，并在较高温下催芽，剔除烂薯和不发芽种薯。加强田间管理，施足有机肥，注意增施磷钾肥，生育前期，结合中耕培土，发现病株，及时拔除。

（三）物理防治　播种前用草木灰+百菌清+新高脂膜进行拌种，减少菌源。播种后应及时在地表喷施新高脂膜，防止气传性病原菌侵入。根据马铃薯生长需求及时松土、培土起垄。

（四）化学防治

1. 切刀消毒　采用药液消毒和开水消毒两种，其中药液主要有2%氯化汞溶液，或5%煤酚皂溶液，或70%酒精，当切不同薯块时，将切刀浸入药液中，消毒5～10分钟后再用。

2. 种薯消毒　可采用95%敌磺钠可溶性粉剂拌种，按100千克种薯拌药210克，或用55%敌磺钠膏剂拌种，每100千克种薯用药100～200克。敌磺钠具有一定的内吸渗透作用，还可兼治马铃薯黑胫病和马铃薯青枯病，或用甲基硫菌灵200克+叶枯唑（或春雷霉素）100克+滑石粉1千克拌种薯100千克。

3. 药剂防治　发病初期可用80%代森锰锌可湿性粉剂500倍液，或75%百菌清可湿性粉剂600倍液，或50%异菌脲可湿性粉剂1 000倍液，或50%敌菌灵可湿性粉剂500倍液，或72%霜脲·锰锌可湿性粉剂800倍液，或72.2%霜霉威水剂600倍液，或50%多菌灵·磺酸盐可湿性粉剂800倍液，或0.1%硫酸铜溶液，对植株进行喷雾，隔7～10天喷1次，连续喷施2～3次。注意事项：在配置药剂时可添加助剂提高药效，适当减少农药使用量，并多种药剂交替使用，以防止病原菌出现抗药性，影响防治效果。

第四节　马铃薯软腐病

马铃薯软腐病又称腐烂病，是马铃薯块茎的重要细菌性病害之一，马铃薯整个生育期及块茎贮存期均可感病，特别是高温、高湿、缺氧的条件下发病严重。马铃薯软腐病在我国发生较早，早在20世纪40年代就有报道，尤其是东北、华北和西北等马铃薯主产区每年均有不同程度的发生，一般年份减产3%～5%，常与干腐病复合感染。特别是2000年在福建暴发，造成20%以上的损失，发生面积占总面积的80%。内蒙古自治区马铃薯种植区均有发生，近年来规模化种植，集中冷库贮藏相对损失较低，而鄂尔多斯地区一般发生较轻，主要是在准格尔旗、伊金霍洛旗、乌审旗等地散户窖藏不合理，温湿度适宜时发生较重。

一、病原菌

马铃薯软腐病病原菌有3种，分别是胡萝卜欧文氏菌胡萝卜亚种（*Erwinia carotovora* subsp. *carotovora*）、胡萝卜欧文氏菌黑胫亚种（*E. carotovora* subsp. *atroseptica*）及菊欧文氏菌（*E. chrysanthemi*），在我国主要是胡萝卜欧文氏菌胡萝卜亚种。菌体两端钝圆、呈短杆状，大小为（0.5～1.0）微米×（1.0～3.0）微米，单生，有时对生，周生鞭毛，革兰氏染色反应阴性，能够借助周生鞭毛运动，兼厌气性。菌体大小、形状常因环境条件、营养条件不同而有较大差异，南北方差异也较大。

二、危害症状

马铃薯软腐病危害叶片、茎及块茎，一般发生在生长后期收获之前的块茎和贮藏的块茎上。当田间植株被病原菌侵染后，老叶先发病，病部呈不规则暗褐色病斑，当湿度大时腐烂；病茎上部枝叶萎蔫下垂，叶变黄；地下薯块软化，薯肉呈灰白色腐烂，有恶臭味。在贮藏或运输期间病原菌易从块茎伤口或皮孔侵入，染病后气孔轻微凹陷，棕色或褐色，周围呈水渍状，后迅速扩大，并向内部扩展，呈现软腐状。在干燥条件下，病斑变硬、变干，坏死组织凹陷。发展到腐烂时，软腐组织呈湿的奶油色或棕褐色，含有软的颗粒状物，发出恶臭气味。

马铃薯软腐病危害状

三、发病条件及规律

病原菌主要在病残体上或土壤中越冬，在第二年播种后，经伤口侵入，随雨水飞溅或昆虫传播蔓延。病原菌可在薯块的皮孔内及表皮上潜伏，遇高温、高湿、缺氧，特别是薯块表面有薄膜水，温度在25℃以上，薯块伤口愈合受阻时，有利于病原菌大量繁殖，在薯块薄壁细胞间隙中迅速扩展，同时分泌果胶酶降解细胞中胶层，引起软腐。近年来，鄂尔多斯市准格尔旗、伊金霍洛旗、乌审旗等地散户窖藏马铃薯及连作重茬地易发生，尤其是7—8月进入雨季发病较重，因此，在块茎膨大期和块茎贮藏期，应注意土壤和窖藏温湿度变化。

四、综合防治措施

（一）农业防治　选用抗病无毒种薯或相对抗病品种，建立无病留种基地。合理轮作倒茬，与禾本科、豆科等非块根、块茎类作物轮作倒茬。加强栽培管理措施，合理密植，采用高垄双行喷灌或滴灌种植，避免大水漫灌；中耕除草，保持田园清洁，改善通风透光条件；及时拔除发病株，并用石灰消毒处理，减少传染源。适时贮藏，当气温稳定在0～2℃时入窖，贮藏期温度应保持在2～5℃，并注意通风降湿。

（二）生物防治　主要是采用生物菌剂提前预防，如在马铃薯封垄后，可采用100亿芽孢/克的枯草芽孢杆菌可湿性粉剂55克/亩喷雾防治。

（三）化学防治　在马铃薯软腐病发病初期及上一年发病重的地区封垄后，用50%氯溴异氰尿酸可溶粉剂1 000倍液，或硫酸铜600倍液，或20%噻菌铜悬浮剂1 500倍液进行茎叶喷雾，连喷2～3次，间隔7～10天喷施1次可有效防治马铃薯软腐病大面积发生。注意事项：杀菌剂要混合交叉使用并且添加助剂以增强药效，避免病原菌产生抗药性。

第五节　马铃薯黑胫病

马铃薯黑胫病又称黑脚病、茎基病等，是危害马铃薯茎部的主要细菌性病害，在马铃薯整个生长发育期均可发生，特别是降水量大、土壤湿润、排灌不便的地块发生较重。马铃薯黑胫病是一种世界广泛分布的植物疾病，最早于1879年在德国发现，1910年左右传入我国，之后在马铃薯种植区均有不同程度的发生。在内蒙古自治区马铃薯种植区域最为常见，有的地区已有逐年加重危害的趋势，鄂尔多斯地区农户种植轮作倒茬单一，个别地块有加重趋势，尤其是达拉特旗、乌审旗、鄂托克前旗、准格尔旗的喷灌区，因土壤湿度大，一般发病率为2%～5%，严重时减产40%以上。

一、病原菌

马铃薯黑胫病病原菌为胡萝卜欧文氏菌黑胫亚种（*Erwinia carotovora* subsp. *atroseptica*）。菌体短杆状，无荚膜，有2～8根鞭毛，不产生芽孢，革兰氏反应为阴性，为兼性厌氧菌，能发酵葡萄糖产出气体，菌落微凸，乳白色，边缘齐整圆形，半透明反光，质黏稠。生长适宜温度为10～38℃，最适温度为25～27℃，高于45℃即失去活力。菌体大小、形态常因环境条件、营养条件不同而有较大差异。

二、危害症状

马铃薯黑胫病主要危害马铃薯茎部和地下块茎，植株被黑胫病病原菌侵染后，植株矮小，叶色褪绿，茎基以上部位呈现一种典型的黑褐色腐烂，有黏液和臭味，并萎蔫而死，不能结薯，易从土中拔出。患病植株茎基部黑褐色部分易折断，横切黑色部分可见维管束为褐色。随

马铃薯黑胫病危害状

着病原菌发展由茎基部延伸至根部,严重的可感染块茎,首先感染块茎脐部,初发生时,只脐部呈很小的黑斑,有时能看到薯块切面维管束呈黑色小点状或断线状。病部逐渐扩大后,导致块茎发软腐化,用手压挤皮肉不分离,当湿度大时,薯块腐烂发臭。而感病最轻的病薯内部无明显症状,而这种病薯往往是病害发生的初侵染源。

三、发病条件及规律

带菌种薯、土壤和田间未完全腐烂的病薯是病害的初侵染源,在马铃薯整个生长发育期均可发生,主要通过病薯切块传给种薯,造成母薯腐烂,并从母薯进入植株地上茎,一般从植株出苗后一周即可见到病症,至植株枯死前陆续有病株出现,尤其是开花后的半个月出现较多。而且田间病原菌可通过灌溉水、雨水或昆虫传播,从伤口侵入健株,在适宜条件下,病原菌沿维管束侵染植株茎基部和块茎造成危害。病害发生程度与温度、湿度有密切关系。病原菌在低温多湿条件下存活时间较长,当地温在 20 ~ 25℃、土壤积水 1 小时以上、植株地下部受到机械损伤或植株生长衰弱时较易受侵染感病;生长健壮、田间积水半小时的植株极少受侵染。鄂尔多斯地区秋季气温低、雨水充足、土壤相对湿冷、植株生长缓慢、抗病性弱、茎部未木化、容易感染发病,尤其是在鄂尔多斯北部沿黄地区的达拉特旗、准格尔旗和无定河流域的乌审旗、鄂托克前旗,因土壤黏重、湿度大较易发生。

四、综合防治措施

(一)加强监测预警 加强对种薯调运检疫,做到早发现早隔离,避免马铃薯黑胫病随种薯传播。在马铃薯黑胫病发病关键时期,及时开展田间调查,尤其是大雨之后土壤积水 1 小时以上、土壤黏重、温暖潮湿的地块,要重点调查,发布马铃薯黑胫病情报,科学指导应急防治,做到早监测、早预警、早防治。

(二)农业防治 地块选择及合理整地,选择地势高、排水良好的地块种植,深翻地、及时耙磨,保持地势平坦。加强田间管理,采用高垄双行喷灌或滴灌种植,避免大水漫灌;中耕除草,保持田园清洁,改善通风透光条件;及时清除病株,减少病害扩大传播;增施磷钾肥料,提高抗病性,适时早播,促使早出苗。合理轮作,提倡与禾本科作物或绿肥等进行 4 年轮作倒茬。

(三)物理防治 种薯入窖前先在 10 ~ 13℃ 的通风条件下晾晒 10 天左右,挑除病薯、烂薯,要注意种薯脐部维管束处,如维管束有褐变一定要挑除。入窖贮藏时温度应控制在 1 ~ 4℃,注意加强通风换气。

(四)化学防治

1. 切刀消毒 可用 0.05% ~ 0.10% 春雷霉素溶液,或 0.2% 高锰酸钾溶液,每次切割应换刀消毒。

2. 药剂拌种 在播种前,采用农用链霉素 10 克 + 甲基硫菌灵 100 克 + 滑石粉 10 千克均匀搅拌,在 100 千克种薯切块上消毒,确保种薯不带病菌,减少侵染源。

3. 发病期药剂防治 在发病前至发病初期,采用 20% 噻菌铜悬浮剂 600 倍液,或 20% 喹菌酮可湿性粉剂 1 500 倍液,或 80% 多·福·福锌可湿性粉剂 500 ~ 700 倍液,或 50% 苯菌灵可湿性粉剂 1 000 倍液 +50% 福美双可湿性粉剂 500 倍液进行喷雾防治,视病情隔 5 ~ 7 天喷施 1 次,连续喷施 3 次,以上药剂也可灌根,每株灌药 100 ~ 200 毫升。注意事项:多种药剂交替使用,并在施药时添加助剂,灌根时可不加,施药应在 10:00 以前或 16:00 以后喷施,施药后 4 小时内若遇雨应该重喷。

第六节 马铃薯病毒病

病毒病是马铃薯上非常重要的一类病害，在马铃薯生育期均可发病，属于全株性病害。在我国各马铃薯主产区均有马铃薯病毒病的发生历史，其危害制约着马铃薯的生产与发展。然而，通过大面积推广应用脱毒种薯，目前已得到有效控制，而且尚未见到对我国马铃薯各产区病毒种类及分布情况进行全面分析和梳理的报道。内蒙古自治区规模化种植马铃薯后，大量应用脱毒种薯，已基本控制住马铃薯病毒病的发生。鄂尔多斯地区只有散户自留种或调运品种有一定的危害，尤其是在乌审旗、鄂托克前旗、准格尔旗、伊金霍洛旗与陕西接壤地区，频繁调运种薯而且渠道无保障，时有发病，发病率为2%～5%，严重时减产20%以上。

一、病原

感染马铃薯的病毒多达35种以上，我国已知的病毒种类有10种以上，包括马铃薯 Y 病毒（*Potato virus Y*，PVY）、马铃薯卷叶病毒（*Potato leaf roll virus*，PLRV）、马铃薯M病毒（*Potato virus M*，PVM）、马铃薯S病毒（*Potato virus S*，PVS）、马铃薯A病毒（*Potato virus A*，PVA）、马铃薯X病毒（*Potato virus X*，PVX）等。此外，还有黄瓜花叶病毒（简称CMV）、烟草脆裂病毒（简称TRV）、苜蓿花叶病毒（简称AMV）等。随着病毒检测技术的发展，发现几乎所有的马铃薯品种均受到一种或几种病毒的复合侵染。

二、危害症状

马铃薯病毒病常见的症状类型可归纳如下。

1.花叶型　叶面出现淡绿色、黄绿色和浓绿色相间的斑驳花叶，有时伴有叶脉透明，严重时叶片皱缩，植株矮化。

2.卷叶型　叶缘向上卷曲，甚至呈圆筒状，变硬革质化，有时叶背出现紫红色。

3.坏死型（或称条斑型）　叶、叶脉、叶柄及枝条出现褐色坏死斑或连合成条斑，严重时叶片萎垂、枯死或脱落。

4.丛枝及束顶型　分枝纤细而多，缩节丛生或束顶，叶小花少，明显矮缩。

马铃薯病毒病危害植株症状

三、发病条件及规律

马铃薯病毒病主要来自种薯和野生寄主，带毒种薯为最主要的初侵染源，种薯调运可使病毒作远距离传播。在田间生长期通常是通过汁液接触传毒，如风吹、动物来回走动、机械作业、害虫繁殖与迁飞均能传毒，种薯切刀也可传毒。尤其是25℃以上高温，既有利于传毒蚜虫的繁殖和传毒活动，又会降低薯块的生活力，从而削弱了薯块对病毒的抵抗力，往往容易造成病毒传播扩散，加重受害程度，故一般冷凉地区的马铃薯病毒病发病较轻。

四、综合防治措施

（一）农业防治

1. 建立无病种薯基地　应选择在冷凉地区使用无病毒或未退化的良种做种薯，并汰除病薯，推广茎尖组织脱毒。

2. 选用抗病和耐病品种　目前市场上流通的抗病品种有克新1号、乌盟601、冀张薯6号。

3. 改进栽培措施　留种田远离茄科菜地；采用高垄双行喷灌或滴灌种植，避免大水漫灌；中耕除草，保持田园清洁；及时清除病株；增施磷钾肥，提高抗病性。

（二）化学防治
马铃薯病毒病主要由蚜虫和飞虱传播，因此可在蚜虫和飞虱迁徙前及时采用药剂防治。可在发病初期喷洒7.5%菌毒·吗啉胍水剂500倍液，或0.5%菇类蛋白多糖水剂300倍液，或15%病毒必克可湿性粉剂500～700倍液，或2%宁南霉素水剂1 200倍液，或5%氨基寡糖素水剂1 500倍液，严重时连续喷施3次，隔5～7天喷1次，注意喷施药剂时可添加助剂，而且要交替使用避免产生抗性。

第七节　马铃薯疮痂病

马铃薯疮痂病又称普通疮痂病，是危害马铃薯薯块的放线菌病害，主要在马铃薯块茎膨大期发病，广泛分布于马铃薯产区，在世界各地均有该病害发生的报道。在我国马铃薯各大种植区域均有发生，危害较严重，尤其是西北、西南地区的沙性偏碱性壤土发病较重。在微型薯的生产中危害也相对严重，由于生产微型薯的温室往往是以纯蛭石为基质，重复使用基质容易导致病原菌累积传播，从而有利于病害的发生。近年来，马铃薯疮痂病在我国很多马铃薯生产地区有加重趋势。内蒙古自治区也不例外，在马铃薯生产中经常发生疮痂病危害，尤其是常年种植区，不仅影响生产田马铃薯生产，更重要的是严重影响种薯生产。鄂尔多斯地区由于土壤沙性又偏碱性，相对干燥，马铃薯疮痂病发生较严重，尤其是在鄂托克前旗、乌审旗、伊金霍洛旗发生相对频繁而且较重，一般减产10%左右，严重时减产30%以上，给马铃薯生产和品质造成严重损失。

一、病原菌

马铃薯疮痂病病原菌为疮痂链霉菌（*Streptomyces scabies*）。该病原菌由多种植物病原链霉菌在马铃薯表面大量繁殖而成，种类比较复杂，孢子链呈螺旋状或直－柔曲状，孢子颜色有灰色、白色或橙红色，大小约为（0.5～0.6）微米×（1.0～1.2）微米，病原菌组成复杂，不同地区的病原菌表现差异较大，所产生的黑色素也各有差异。

二、危害症状

马铃薯疮痂病病原菌主要危害块茎，一般从皮孔侵入，初感染时马铃薯表皮呈现褐色斑点，之后逐步扩大，呈褐色近圆形或不规则形大斑块，表皮木质化而粗糙。随着病斑不断扩大裂开，边缘隆起，中央凹陷，颜色为锈色或黑色、暗褐色，疮痂状。但病斑不会深入薯块内部，只局限于薯块皮部，导致表皮组织破坏，导致薯块品质下降。同时，表皮组织被破坏后，

马铃薯疮痂病危害状

易被其他病原菌侵染，引起其他病害发生，甚至造成块茎腐烂。

三、发病条件及规律

马铃薯疮痂病原菌一般以菌丝体、分生孢子在土壤中腐生或在薯块上越冬，第二年播种后，在块茎膨大期，病原菌通过气孔、皮孔或伤口侵入。病原菌在温度25.0～30.0℃下快速生长繁殖，在沙性偏碱性土壤中发病严重。土壤温度高且干燥时适宜发病（温度>22.0℃，相对湿度<60.0%），pH5.2以下的土壤很少发病，连作重茬严重的地区发病率较高。尤其是种薯在棚室中繁殖易带病，主要是由于基质重复使用，消毒不彻底，以及基质保水性能差和棚室内温度较高所致，大田商品薯在生产中主要因马铃薯重茬严重、品种多为感病而发生危害，因此品种感病是马铃薯疮痂病暴发流行的根本因素。白色薄皮品种易感病，褐色厚皮品种较抗病。在鄂尔多斯市，一般6月下旬进入马铃薯块茎形成期，天气相对干旱（土壤相对湿度<60%）、温度较高、土壤pH>7的地区发病较重，尤其是鄂托克前旗、乌审旗、伊金霍洛旗等地的沙性土壤，因夏季干旱少雨，马铃薯品种单一，抗病性相对较差，发病较重。

四、综合防治措施

（一）加强监测预警　在马铃薯疮痂病发病关键时期，及时开展田间调查，尤其是夏季干旱少雨、温度较高、土壤pH>7的地块，要重点调查，发布马铃薯疮痂病情报，科学指导应急防治。

（二）农业防治　建立无病种薯繁殖基地，严格控制网棚、温室气温在17～20℃、播种基质消毒彻底、土壤相对湿度在70%～80%条件下繁殖原种薯，并选择在冷凉无病地区繁殖种薯，淘汰病薯。合理轮作倒茬，尽量避免选择碱性沙壤土播种，优先选择偏酸性土壤，尽可能与禾本科作物或非块茎类蔬菜进行轮作倒茬。筛选和培育抗疮痂病的马铃薯新品种，从根本上降低病害发生。强化栽培管理措施，采用高垄双行喷灌或滴灌种植，避免大水漫灌，适度缩短浇灌间隔期，可减轻发病；及时清除病株；科学施肥，除施用氮磷钾肥外，应增施腐熟的有机肥、微生物菌肥、钙镁硼等中微量元素，保证养分多元性，提高植株抗病性。

（三）化学防治

1.种薯消毒　在马铃薯种薯贮存期用百菌清烟雾剂进行熏蒸，也可在播种前，用0.2%甲醛溶液浸种2小时，晾干后播种，或用0.1%对苯二酚浸种30分钟，或0.2%甲醛溶液浸种10～15分钟，或用70%甲基硫菌灵可湿性粉剂，或25%嘧菌酯可湿性粉剂和滑石粉拌种。

2.药剂防治　在马铃薯薯块形成初期（马铃薯现蕾前期）可用1.5%噻霉酮水乳剂500倍液，或1.8%辛菌胺醋酸盐水剂500倍液等药剂进行灌根防治，也可用70%代森锰锌可湿性粉剂600倍液进行茎叶喷雾防治，隔7～10天1次，连续喷雾2～3次。

第八节　马铃薯干腐病

马铃薯干腐病又称块茎枯萎病，是危害马铃薯块茎的主要真菌病害，在马铃薯块茎膨大期均可感病，主要发生在气候较凉爽、高海拔的马铃薯种植区，在我国北方马铃薯主产区和重要的种薯生产基地常年严重发生，近年来，发生愈加严重，特别是西北、西南、华北地区发生严重，尤其是在冬季窖藏时期。而西南和南方马铃薯主要用于鲜食，生产规模较小，收获后一般不需要贮藏，发生相对较轻或不发生。内蒙古自治区处于高寒或气候冷凉地区，马铃薯种植规模大而且集中，所生产的马铃薯品质较好，主要用于种薯和加工，收获后都需要贮藏，因此，马铃薯干腐病发生较普遍。鄂尔多斯地区由于土壤沙性又偏碱性，相对干燥，而农户及大型种植户又具有冬储马铃薯的习惯，马铃薯干腐病发生较重，一般减产5%～10%，严重时减产30%以上，给生产造成严重损失。

一、病原菌

马铃薯干腐病病原菌为茄病镰孢蓝色变种（*Fusarium solani* var. *coeruleum*）、串珠镰孢（*F. moniliforme*）、拟丝孢镰孢（*F. trichothecioides*）等，其中茄病镰孢蓝色变种为优势种。菌体呈杆状，无鞭毛和荚膜。菌丝白色，絮状或卷毛状。分生孢子弯曲，似纺锤形或披针形，背腹面明显，具有显著的顶端和足细胞，成熟时具1～6个隔膜。厚垣孢子极稀疏，间生，球形，单生或呈短串状着生，或生于大型分生孢子的细胞中。分生孢子大小、形状常因环境条件、营养条件不同而有较大差异。

二、危害症状

马铃薯干腐病主要危害块茎，一般从块茎伤口、皮孔或芽眼开始侵染发病，症状一般在块茎贮藏1个月后才开始显现，刚开始发生时薯块表皮呈水渍状褐色小斑点，稍凹陷，同时在斑点周围出现白色、粉色或蓝色的小疱。随着病态发生，病部颜色发生变化，逐渐显现病斑，呈皱褶同心轮纹状，逐渐形成折叠。后期薯块内部变褐色，常呈空心，干燥时内部长满白色菌丝，最后整个薯块变硬、变轻、干缩，呈灰褐色或深褐色。带病种薯播种后，苗期发病后生长较弱，部

马铃薯干腐病危害状

分出土薯苗也会在苗期萎蔫枯死，严重时种薯不能发芽，造成缺苗断垄。

三、发病条件及规律

马铃薯干腐病病原菌以菌丝体或分生孢子在病残体或土壤中越冬，并可长期存活，第二年播种后，可通过空气、水流、机械设备等进行传播，由伤口、皮孔或芽眼侵入。被侵染的薯块发病腐烂，污染土壤，进而再次附着在收获的块茎表面。病原菌在5～30℃条件下均能正常生长，其最适侵染温度为20～25℃，低于2℃时不发生侵染。薯块在贮藏条件差、通风不良时利于发病，随着贮藏期的延长，也会增加发病率。连作会使土壤中病原菌数量增加，引发传染。在鄂尔多斯地区，一般在6月下旬进入马铃薯块茎形成期，天气相对干燥、温度较高、土

壤沙性又偏碱性的地区发病较重，尤其是鄂托克前旗、乌审旗、伊金霍洛旗等地的沙性土壤，夏季干旱少雨，发生较重。

四、综合防治措施

（一）加强监测预警　在马铃薯干腐病发病关键时期，及时开展田间调查，尤其是夏季干旱少雨、温度较高、土壤pH>7的地块，要重点调查，发布马铃薯干腐病情报。其他措施参考马铃薯病害——环腐病。

（二）农业防治　播前准备，选用优质抗病品种，采用整薯种植，避免产生切口加大病原菌的侵染率，导致病害发生。加强田间管理，做好田间的水肥管理，不偏施氮肥，增施磷钾肥，施用腐熟好的农家肥和有机肥，培育壮苗，以提高植株自身的抗病性。及时清除病残体，避免病原菌大面积侵染传播。适时收获，收获时应选择晴天，薯块生长后期表皮韧性较强、皮层相对较厚，运输时不易造成损伤。且要轻拿轻放，保证马铃薯的完整性，既能提高其商品价值，又能减轻病害发生。科学贮藏，马铃薯入窖前，剔除病薯，于通风干燥的地方放置3天左右，使其表面水分蒸发，降低病原菌的侵染率。窖内温度维持在12～15℃最佳，通风干燥，且贮藏量不宜超过总量的2/3。

（三）化学防治　播种时，可用58%甲霜灵·锰锌可湿性粉剂、2.5%咯菌腈悬浮种衣剂混合液拌种。在种薯或商品薯贮藏期，采用50%苯菌灵可湿性粉剂2 000倍液，或25%多菌灵可湿性粉剂1 000倍液，或58%甲霜灵·锰锌可湿性粉剂800倍液等药剂喷雾，或用硫黄粉与甲醛按2∶1混合剂或用高锰酸钾与甲醛2∶1的混合剂，或10%百菌清烟剂等熏蒸方法对储窖进行全面消毒。在薯块形成期，可用25%嘧菌酯悬浮剂800倍液，或80%戊唑醇可湿性粉剂1 500倍液，或25%嘧菌酯悬浮剂1 500倍液等药剂喷施2～3次，可有效缓解马铃薯干腐病的扩展蔓延。注意事项：在配置药剂时可添加助剂以提高药效，适当减少农药使用量，并多种药剂交替使用，以避免病原菌产生抗药性。

第九节　马铃薯黑痣病

马铃薯黑痣病又称立枯丝核菌病、茎基腐病、丝核菌溃疡病、黑色粗皮病等，是马铃薯茎部和块茎的真菌性病害，在马铃薯整个生育期均可发病，特别是在东北、华北、西北、西南地区低温高湿的地区发生严重。近年来，随着我国马铃薯产业的发展，种植面积不断扩大，轮作倒茬年限缩短，导致马铃薯黑痣病逐年加重。内蒙古自治区马铃薯种植区黑痣病普遍发生，影响马铃薯的产量和品质，已成为内蒙古自治区西部地区马铃薯种植业发展的一大障碍。鄂尔多斯市马铃薯种植区黑痣病每年都有不同程度的发生，尤其是鄂托克前旗、乌审旗、伊金霍洛旗、准格尔旗低温高湿低洼地区发生相对较重，一般减产10%左右，严重时减产30%以上，给马铃薯品质造成严重影响。

一、病原菌

马铃薯黑痣病病原菌为立枯丝核菌（*Rhizoetonia solani*）。初生菌丝无色，粗细较均匀，直径为4.98～8.71微米。分隔距离较长，分枝呈直角或近直角，分枝处大多有缢缩，并在附近生有1个隔膜。新分枝菌丝逐渐变为褐色，变粗短后结成菌核。菌核初白色，后变为淡褐色或深褐色。菌丝大小、形状常因环境条件、营养条件不同而有较大差异。生长最低温度为4℃，最适温度为23℃，超过34℃时停止生长，菌核形成最适温度为23～28℃。

二、危害症状

马铃薯黑痣病主要危害马铃薯的幼芽、茎基部及块茎。幼芽染病后，有的腐烂不能出土，有的出土后顶部出现褐色病斑，使生长点坏死，不再继续生长，叶片则逐渐枯黄卷曲，植株容易倒伏死亡，此时常在土表部位再生气根，产出黄豆大的气生块茎。块茎染病后往往以芽眼为中心，生成褐色病斑，往往不出苗或晚出苗，田间表现苗不全、不齐或细弱等现象。在苗期感病后，地下茎上出现指印形状或环剥的褐色病斑，植株矮小和顶部丛生，严重的植株可造成立枯、顶端萎蔫，顶部叶片向上卷曲并褪绿。茎秆发病，先在近地面处产生红褐色长形病斑，后渐扩大，茎基全周变黑，表皮腐烂。匍匐茎感病后表现为淡红褐色病斑，顶端不能膨大成薯块，感病轻者可长成非常小的薯块，也可引起匍匐茎乱长，影响结薯，或结薯畸形。植株受侵染时根量减少，在成熟的块茎表面形成大小形状不规则的、坚硬的、块状或片状的、散生或聚生的黑褐色菌核，也有的块茎因受侵染而造成破裂、锈斑、末端坏死、薯块龟裂、变绿、畸形等症状；轻者症状不明显，重者植株枯萎或叶片卷曲。

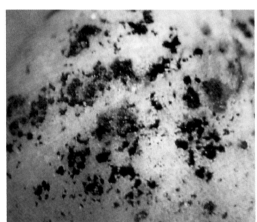

马铃薯黑痣病危害状

三、发病条件及规律

马铃薯黑痣病病原菌一般在病薯上或土壤里越冬，当第二年春季温湿度适宜时，菌核开始萌发侵入马铃薯幼芽、幼苗，特别是有伤口时更易侵入，带病种薯是远距离传播的最主要途径。低温高湿有利于病害发生，最适宜的土壤温度是18℃，而病害的发展随着温度的提高而减轻，因此，播种早、地温低发病较重。该病病原菌除侵染马铃薯外，还可侵染豌豆。鄂尔多斯市的鄂托克前旗、乌审旗、伊金霍洛旗、准格尔旗病原基数较高，尤其是遇多阴雨潮湿，土温较低的种植地块发生严重，播种早晚和品种皮薄厚也是影响马铃薯黑痣病发生的因素。

四、综合防治措施

（一）加强监测预警　在马铃薯黑痣病发病关键时期，及时开展田间调查，尤其是多阴雨潮湿，土温较低地区，要重点调查，发布马铃薯黑痣病情报，科学指导应急防治。

（二）农业防治　选择无病种薯，优选无病、表面光滑、大小一致的种薯。轮作倒茬，可与小麦、玉米、大豆、多年生牧草等作物实行三年以上倒茬，降低土壤病菌数。加强田间管理，选择地势平坦、易排涝的沙壤土。适时晚播和浅播，地温达到7～8℃时适宜种植，促进早出苗，减少幼芽在土壤中的时间，从而减少病原菌的侵染。及时拔除田间病株，同时在病穴内撒入生石灰消毒。选用专用复合肥做底肥，增施磷钾肥。

（三）化学防治　播种前用50%多菌灵可湿性粉剂500倍液，或50%福美双可湿性粉剂1 000倍液浸种5分钟。发病初期可用36%甲基硫菌灵悬浮剂600倍液，或25%嘧菌酯可湿性粉剂800倍液等药剂，添加助剂进行茎叶均匀喷雾防治，并多种药剂交替使用，以避免病原菌产生抗药性。

第十节　马铃薯枯萎病

马铃薯枯萎病又称马铃薯疫病，是危害马铃薯的全株性真菌病害，在马铃薯整个生育期均可发病，分布广泛，在我国各种植区均有发生，特别是在东北、华北、西南地区高温高湿的地区发生严重。内蒙古自治区随着马铃薯规模化集中种植，已有逐年加剧发生趋势，尤其是内蒙古自治区中西部地区连年种植，相对发生频繁。近年来，鄂尔多斯市马铃薯种植面积不断扩大，轮作倒茬相对困难地块，土传病害日趋严重，尤其是沿黄地区的达拉特旗、准格尔旗和无定河流域的乌审旗土壤黏重地块，发生较严重，一般减产10%左右，严重时减产30%以上。除危害马铃薯外，还会对番茄、草莓、甜瓜、球茎茴香等农作物产生危害。

一、病原菌

马铃薯枯萎病病原菌为尖镰孢菌（*Fusarium oxysporum*）。菌丝呈放射状，较细，菌落绒毡状，以单生方式产孢。分生孢子呈镰刀形，弯曲，基部有足细胞，多数有3个隔膜，少部分有5个隔膜。小型分生孢子1～2个细胞，卵形或肾脏形，多散生在菌丝间，一般不与大型分生孢子混生。厚垣孢子球形，平滑或具褶，大多单细胞，顶生或间生。分生孢子大小、形状常因环境条件、营养条件不同而有较大差异。

二、危害症状

马铃薯枯萎病是全株性病害，发病速度较慢，发病初期叶片垂萎，与正常叶片有较大区别，尤其是在正午阳光直射下更加严重，傍晚又会恢复正常。随着枯萎病的不断发展，叶片会由下而上逐渐枯萎而死，剖开茎秆可见维管束变褐，切开病薯脐部清晰地看到维管束呈褐色虚线状，并在病变的部位，伴有白色或粉红色菌丝。

马铃薯枯萎病危害状

三、发病条件及规律

马铃薯枯萎病以菌丝体或厚垣孢子随病残体在土壤中或在带菌的病薯上越冬。第二年病部产生的分生孢子借雨水或灌溉水传播，从伤口侵入，一般在开花前后，当土壤温度高于28℃、湿度大时极易感染发病。病原菌适应力较强，温度10～35℃均可正常生长，在马铃薯的整个生育期均能造成侵染。在5～10℃时病原菌也可缓慢生长，种薯在贮藏期菌丝体可在病薯中越冬，成为翌年的初侵染源。鄂尔多斯市沿黄河流域的达拉特旗、准格尔旗和无定河流域的乌审旗、鄂托克前旗，在7—8月进入雨季，地势低洼，土质黏重，种植密度过大，田间通透性差，重茬地块，管理粗放，缺肥缺水，植株长势差的发病相对较重。

四、综合防治措施

（一）农业防治　轮作倒茬，与禾本科作物或绿肥等进行四年轮作，避免与茄科作物轮作。选择抗病品种，选留无病种薯。消灭田间感病杂草，如蒲公英、荠菜等。加强田间管理，施用腐熟好的有机肥，避免偏施氮肥，增施磷钾肥，提高植株抗病性。适时灌溉，避免大水漫灌，采用节水灌溉方式。及时拔除病株，收获后清除病残体，减少侵染源。农事操作应注意减少伤根，减少侵染途径。

（二）生物防治　近年来，研究表明芽孢杆菌能够抑制多种病原菌的生长，且广泛应用于生物防治。对于马铃薯枯萎病可选择贝莱斯芽孢杆菌进行防治，能够增强植株的抗病性，降低枯萎病病原菌的侵染。

（三）化学防治　在发病前至发病初期，可采用5%丙烯酸·噁霉·甲霜水剂，或80%多·福·福锌可湿性粉剂500～700倍液，或5%水杨菌胺可湿性粉剂300～500倍液，或50%苯菌灵可湿性粉剂1 000倍液＋50%福美双可湿性粉剂500倍液，或70%福·甲·硫黄可湿性粉剂800倍液等药剂添加助剂进行茎叶均匀喷雾防治。严重地块每隔7～10天喷1次，连续喷药2～3次。也可用12.5%多菌灵可湿性粉剂300倍液进行根部浇灌，每株50毫升左右。注意事项：在进行化学药剂喷雾防治时可添加助剂以提高药效，并多种药剂交替使用，以避免病原菌产生抗药性。

第六章 马铃薯虫害发生与控制

第一节 马铃薯蚜虫

危害马铃薯的蚜虫主要是桃蚜（*Myzus persicae*），又名腻虫、蜜虫，是一种植食性杂食害虫，寄主多，越冬寄主多为蔷薇科木本植物，可危害主要农作物，还可传播100种以上病毒病。是我国主要害虫之一，种类多、分布广，多达1 000余种，常见的有200多种，主要分布在北方，南方炎热地区分布较少。在鄂尔多斯市进入7—8月发生较频繁且进入高峰期，危害重时，可爬满整个叶片，使叶片光合作用受阻，尤其是在鄂托克前旗、乌审旗、达拉特旗、准格尔旗相对干旱地区发生严重。

一、形态特征

马铃薯蚜虫成虫体长1.5 ～ 2.6毫米，分无翅蚜和有翅蚜两种类型。体色因种类和季节变化而不同，有灰绿色、黄色、墨绿色、黄绿色等类型。背有3条深色线纹，头部较小，腹部较大，呈椭圆球状。有翅蚜前翅有4 ～ 5条斜脉，触角次生感觉圈圆形，腹管管状。

二、危害症状

在马铃薯生长期蚜虫常以成虫和若虫聚集在马铃薯叶片背面吸取汁液进行危害，造成叶片皱缩、变形，使顶部和分枝生长点受到严重影响。而且桃蚜还会传播很多病毒，尤其是含糖分泌物有利于黑色真菌在叶片上的生长，蚜虫在植株上的移动有利于病毒病害的传播，对种薯生

马铃薯蚜虫危害状

产造成威胁。据报道，马铃薯蚜虫可传播100多种植物病毒。幼嫩的叶片和花蕾是蚜虫密集危害的主要部位。

三、生活习性及发生规律

桃蚜生活史属全年周期迁移式，大部分时间是以无翅孤雌蚜存在，并具有季节性的寄主转换习性，可在冬寄主与夏寄主上往返迁移进行危害。有翅蚜虽有相对较强的迁移能力，但也属有限的范围。北方一年可发生20～30代，一般以卵在第一寄主的芽旁、裂缝、小枝杈等处越冬，有时迁回温室内的植物上越冬。当越冬寄主萌芽时卵开始孵化为干母，群集于芽上，危害叶后迁移到叶背和梢上进行危害、繁殖。桃蚜的发育起点温度为4.3℃，有效积温为137℃，在9.9℃下历期24.5天，在25℃下为8天，发育最适宜温度为24℃，高于28℃则不利发育。鄂尔多斯市4月上中旬在越冬寄主杂草和苜蓿上孵化为若蚜，5月中下旬出现有翅蚜，开始向春播马铃薯上迁飞，6月下旬进入高峰期，8月马铃薯田间进入盛发期，10月有翅蚜迁回第一寄主上进行危害繁殖，交配后产卵越冬。尤其是在鄂托克前旗、乌审旗、达拉特旗、准格尔旗的相对干旱地区，危害时传播病毒病，使马铃薯叶片萎缩变小，产量降低。

四、综合防治措施

（一）加强监测预警　根据蚜虫生活习性及发生规律，在蚜虫危害关键时期加强田间调查，以便在蚜虫暴发之前，及时发布虫情，提醒农户开展防治，降低危害损失，尤其是干旱少雨年份。

（二）农业防治　利用农业措施防蚜主要是铲除田间、地边杂草，及时中耕除草，有效切断蚜虫中间寄主和栖息场所，消灭部分蚜虫。同时在栽培过程中充分利用自然界的温度、湿度、光照、风力等条件进行避蚜。如在冷凉通风的环境下种植马铃薯，可以大大降低蚜虫的繁殖与起飞能力，达到防治目的，而且在该条件下又极其有利于马铃薯块茎的膨大，具有一举两得的效果。另外，在栽培上可以适当早播、提前灭秧收获或与其他作物间作、套种都可在一定程度上避开或减轻蚜虫的危害。因此通过农业措施可有效防治蚜虫。

（三）物理防治　在马铃薯种植时应优先选用无毒且具有一定抗蚜性的优良品种。目前国内市场流通的马铃薯品种较多，其中一部分品种具备一些特有的结构属性，如表皮变硬加厚、叶片覆有毛刺、分泌对蚜虫具有一定毒性作用的特殊物质等。因此，要从种质源头上有效抑制蚜虫的侵害。同时可在田间悬挂黄板诱杀有翅蚜。

（四）生物防治　生物防治马铃薯蚜虫，主要是采用生物农药与生物源化学农药，如天敌、昆虫信息素等。有效保护利用天敌是生物防治蚜虫的重要途径，蚜虫的天敌主要有黄蜂、草蛉、七星瓢虫、寄生蜂、食蚜蝇、小花蝽、蜘蛛、真菌等。如蚜茧蜂可通过寄生作用导致蚜虫死亡，从而有效降低田间蚜虫的种群数量。利用寄生性微生物制剂，如阿维菌素、苏云金杆菌等都可有效减轻蚜虫的危害。

（五）化学防治　首先是在播种时采用药剂拌种，按100千克种薯用35克的70%氢氧化铜可湿性粉剂拌种，防治效果达80%以上。在田间发现虫害时，可用50%抗蚜威可湿性粉剂1 000～2 000倍液，或25%吡虫啉可湿性粉剂4 000～5 000倍液，或18%阿维菌素乳油2 000倍液，或20%氰戊菊酯乳剂3 000倍液茎叶喷雾。一般在出齐苗后进行第一次喷药，以后每隔7～10天，根据蚜虫数量及田间发生趋势喷药防治。注意事项：在化学药剂喷雾防治时均可添加助剂以提高药效，适当减少农药使用量并多种药剂交替使用。

<h1 style="text-align:center">第二节 芫 菁</h1>

危害马铃薯的芫菁主要是豆芫菁（*Epicauta chinensis*），俗称斑蝥，又名白条芫菁、锯角都芫菁。在我国有记录的约130种，分布较广，从南到北均有危害发生，寄主植物除马铃薯、大豆外，还有花生、棉花、甜菜、苜蓿等。在内蒙古自治区大部分地区均有豆芫菁发生，基本覆盖马铃薯种植区，尤其是中东部地区发较重。鄂尔多斯市豆芫菁危害马铃薯相对较轻，主要是在准格尔旗、伊金霍洛旗、乌审旗发生较重，尤其是附近有苜蓿或甜菜种植区时危害最大，虫口密度可达10 ～ 20头/米^2，最高时达50 ～ 100头/米^2，严重危害马铃薯正常生长。

一、形态特征

1.**成虫**　全体黑色，体长14 ～ 27毫米，宽4 ～ 5.5毫米，前胸背板光滑，每个鞘翅上都有1条纵向的白色条纹，鞘翅的周缘和腹部各节腹面的后缘都生有灰白色缘毛，头部具密刻点，触角基部内侧生黑色发亮圆扁瘤1个。雌虫触角丝状。雄虫触角栉齿状，有明显发达的黑色长毛。

2.**卵**　长椭圆形，长2.5 ～ 3毫米，宽0.9 ～ 1.2毫米，初产时淡黄色，渐变成黄色，卵块排列成菊花状。

3.**幼虫**　芫菁是复变态昆虫，幼虫共6龄，各龄形态多变。一龄幼虫活泼，可自动寻找取食蝗虫卵，二至三龄幼虫为蛴螬型，五龄幼虫为无足的伪蛹（越冬型），六龄幼虫后化蛹。

4.**蛹**　全体灰黄色，复眼黑色，体长约16毫米。前胸背板后缘及侧缘各有长刺9根，第1 ～ 6腹节背面左右各有刺毛6根，后缘各生刺毛1排，第7 ～ 8腹节的左右各有刺毛5根。翅端达腹部第3节。

二、危害症状

芫菁成虫喜欢群聚在马铃薯叶片进行危害，大量取食植株的嫩叶、心叶、花瓣、果实，将其咬食成孔洞、缺刻，重则叶肉全被吃光，仅剩网状叶脉。严重发生田块有时一株上聚集数十头，可将马铃薯整株叶片和花蕾吃光，造成植株成片枯死，进而影响马铃薯品质、产量。幼虫以蝗卵为食，是蝗虫的天敌。

马铃薯芫菁危害状

三、生活习性及发生规律

成虫一般在白天活动，尤其是在10:00～12:00，17:00～19:00最为活跃，喜在作物中上部、顶端部位群集危害和交尾，在田间常成点片状危害。成虫爬行能力强，好斗，也能短距离飞迁，受惊或遇敌时，即迅速逃跑或坠落。鄂尔多斯地区豆芫菁一年发生1代，以五龄幼虫（假蛹）在土中越冬。越冬幼虫翌年继续发育至六龄，5月下旬开始化蛹，因此，成虫出现在5月底至6月初，6月中旬至7月中旬为盛发期，此时马铃薯进入开花期。

四、综合防治措施

（一）加强监测预警   根据芫菁喜在作物中上部、顶端部位群集危害的特性，进入5月中下旬要深入田间调查虫口密度，及时监测虫情日发生量，预测预报成虫盛发期和最佳防治期，提前发布防治指导讯息，适时发布虫情，指导防控。

（二）农业防治   马铃薯秋季收获后，及时对农田进行深耕翻晒，破坏其越冬环境，使越冬伪蛹暴露在土面上，被冻死或被天敌吃掉，减少第二年虫源发生基数。及时铲除田间、地边杂草，中耕除草，保持田园清洁。芫菁喜食早熟马铃薯品种，因此，在常年易发芫菁危害的田间选种晚熟品种或适当晚播。也可与麦谷类作物、油料作物、瓜果类作物轮作倒茬，避免重茬，从而抑制马铃薯田芫菁的发生与危害。同时要避开芫菁喜食的苜蓿和豆类等作物种植区。

（三）物理防治   在成虫发生危害盛期，及时进行人工捕捉杀灭，充分利用成虫聚集取食的特点，于清晨用网捕杀，减少田间虫口密度。同时用铁丝把成虫穿刺后串起来挂在成虫聚集区域的马铃薯植株上，对成虫可起到一定的拒避效果。

（四）生物防治   目前，尚未见生物防治芫菁方面的系统性研究报道，仅见报道球孢白僵菌可有效降解斑蝥素，因此，可提前预防喷施球孢白僵菌。

（五）化学防治   当田间发现芫菁虫口密度较大时，可采用50%辛硫磷乳油1 000倍液，或1.8%阿维菌素乳油1 500倍液，或4.5%高效氯氰菊酯乳油1 000倍液，或2.5%高效氯氟氰菊酯乳油2 000倍液，或90%敌百虫可湿性粉剂800倍液+80%敌敌畏乳油1 000倍液，7～10天喷1次，连喷2～3次，交替均匀喷施，同时在农田周边田埂的杂草也要喷到。

第三节   甘蓝夜蛾

甘蓝夜蛾（*Mamestra brassicae*）又称甘蓝夜盗虫，是一种常发性和间歇性暴发成灾的杂食害虫，可取食45科120多种植物，除危害甜菜、马铃薯等块根类作物外，还可危害十字花科蔬菜，尤其是喜食甘蓝、白菜、萝卜、菠菜、胡萝卜等多种蔬菜。在我国广泛分布于各地，尤其在东北、西北、华北发生较频繁，局部地区大发生时可对农作物造成毁灭性灾害。鄂尔多斯市甘蓝夜蛾每年均有发生，覆盖整个马铃薯种植区，主要危害蔬菜、甜菜、马铃薯和苜蓿，危害重时虫口密度达100～200头/米²，严重的达300～500头/米²，盛发期田间蛾量百步惊蛾1 000～2 000头，严重地块达4 000头以上。幼虫常成点片发生，将马铃薯叶片食光，可造成减产10%～30%。

一、形态特征

1.成虫   体长18～25毫米，翅展30～50毫米，灰褐色，复眼黑紫色，前足胫节末端有巨爪。前翅中央位于前缘附近内侧有1个灰黑色环状纹，1个灰白色肾状纹，前缘近端部有3个小白点，沿外缘有7个黑点，下方有2个白点。亚外缘线色白而细，外方稍带淡黑色。后翅灰白色，外缘有1个小黑斑。

2.卵　初产时黄白色，渐变成褐色，孵化前变紫黑色，呈半球形，底径0.6～0.7毫米，上有放射状的三序纵棱，棱间有1对下陷的横道，隔成一行方格。

3.幼虫　体色随龄期不同而异。初孵化时，体色稍黑，全体有粗毛，体长约2毫米；二龄幼虫呈绿色，体长8～9厘米；三龄幼虫为黑绿色，体长12～13毫米，具有明显的黑色气门线；老龄幼虫体长50毫米，头部黄褐色或黑褐色，腹面淡灰褐色，前胸背板黄褐色，近似梯形，背线两侧有多个倒"八"字形条纹。

甘蓝夜蛾幼虫

4.蛹　赤褐色，长20毫米左右，腹部背面从第1节起到体末止，中央具有1条深褐色纵行暗纹，臀棘较长、深褐色，末端着生2根长刺，刺从基部到端部逐渐变细，顶端膨大，形似大头钉。

二、危害症状

甘蓝夜蛾主要以幼虫危害作物叶片，初孵幼虫群聚在叶片背面，啃食叶肉，残留表皮，呈膜状。严重发生时能把叶肉吃光，仅剩叶脉和叶柄，也可危害花蕾和果实，吃完一处再成群结队迁移危害，叶片上常常有幼虫留下的不少粪便，污染叶片后还会引起病害。

三、生活习性及发生规律

甘蓝夜蛾成虫昼伏夜出，以21:00～23:00活动最盛，有趋光性、趋化性，对黑光灯和糖醋气味有较强趋性。成虫具有迁飞性，在野外条件下，飞行距离可达40～60千米，喜食蜜源植物。因此，在成虫发生期有无蜜源植物对成虫寿命和产卵量有明显影响，直接关系幼虫的发生量。卵多产在生长茂密的植株叶背，单层成块，每头雌虫可产卵4～5块，约500～1000粒。幼虫共6龄，具有群集性、夜出性、暴食性，孵化后有先吃卵壳的习性。一龄、二龄幼虫因前腹足未长大，故行走如尺蠖；三龄幼虫后开始分散危害，但一般仍在产卵的植株上成团分布；幼虫四龄后食量大增；五至六龄幼虫为暴食期，之后入土化蛹。幼虫期30天左右，蛹期10天左右。

甘蓝夜蛾一般以蛹在受害植物根际土层7～10厘米处越冬，鄂尔多斯地区于第二年5月上中旬始见成虫，一年可发生2～3代，造成两次危害盛期，第一次在6月中下旬，第二次是在8月上中旬，个别年份出现第三代，在9月进入苜蓿地危害并化蛹越冬。

四、综合防治措施

（一）加强监测预警　根据二龄前幼虫取食叶片的特性，以及不分散的习性，加强田间调查，寻找并摘除初孵幼虫危害的叶片，集中杀灭。利用糖醋盆或黑光灯等加强预测预报，监测虫情日发生量，预测预报成虫盛发期，提前发布指导防治讯息，开展统防统治。

其他防治措施参考玉米虫害——草地螟。

（二）农业防治　根据以蛹在土中越冬的习性，于秋季收获后及时耕翻土地，降低越冬蛹基数，减少虫源。合理布局，不与十字花科和茄果类等寄主植物进行轮作，切断虫源。中耕除草，保持田间和地边清洁，减少显花植物，降低成虫产卵率。

（三）物理防治　在成虫发生期利用频振式杀虫灯、黑光灯、高空测报灯诱杀成虫。也可根据条件利用防虫网覆盖作物以隔离成虫产卵，防治幼虫危害。利用成虫的趋化性，以及对糖醋液有较强的趋性，在成虫发生期使用糖醋液诱杀成虫。糖：醋：酒：水以3：4：1：2的比例混合，并加少量敌百虫，盛入盆钵等容器内诱蛾，诱液3～5厘米深，每0.3～0.6公顷放1盆，置于田间，连续放置16～20天，可明显降低田间落卵量和幼虫密度。根据甘蓝夜蛾成虫把卵成块产于叶上的习性，可结合农事操作管理，人工摘除卵块，集中消灭。

（四）生物防治　保护和利用天敌，如赤眼蜂、寄生蝇、草蛉等都是甘蓝夜蛾的天敌。利用微生物菌剂进行防治，如可用苏云金杆菌可湿性粉剂1 000倍液，于幼虫钻入叶球前，在集中取食、暴露在外的三龄前幼虫期进行均匀喷雾。利用植物源杀虫剂进行防治，如可用0.5%印楝素乳油800～1 000倍液，于成虫产卵高峰后或幼虫二至三龄时，进行均匀喷雾。也可利用昆虫病毒类微生物杀虫剂进行防治，于卵孵化盛期或低龄幼虫点片发生时，用苜蓿银纹夜蛾核型多角体病毒水分散粒剂300～500倍液，或用甘蓝夜蛾核型多角体病毒水剂200～300倍液，进行喷雾防治。

（五）化学防治　加强田间调查，做到适期防治，抓住幼虫孵化初期，虫龄为三龄以内，在下午或傍晚施药。可选用2.5%高效氟氯氰菊酯乳油1 000～1 500倍液，或5%氟虫脲可分散液剂1 000～1 500倍液，或20%虫螨腈悬浮剂500～600倍液，或8.2%甲维·虫酰肼乳油600～1 000倍液，或25%灭幼脲悬浮剂1 500～3 000倍液，15%茚虫威悬浮剂3 000～4 000倍液，进行均匀喷雾。可添加助剂以提高药效。多种药剂交替使用，可防止出现抗药性，影响防治效果。

第四节　地　老　虎

一、形态特征

参考玉米虫害——地老虎。

二、危害症状

地老虎一般危害马铃薯幼苗，把幼苗贴近地面的地方咬断，并常把咬断的苗拖进虫洞，造成缺苗断垄。幼虫低龄时，也可咬食嫩叶，使叶片出现缺刻和孔洞。也会咬食地下块茎，造成薯块出现孔洞，与蛴螬危害相比孔洞较小一些。还为病原菌的侵入创造了有利条件，易加重病害发生程度，提高了薯块贮藏期的损失率，严重影响其食用品质、商品率及种用价值。

地老虎危害状

三、生活习性及发生规律

参考玉米虫害——地老虎。

四、综合防治措施

（一）加强监测预警　参考玉米虫害——地老虎。

（二）农业防治　施用腐熟好的农家肥，避免农家肥里有活的卵和幼虫。也可配合施用碳酸氢铵、腐殖酸铵、氨水溶液等有气味的化肥，能够有效驱避地下害虫。秋翻深耙，通过秋季翻地深耙破坏地老虎越冬环境，使大量越冬的幼虫、蛹和成虫露出地表冻死，减少越冬数量，减轻翌年危害。清洁田园，在马铃薯播种前，清除田间的杂草或前茬残留物，以减少田间的卵和幼虫。合理轮作倒茬，也可有效减轻地老虎的危害，特别是发生严重的地块，与非茄科作物轮作倒茬两年以上。

（三）物理防治　3月底开始可利用黑光灯和糖醋液诱杀成虫。糖醋液配比即白糖6份、醋3份、白酒1份、水10份、90%的敌百虫1份调匀，放在盆内，每2亩放1盆，高度1.2米，每天补充1次醋，同时取出被扑杀的害虫。

（四）生物防治　保护利用天敌，如螳螂、蜘蛛、虎甲、步甲等。也可利用病原微生物白僵菌和绿僵菌防治地老虎幼虫。

（五）化学防治

1.播前药剂拌种　用50%辛硫磷乳油按种薯质量的0.2%拌种，兑水量为用药量的3～4倍，对于预防地老虎有非常不错的效果，也是常用的一种预防措施。

2.撒施毒土、毒饵和颗粒剂　每亩撒施1%敌百虫粉剂3～4千克加细土10千克掺匀；或用3%辛硫磷颗粒剂顺垄沟撒施；或用3%氯唑磷颗粒剂撒于苗根部，或用饵料（麸皮、豆饼）等5千克炒香，再加90%敌百虫30倍液0.15千克拌匀，加水适量，拌潮为度，傍晚时按每亩1.5～2.5千克撒于田间。

3.药剂喷雾防治　当田间发生危害时，可采用5%高效氯氟氰菊酯·辛硫磷乳油500倍液，均匀喷洒于播种沟内进行防治。

4.灌根　用40%辛硫磷乳油1 500～2 000倍液，在苗期灌根，每株50～100毫升。

第五节　蛴　　螬

一、形态特征

参考玉米虫害——蛴螬。

二、危害症状

在马铃薯田中，蛴螬主要啃咬、钻蛀刚播下的种薯及地下根、茎和块茎部分，当咬食茎后断口整齐，导致地上茎营养水分供应不足而枯死。当块茎膨大期被咬食后，会形成许多孔洞和缺刻，导致其品质降低，甚至会引发病原菌从伤口侵入，引起薯块腐烂变质。

三、生活习性及发生规律

参考玉米虫害——蛴螬。

四、综合防治措施

参考玉米虫害——蛴螬。

蛴螬危害状

第六节 蝼　蛄

一、形态特征

参考玉米虫害——蝼蛄。

二、危害症状

蝼蛄以成虫和若虫在土壤中活动，使土壤中形成纵横交错的隧道，用口器和前足开隧道时把马铃薯的地下茎或根分离成乱丝状，导致马铃薯营养供应不足枯萎而死。在块茎膨大期咬食块茎从而使其形成了许多孔洞和缺刻，大大降低了马铃薯的品质，严重时伤口感染块茎腐烂。有时也会咬食种薯幼芽，使芽茎不能生长，造成缺苗。

三、生活习性及发生规律

参考玉米虫害——蝼蛄。

四、综合防治措施

参考玉米虫害——蝼蛄。

第七节 金针虫

一、形态特征

参考玉米虫害——金针虫。

二、危害症状

金针虫以幼虫在土壤中通过钻蛀芽块、根和地下茎危害马铃薯。受害处不完全被咬断，断口不整齐，稍粗的根或茎很少被咬断，但会使根茎吸收营养受损，幼苗逐渐萎蔫或枯死。在马铃薯块茎膨大期危害时，薯肉内会形成一个孔道，降低了块茎的品质，有时会引起病原菌侵染导致薯块腐烂。

金针虫幼虫

三、生活习性及发生规律

参考玉米虫害——金针虫。

四、综合防治措施

参考玉米虫害——金针虫。

第八节 马铃薯瓢虫

马铃薯瓢虫 (*Henosepilachna vgintioctomaculata*) 又叫二十八星瓢虫、花大姐、花媳妇，是农业上重要的植食性害虫，主要危害马铃薯、茄子、辣椒、菜豆、黄瓜、白菜等多种蔬菜，也可取食龙葵、野苋菜等野生植物，但以马铃薯、茄子受害严重。主要分布在我国华北、西北、东北等马铃薯种植地区，以山区和半山区发生较重。内蒙古自治区随着马铃薯种植面积的不断增加，马铃薯瓢虫的危害也日趋严重，给马铃薯种植造成一定损失。20世纪80年代后在鄂尔多斯市开始对马铃薯造成危害，近年来，随着种薯调运频繁，规模化种植面积不断扩大，马铃薯瓢虫时有发生，尤其是乌审旗、鄂托克前旗、准格尔旗、伊金霍洛旗逐年发生。危害马铃薯严重时，每株上成虫虫口密度可达30～50个，将马铃薯叶片食光，导致减产10%～30%，甚至更多。

一、形态特征

1.成虫　体长7～8毫米，呈半球形，赤褐色，具黄褐色细毛，并且有白色反光，头部黑色。前胸背板中央有1个较大的剑状纹，两侧各有2个黑色小斑。鞘翅上有28个黑色斑点，故名二十八星瓢虫。

2.卵　高约1.4毫米，呈子弹头形，初产时鲜黄色，后变黄褐色，卵粒排列较松散。

3.幼虫　体长约9毫米，呈淡黄色纺锤形，背面隆起，体背各节有黑色枝刺。

4.蛹　长约6毫米，淡黄色，呈扁平椭圆形，背面有稀疏细毛，并有黑色斑纹，尾端包被着末龄幼虫蜕下的皮壳。

二、危害症状

马铃薯瓢虫主要危害茄科植物叶片，成虫和幼虫都可发生危害。幼虫危害马铃薯叶片时仅啃食叶肉，残留一层表皮，形成许多平行的线状纹。成虫及较大幼虫危害叶片较重，能将全叶食尽，仅留叶脉，严重危害时使受害叶片干枯、呈灰黑色，甚至引起植株全株死亡。

马铃薯瓢虫危害状

三、生活习性及发生规律

马铃薯瓢虫在鄂尔多斯市一般一年发生 1 ~ 2 代，以成虫在发生地附近背风向阳的石缝、草丛、灌木林下、土块下越冬。第二年 6 月上中旬越冬成虫开始在马铃薯上发生危害并进入产卵盛期，往往将卵产于马铃薯茎基部叶片背面。6 月下旬至 7 月中旬第一代幼虫出现，并开始发生危害，8 月中下旬羽化为成虫，9 月上旬开始化蛹，9 月下旬开始由田间向四处迁飞，之后进入越冬状态。成虫 10:00 ~ 16:00 较活跃，其余时间大多在马铃薯叶背面取食，具有假死性，受惊坠地。在鄂尔多斯市 7 月下旬至 8 月中下旬往往会产生越冬代，和第 1 代成虫重叠出现，也是马铃薯瓢虫严重危害期。马铃薯瓢虫食性杂，但其成虫必须取食马铃薯叶片后才能正常产卵，因此，可利用此特性进行合理轮作倒茬预防。一般株行距较小、枝叶繁茂、较荫蔽的田块受害较重。

四、综合防治措施

（一）加强监测预警　在常年发生重的地区做好监测预警，通过大田普查，准确掌握马铃薯瓢虫发生动态，及时发布马铃薯瓢虫预报和警报，科学有效指导应急防治和统防统治。

（二）农业防治　秋翻冬灌，在寄主植物收获后适时秋翻冬灌，破坏马铃薯瓢虫的越冬场所，降低成虫越冬基数。轮作倒茬，实行与非茄科蔬菜轮作倒茬，恶化其生活环境，中断其食物链，达到逐步降低害虫种群数量的目的。

（三）物理防治　利用马铃薯瓢虫具有假死的习性，在农事活动中，将其人工消灭；在越冬期间，根据其群居习性，清除越冬场所，消灭越冬成虫；在马铃薯瓢虫产卵盛期（鄂尔多斯市大约在 6 月下旬至 7 月上旬），根据卵颜色鲜艳、成块、容易发现的特点，及时人工摘除卵块。

（四）生物防治　可用 100 亿芽孢/克苏云金杆菌可湿性粉剂，每亩 10 千克，于马铃薯瓢虫大发生之前进行喷撒防治，或用 2.5% 鱼藤酮乳油 1 000 倍液进行喷雾防治。

（五）化学防治　当马铃薯瓢虫危害较重时，可选用 20% 氰戊菊酯乳油 1 500 倍液，或 4.5% 氯氰菊酯乳油 1 800 倍液，或 80% 敌敌畏乳油 1 000 倍液，或 50% 辛硫磷乳油 1 000 倍液等药剂进行交替喷雾防治，且尽量喷施于叶片背面。

第七章　向日葵病害发生与控制

第一节　向日葵锈病

　　向日葵锈病是向日葵的主要真菌病害。向日葵锈病在我国向日葵生产中较为常见，是影响向日葵生产的主要病害之一。全国向日葵主要种植区普遍发生，黑龙江省、内蒙古自治区等省份发生较为严重，大发生、大流行时可导致减产40%～80%。河套地区是内蒙古自治区向日葵主产区，也是锈病发生的主要区域。向日葵是鄂尔多斯市主要经济作物之一，2011—2019年，鄂尔多斯市向日葵年播种面积保持在45万～107万亩，向日葵锈病是主要病害之一，除2011年基本未发生外，其他年份发生面积在0.3万～5.2万亩次，其中：2015年和2016年发生面积最大，均为5.2万亩次，2017年危害最严重，造成实际损失3 280吨。

一、病原菌

　　向日葵锈病病原菌为向日葵锈菌（*Puccinia helianthi*），属于担子菌门担子菌亚门冬孢子纲锈菌目柄锈菌属，是一种具有性孢子、锈孢子、夏孢子、冬孢子、担孢子等5种不同孢子的单主寄生真菌。性子器聚生或散生在叶片正面，圆形，黄色。锈子器聚生在叶片背面，杯状，黄色。锈孢子球形或多角形，橙黄色。夏孢子堆椭圆形至圆形，黄褐色。夏孢子单生，卵圆形至球形，表面密生细刺，黄褐色。冬孢子堆近圆形，褐色至黑褐色。冬孢子双胞，分隔处稍缢缩，椭圆形至长圆形，两端钝圆，茶褐色。

二、危害症状

　　病原菌可侵染、危害向日葵叶片、叶柄、茎秆、花盘以及萼片等部位，主要危害叶片，尤其是生长中后期叶片，向日葵各个部位染病后都可形成点状铁锈色的孢子堆。生长前期至中期发病症状：主要是在叶片正面可发现黄褐色斑点，逐渐形成不规则的褪绿黄斑，黄斑上可见细微的小黑点（性子器）。相应的叶片背面出现病斑，并生出许多杯状的黄色小点（锈子器）。之后，向日葵各个部位出现黄褐色小疱（夏孢子堆），疱表皮破裂后可散出红褐色粉末（夏孢子），病害严重发生时，可布满叶片等部位，呈铁锈色，致使植株提前枯死。生长后期至收获发病症状：夏孢子堆及周围生出许多黑褐色的小疱（冬孢子堆），可散出黑色粉末（冬孢子）。在叶柄、茎秆、花盘以及萼片上的孢子堆情况与叶片上很相似，只是数量比较少，并且只能见到夏孢子堆和冬孢子堆。

三、发病条件及规律

　　病原菌可大量残留在田间废弃的茎秆、花盘上，以冬孢子在病残体上越冬，成为第二年的

向日葵锈病危害状

初侵染源。在条件适宜时，越冬后的冬孢子便可萌发产生担孢子，担孢子侵入向日葵幼叶正面形成性子器。相应的叶片背面产生锈子器，锈子器内充满锈孢子。锈孢子可飞散传播至向日葵各个部位，也可在原位直接萌发侵染叶片，形成夏孢子堆。夏孢子可借气流传播，进行多次扩大再侵染。向日葵接近成熟时，在产生夏孢子堆的地方，形成冬孢子堆，又以冬孢子越冬。该病发生与上年积累的病原菌数量、环境条件、种植品种等都有密切关系。从病原菌数量条件来看，病原菌数量越多，发生越严重；从湿度和温度环境条件来看，湿度是关键，温度是基础。降水量是向日葵锈病发生的关键，锈病发生主要是由一两次降水引起的，向日葵生长期降水多、降水间隔时间短、田间相对湿度大，易发病，相反，向日葵生长期降水少、降水间隔时间长、田间相对湿度小，则抑制锈病的发展。向日葵锈病的发生对温度也有一定要求，一般要求日平均气温稳定达到20℃，鄂尔多斯地区进入6月后，日平均气温才能稳定在20℃以上，因此，鄂尔多斯地区锈病主要始见于6月以后。从种植品种来看，早熟品种比中晚熟品种抗病，油用型品种比食用型品种抗病，杂交种比常规种抗病。向日葵从出苗至收获期间均可感染锈病，锈病发生呈现出生长前期发病轻、生长后期发病重的现象。锈病发生越早，大发生、大流行的可能性越大，损失越严重；发生越晚，大发生、大流行的可能性越小，损失亦少。向日葵生长前期感病，可减产40%以上，种子形成期感病，减产10%左右。

四、综合防治措施

（一）加强监测预警　向日葵锈病防控要坚持预防为主、综合防治，要防重于治。向日葵锈病的发生、危害与环境条件密切相关，因此，要广泛收集、整理、分析当地近年的降水、温度等气象资料，以及向日葵锈病发生、危害程度等资料，建立预测模型，及时发布向日葵锈病发生、危害的中长期和短期预报。向日葵种植者要结合当地向日葵锈病预测预报结果，密切关注发生动态，力争做到早预防、早发现、早防治，将危害损失率降到最低。

（二）农业防治

1.选用抗（耐）病品种　防治锈病最根本、最有效的措施是培育和选用抗（耐）病品种。要结合预测预报结果，对于锈病有可能大发生、大流行的年份，有针对性地选用油用型品种、早熟品种、杂交种，以提高抗（耐）病性，可选择种植新葵杂5号、新葵10号、JK518、白葵杂1号、辽葵杂1号、沈葵1号等。

2.适期早播　对锈病发生严重的地区，可以适期早播，鄂尔多斯地区可将播种期调整在4

月末至5月初。

3. **倒茬轮作**　可与玉米、小麦等禾本科作物实行3～6年的倒茬轮作。

4. **加强管理**　向日葵收获后，清除散落在田间地头的残株病叶、花盘等病残体，或进行深松深耕，最好实行30厘米以上的深松深耕，不仅能把病残体深埋土中，有利于减少病原菌数量，而且能打破犁底层，有利于向日葵健康生长。有条件的地区，还可以结合深松深耕同步推广秸秆粉碎还田技术，培肥地力，效果更佳。同时，要科学浇水施肥，及时中耕除草打杈，提高向日葵植株抗性。

5. **合理密植**　推行大小垄合理密植，鄂尔多斯地区一般采用大垄行距80厘米、小垄行距40厘米，食葵株距33厘米左右，亩留苗约3 300株，油葵株距27厘米左右，亩留苗约4 100株（行距、株距可根据向日葵株高、叶片情况等进行调整）。

（三）化学防治

1. **药剂拌种**　播种前，可用25%三唑醇可湿性粉剂按用种量的0.2%～0.3%进行干拌种，能有效减少锈病发生。

2. **喷施药剂**　发病初期，可喷施15%三唑酮可湿性粉剂1 000～1 500倍液，或25%丙环唑乳油2 000～3 000倍液，或12.5%烯唑醇可湿性粉剂2 500～3 000倍液，或50%硫黄悬浮剂300倍液，或70%代森锰锌可湿性粉剂1 000倍液+15%三唑酮可湿性粉剂2 000倍液，或25%丙环唑乳油4 000倍液+15%三唑酮可湿性粉剂2 000倍液。按药液量的0.3%加入中性洗衣粉，可有效提高药效。根据发病情况，隔15天左右喷施1次，喷施1～2次。施药时间应在10:00以前或16:00以后，施药后4小时内若遇雨应该重喷。

第二节　向日葵菌核病

向日葵菌核病又称白腐病，俗称烂盘病，是我国向日葵生产中极为常见、极为严重的真菌病害之一，发生范围广，防控难度大，危害损失大。全国向日葵主要种植区均有发生，内蒙古自治区、黑龙江省、吉林省、辽宁省等省份发生较为严重。向日葵各生育时期均可感病，发病率一般在50%左右，严重时可达80%以上，对向日葵的产量和品质均能造成重大影响，是向日葵生产中主要隐患。内蒙古自治区向日葵主要种植区域连年普遍发生。1996年以前，鄂尔多斯市种植的向日葵基本使用当地品种，自1996年起，大量引进外地种子，向日葵菌核病逐渐流行蔓延，主要发生在杭锦旗和达拉特旗沿河苏木乡镇的一些连作的河头地和下湿地。近年来，由于重茬严重，该地区向日葵菌核病菌源累积基数极大，因此连年发生，并常常呈现菌核病、黄萎病几种病害混合发生的态势。2011—2019年，鄂尔多斯市向日葵菌核病年发生面积在10万～26万亩次，其中：2018年发生面积最大，为26万亩次，2011年危害最严重，造成实际损失约7 000吨。

一、病原菌

向日葵菌核病病原菌为核盘菌（*Sclerotinia sclerotiorum*），属于子囊菌亚门盘菌纲柔膜菌目核盘菌科核盘菌属真菌。菌丝体绒毛状，白色。菌核形状大小各异，初期白色，逐渐变为浅灰绿色或灰黑色。菌核萌发形成子囊盘。子囊盘圆形、褐色，子囊盘内列生子囊和侧丝。子囊棍棒形、无色，内生8个子囊孢子。子囊孢子单胞，椭圆形，无色。

二、危害症状

病原菌可侵染、危害向日葵各个部位，造成根部、茎基、茎秆、叶片、花盘及种仁腐烂。

常见的类型有根腐型、花腐型（又称盘腐型）、茎腐型、叶腐型等4种症状，其中根腐型和花腐型受害较重。

1.根腐型　发病部位主要是茎基部和根部，苗期至成熟期均可发生。苗期染病症状：幼芽和胚根初生水渍状褐色斑，病斑扩展蔓延后发病部位腐烂，导致幼苗不能出土或虽能出土，随着病斑的不断扩展蔓延而逐渐萎蔫致死。成株期染病症状：根部和茎基部产生褐色病斑，逐渐扩展到根的其他部位和茎，继续向上或左右扩展，大病斑长度可达1米，病斑生有同心轮纹，湿度大时，病部长出白色菌丝和鼠粪状菌核，重病株逐渐萎蔫枯死，组织腐烂易折断，内部产生黑色菌核。

2.花腐型　向日葵开花后，在花盘背面生水渍状圆形褐色斑，可扩展至整个花盘，组织变软腐烂，湿度大时，长出白色菌丝，菌丝能穿过花盘在籽实间蔓延，最后形成大小不等的网状黑色菌核，可遍布花盘内外，籽粒不能成熟。

3.茎腐型　发生在向日葵成株期，向日葵茎部初生椭圆形褐色病斑，随后，病斑逐渐扩展，病斑中央呈浅褐色并具同心轮纹，病部以上叶片萎蔫，病斑处很少形成菌核。

4.叶腐型　叶片初生椭圆形褐色病斑，稍有同心轮纹，天气干燥时，病斑从中间裂开，穿孔或脱落，湿度大时，病斑迅速蔓延至全叶。

向日葵菌核病危害状

三、发病条件及规律

病原菌以菌核的形态在土壤内、病残体中及种子上越冬。第二年，当气温回升至5℃以上，土壤潮湿，菌核即可萌发产生子囊盘，子囊孢子成熟后便从子囊内弹射出去，可借气流传播，遇向日葵即可萌发侵染。该病发生与上年积累的病原菌数量、环境条件、种植品种等都有密切关系。从病原菌数量条件来看，在土壤内、病残体中以及种子上的病原菌数量越多，危害越重；从湿度和温度环境条件来看，病原菌生长对温度要求不严，湿度大时易发病。病原菌生长温限为0～37℃，最适温度为25℃。形成子囊盘的温限为5～20℃，最适温度为10℃。子囊孢子萌发的温限为0～35℃，最适温度为5～10℃。菌核形成的温限为5～30℃，最适温度为15℃。田间湿度在75%以上的条件下，子囊孢子最适于萌发，并侵染、危害向日葵；从种植品种来看，抗（耐）病品种发病轻。向日葵菌核病在向日葵整个生育期均可发病，在种子上越冬的病原菌可直接危害幼苗，菌核上长出的菌丝也可侵染茎基部引起腐烂。菌核埋入土中7厘米以上很难萌发。春季低温多雨，根腐型和茎腐型发病重，花期多雨，花腐型发病重。

四、综合防治措施

（一）加强监测预警　向日葵菌核病防控要坚持预防为主、综合防治，要防重于治。特别是向日葵菌核病的发生与田间湿度密切相关，因此，要充分利用气象预测预报结果，密切关注降水情况，力争做到早预防、早发现、早防治，将危害损失率降到最低。

（二）农业防治

1.选用抗（耐）病品种　因地制宜选用抗（耐）菌核病的向日葵品种对防治菌核病具有显著作用，内蒙古自治区可选用龙葵杂1号、龙葵杂3号、龙葵杂4号、龙葵杂5号、龙食葵2号、JK518、T33、巴葵118、白葵杂6号、CY101、S31等对菌核病有较强抗（耐）病性的品种。

2.适期晚播　在保证向日葵成熟的前提下，可适当推迟播种期，鄂尔多斯地区一般可将向日葵的播种期推迟至5月末左右。

3.倒茬轮作或套种　在菌核病发生严重的地块，可与玉米、小麦等禾本科作物实行3～6年的倒茬轮作，切忌与感病的寄主作物轮作，尤其不能与葫芦科、茄科、豆科等作物轮作。或采取小麦与向日葵套种的模式，有利于增强田间通风透光性，降低田间湿度，减少病原菌侵染。

4.加强管理　向日葵收获后，清除散落在田间地头的残株病叶、花盘等病残体，或进行深松深耕，最好实行30厘米以上的深松深耕，不仅能把病残体深埋土中，使菌核不萌发，有利于减少菌核数量，而且能打破犁底层，有利于向日葵健康生长。有条件的地区，还可结合深松深耕同步推广秸秆粉碎还田技术，培肥地力，效果更佳。同时，播种前要施入充足的腐熟农家肥，适量减少氮肥的使用量、增加磷钾肥的使用量。

5.合理密植　推行大小垄合理密植，鄂尔多斯地区一般采用大垄行距80厘米、小垄行距40厘米，食葵株距33厘米左右，亩留苗约3 300株，油葵株距27厘米左右，亩留苗约4 100株（行距、株距可根据向日葵株高、叶片情况等进行调整）。

（三）物理防治　向日葵种子可用35～37℃温水浸泡7～8分钟，并不断搅动，菌核吸水下沉，捞出上层种子晒干待播。种子内带菌，可用58～60℃温水浸泡10～20分钟，可有效杀灭种子传带的向日葵菌核病病原菌。

（四）生物防治　芽孢杆菌对向日葵菌核病有良好的防治效果，播种前，可按照用种量的

10%拌入芽孢杆菌粉剂。还可用枯草芽孢杆菌50倍液进行浸种处理，在向日葵生长期兼用枯草芽孢杆菌100倍液喷施处理，对防治向日葵菌核病效果更佳。另据报道，对核盘菌有拮抗作用的菌类有盾壳霉、蠕形青霉、绿色木霉、红蛋巢菌等。盾壳霉、蠕形青霉可寄生并杀死核盘菌的菌丝体和菌核，在大田试验中，盾壳霉可有效控制自然和人工接种发病的向日葵菌核病。

（五）化学防治

1.土壤处理　如是难以实现轮作的、向日葵菌核病发生严重的重茬地块，可亩用50%腐霉利可湿性粉剂250克，与细干土配成毒土，播种时，随种子施入垄沟或种穴中。

2.药剂拌种　发病严重的地块，播种前，可用40%菌核净可湿性粉剂按照用种量的0.3%～0.6%拌种，或用50%多菌灵可湿性粉剂500倍液浸种4小时以上。

3.喷施药剂　当向日葵现蕾后，可喷施40%菌核净可湿性粉剂800～1 200倍液，或60%多菌灵可湿性粉剂1 000倍液，或70%甲基硫菌灵可湿性粉剂1 000倍液，或50%腐霉利可湿性粉剂800～2 000倍液，或50%乙烯菌核利可湿性粉剂1 000倍液，重点喷施和保护花盘背面。根据发病情况，隔7～10天喷施1次，喷施1～3次。施药时间应在10:00以前或16:00以后，施药后4小时内若遇雨应该重喷。

第三节　向日葵黄萎病

向日葵黄萎病是向日葵的主要真菌病害。向日葵黄萎病在我国向日葵主产区均有发生，尤其在温带地区经常发生，辽宁省、吉林省、河北省、内蒙古自治区等省份发生较为严重，这些地区发病率达到10%左右，严重的最高可达到100%。该病对向日葵产量影响很大，发病严重的可减产50%以上，甚至绝收。在内蒙古自治区西部地区病害发生危害较为严重。在鄂尔多斯市，向日葵黄萎病主要发生在杭锦旗和达拉特旗沿河苏木乡镇的一些连作的河头地和下湿地，重茬严重，菌源量大，并常常呈现黄萎病、菌核病几种病害混合发生的态势。2011—2019年，鄂尔多斯市向日葵黄萎病年发生面积在8万～20万亩次，其中，2018年发生面积最大，为20万亩次，2011年危害最严重，造成实际损失约5 000吨。

一、病原菌

向日葵黄萎病病原菌为黄萎轮枝菌（或称黑白轮枝菌）（*Verticillium albo-atrum*），属于半知菌亚门真菌。菌丝分隔、膨大、黑色，胞壁增厚形成厚垣孢子状至念珠状，不产生微菌核。分生孢子长卵形，有时具1个隔膜，老熟分生孢子梗基部暗色。此外，有报道称，大丽菌轮枝孢（*Verticillium dahliae*）也是该病病原，属于半知菌亚门淡色孢科轮枝菌属真菌。病原菌休眠体为微菌核，是由菌丝分隔、膨大、芽殖形成的形状各异的紧密的组织体。孢子梗常由1个顶枝和2～4层轮枝组成，每轮有小枝3～4根，每小枝顶生一至数个分生孢子，分生孢子单胞，长卵圆形，无色。

二、危害症状

病原菌的侵染、危害主要发生在向日葵苗期和开花期，田间的症状多从向日葵下层叶片显症。发病初期症状：叶尖和叶肉部分开始褪绿，接着，整个叶片的叶肉组织褪绿，叶缘和侧脉之间发黄，后转褐色。叶片常在被侵染的一侧表现出萎蔫、干枯状，俗称"半身不遂"；发病后期症状：病情逐渐向上位叶扩展蔓延，发病重的植株，下部叶片全部枯死，中位叶片呈现斑驳状。田间湿度大时，叶片两面和茎部均可出现白霉。横剖病茎，可见维管束褐变。

向日葵黄萎病危害状

三、发病条件及规律

　　病原菌在土壤内、病残体中以及种子上（种子、果皮带菌，胚和胚乳均不带菌）越冬，病原菌可在土壤中长期存活。向日葵播种后，如条件适宜，病原菌可直接从幼根或伤口侵入幼苗发病，并沿着维管束向上逐渐蔓延扩展，直到花盘和籽实。该病发生与上年积累的病原菌数量、环境条件、种植品种等都有密切关系。从病原菌数量条件来看，该病是典型的土传病害，土壤中（包括病残体中以及种子上）的病原菌数量是黄萎病能否发生、流行的先决条件。土壤中（包括病残体中以及种子上）的病原菌数量积累越多，危害越重。从湿度和温度环境条件来看，气候条件是向日葵黄萎病能否发生、流行的重要外在因素，病原菌生长温限为10～33℃，以23℃最适。温度23℃左右，田间相对湿度80%以上，是该病大发生、大流行的关键因子。从种植品种来看，向日葵不同品种间对黄萎病的抗（耐）病性存在明显差异，抗（耐）病品种发病轻。病原菌潜伏期随生育时期和温度而异，一般7天左右。另外，地势低洼地块发病重、春播较夏播发病重。

四、综合防治措施

　　（一）加强监测预警　　按照早预警、早发现、早防控的要求，充分利用向日葵黄萎病监测预警系统和设备，准确掌握黄萎病的发生动态，及时发布黄萎病预报和警报。向日葵种植者要根据监测预警结果，结合生产实际，及时观察黄萎病发生情况，在最佳防治时间进行科学防控。

　　（二）农业防治

　　1.选用抗（耐）病品种　　因地制宜选用抗（耐）黄萎病的向日葵品种对防治黄萎病具有显著的作用，内蒙古自治区可选用JK601、巴葵138、CY101、S26等对黄萎病有较强抗（耐）病性的品种。

　　2.适期晚播　　在保证向日葵成熟的前提下，可适当地推迟播种期，鄂尔多斯地区一般可将向日葵的播种期推迟到5月末左右。

3.倒茬轮作或套种　在黄萎病发生严重的地块，可与玉米、小麦等禾本科作物实行3～6年的倒茬轮作，切忌与感病的寄主作物轮作，尤其不能与葫芦科、茄科、豆科等作物轮作。或采取小麦与向日葵套种的模式，有利于增强田间通风透光性、降低田间湿度、减少病原菌侵染。

4.加强管理　向日葵收获后，清除散落在田间地头的残株病叶、花盘等病残体，或进行深松深耕，最好实行30厘米以上的深松深耕，不仅能把病残体深埋土中，加速其分解，使病原菌窒息死亡，减轻发病，而且能打破犁底层，有利于向日葵健康生长。有条件的地区，还可以结合深松深耕同步推广秸秆粉碎还田技术，培肥地力，效果更佳。同时，要适量减少氮肥的使用量、增加磷钾肥的使用量。避免大水漫灌，防止田间积水，减少田间湿度。

5.合理密植　推行大小垄合理密植，鄂尔多斯地区一般采用大垄行距80厘米、小垄行距40厘米，食葵株距33厘米左右，亩留苗约3 300株，油葵株距27厘米左右，亩留苗约4 100株（行距、株距可根据向日葵株高、叶片情况等进行调整）。

（三）生物防治　利用枯草芽孢杆菌可湿性粉剂，按照用种量的10%～15%进行拌种，可有效防治黄萎病，如在向日葵播种时，亩兼施用25千克枯草芽孢杆菌颗粒剂，效果更佳。还可用嘧啶核苷类抗菌素水剂50倍液，于向日葵播种前进行处理土壤。

（四）化学防治

1.药剂拌种　播种前，可选用50%多菌灵可湿性粉剂，或50%甲基硫菌灵可湿性粉剂，按用种量的0.5%拌种。

2.灌根处理　根据发病情况，可用20%萎锈灵乳油400倍液灌根，每株灌药液0.5升左右。

3.喷施药剂　发病初期，可选用50%多菌灵可湿性粉剂500倍液，或64%噁霜·锰锌可湿性粉剂1 000倍液，或70%代森锰锌可湿性粉剂600倍液，或77%氢氧化铜可湿性粉剂400倍液，或70%甲基硫菌灵可湿性粉剂1000倍液进行喷雾防治。根据发病情况，隔10天左右喷施1次，喷施1～2次。施药时间应在10:00以前或16:00以后，施药后4小时内若遇雨应该重喷。

第四节　向日葵霜霉病

向日葵霜霉病是向日葵的主要真菌病害。向日葵霜霉病是一种具有流行病特征的病害，目前，在我国主要分布在东北、西北、华北和西南局部地区，还属于零星发生。在适宜的气候条件下，向日葵霜霉病严重发生时，可使70%～80%的植株死亡，并显著降低向日葵种子的发芽率和含油量。向日葵霜霉病是内蒙古自治区重要的检疫性病害。2011—2019年，鄂尔多斯市未发现向日葵霜霉病。

一、病原菌

向日葵霜霉病病原菌为霍尔斯轴霜霉（或称向日葵单轴霉）（*Plasmopara halstedii*），属于鞭毛菌亚门卵菌纲霜霉目霜霉科单轴霉属真菌。孢囊梗单轴式，呈直角分枝，顶端钝圆。孢子囊卵圆形、椭圆形至近球形，顶端有浅乳突，无色。卵孢子球形，黄褐色。

二、危害症状

向日葵苗期、成株期和生长后期均可受到向日葵霜霉病病原菌的侵染和危害，表现出的症状各不相同。

1.苗期染病症状　一般情况下，在向日葵第一对真叶展开时开始出现症状，叶片染病后，叶片正面沿着叶脉开始出现褪绿斑块，叶片背面可见绒状白色霉层，这便是病原菌的孢囊梗和孢子囊，可导致向日葵植株生长缓慢，甚至不生长。如果病原菌侵染幼苗较为严重，还可造成幼苗猝倒、枯死甚至未出土就死亡。

2.成株期染病症状 起初，在靠近叶柄处出现淡绿色褪色斑，接着，沿着叶脉逐渐向两侧扩展，随后，变成黄色并向叶尖蔓延，出现褪绿黄斑。如果田间湿度大，叶片背面沿着叶脉间甚至整个叶片背面出现厚密的绒状白色霉层。

3.生长后期染病症状 叶片变成焦枯状，呈褐色，茎顶端呈现玫瑰花状，与正常的向日葵植株相比，病株矮化、节间缩短、叶柄缩短、茎秆变粗，随着病情扩展，花盘畸形，常不弯垂，并且失去向阳性，开花期延长，结实率降低甚至不结实。严重感病的植株多在早期死亡。

向日葵霜霉病危害状

三、发病条件及规律

病原菌主要以菌丝（体）和卵孢子的形式潜藏在内果皮和种皮中，病残体中和土壤内也带有病原菌，向日葵霜霉病还可随带病原菌的种子传播蔓延。当春季气温回升，田间温湿度条件适宜，在病残体中和土壤内越冬的卵孢子便可萌发形成游动孢子囊，种植的带病原菌种子也可以直接形成游动孢子囊。接着，游动孢子囊产生并释放游动孢子侵入向日葵，形成全株侵染症状，如果天气潮湿温暖，发病部位可形成霉层，其孢子囊可借风传播造成再侵染。该病发生与病原菌数量、环境条件、种植品种等都有密切关系。从病原菌数量条件来看，病原菌数量是霜霉病能否发生、流行的先决条件，在种子上、病残体中和土壤内的病原菌越多，危害越重。从湿度和温度环境条件来看，播种至苗期，温湿度是霜霉病能否发生、流行的重要外在因素，发病适宜温度为16~26℃，遇有高湿条件，容易引起幼苗发病。向日葵进入成株期后，对温湿度条件变得不敏感，其抗病性显著增强。从种植品种来看，向日葵不同品种间对霜霉病的抗（耐）病性存在明显差异，抗（耐）病品种发病轻。向日葵霜霉病属于系统性侵染病害。该病有潜伏侵染现象，即播种带病原菌的向日葵种子，当年长出的植株，只有少数植株出现系统侵染症状，大多数植株不表现症状，为无症带菌。向日葵整个生育期均可发病，从种子发芽到第一对真叶出现是感病的敏感期。一般情况下，春季降水多、土壤湿度大、播种过深、地下水位过高发病重，播种早发病轻，旱地发病轻。

四、综合防治措施

（一）加强监测预警 充分利用农作物重大病虫害数字化监测预警系统等手段，及时准确预警，指导农牧民科学防控。特别是要加强产地检疫、调运检疫工作，严禁从病区、疫区引种，对非疫区引进的向日葵种子，要检测向日葵种子的内果皮和种皮，明确是否带病，确保引进的外来种子不带病。同时，要建立无病留种田，保障向日葵产业健康发展。

（二）农业防治

1.倒茬轮作　向日葵与禾本科农作物实行3～6年的倒茬轮作。

2.选用抗（耐）病品种　可种植辽葵2号、KWS303、S31、美国G101、诺葵212等抗（耐）病品种。

3.适期播种，种植不宜过迟。

4.合理密植　推行大小垄合理密植，鄂尔多斯地区一般采用大垄行距80厘米、小垄行距40厘米，食葵株距33厘米左右，亩留苗约3 300株，油葵株距27厘米左右，亩留苗约4 100株（行距、株距可根据向日葵株高、叶片情况等进行调整）。

5.加强管理　田间发现病株及时彻底拔除、销毁处理，并喷药或灌根，防止病情扩展。秋收后清除田间地头病残体，减少越冬菌源。

（三）物理防治　可采用58～60℃温水浸种10～20分钟，可有效杀灭种子传带的向日葵霜霉病病原菌。

（四）化学防治

1.药剂拌种　播种前，对于发病严重的地块，用25%甲霜灵可湿性粉剂，或50%福美双可湿性粉剂按用种量0.5%拌种。

2.喷施药剂　苗期和成株期发病，可喷施58%甲霜·锰锌可湿性粉剂1 000倍液，或25%甲霜灵可湿性粉剂1 000倍液，或64%噁霜·锰锌可湿性粉剂800倍液，或72%霜脲·锰锌可湿性粉剂800倍液。根据发病情况，隔7～10天喷施1次，喷施1～3次。对上述杀菌剂产生抗药性的地块，可改用69%烯酰·锰锌可湿性粉剂1 000倍液。喷药时，加入0.01%芸薹素内酯类植物生长调节剂能够促进病株尽快恢复生长，可提高防治效果。施药时间应在10:00以前或16:00以后，施药后4小时内若遇雨应该重喷。

第五节　向日葵褐斑病

向日葵褐斑病又称斑枯病，是我国向日葵种植区广泛发生的重要真菌病害，也是内蒙古自治区、黑龙江省、吉林省、辽宁省等省份较为常见的一种病害，具有发生范围广、危害损失大的特点，严重发生时，对向日葵产量和品质都有较大影响，产量损失可达20%～50%。2011—2020年，向日葵褐斑病在鄂尔多斯市仅2020年发生较为严重，发生面积5万亩次，其他年份基本未发生。

一、病原菌

向日葵褐斑病病原菌为向日葵壳针孢（*Septoria helianthi*），属于半知菌亚门球壳孢目球壳孢科球壳孢属真菌。分生孢子器散生于叶片两面，单生或聚生，突出表皮，近球形至球形，暗褐色。分生孢子鞭形、略弯，基部较钝、顶端稍尖，具有2～5个隔膜，无色透明。

二、危害症状

病原菌可侵染、危害向日葵子叶、真叶、叶柄及茎秆等部位，由于侵染时间和侵染部位不同，表现出的症状各不相同，以叶片受害为主。

1.子叶染病症状　初期散生小圆形褐色病斑、凹陷，后期散生小黑点。

2.**真叶染病症状** 幼苗期开始散生较小的圆形黄色病斑，随后，病斑不断扩大，病斑正面呈现褐色，病斑外围生有黄色晕圈，病斑背面呈现灰白色。进入成株期，初期叶片上形成不规则或多角形的褐色病斑，病斑外围有时生有黄色晕圈，病斑中央呈现灰色，后期病斑上面生出小黑点，即病原菌分生孢子器。发病重的叶片，病斑容易脱落或穿孔，病斑还能汇合连片，致使整个叶片枯死。

3.**叶柄及茎秆染病症状** 病斑呈狭长条形、褐色。

向日葵上还经常发生另外一种叶斑病，即向日葵黑斑病，两者危害症状比较相近，主要不同点是：黑斑病的病斑相对较大，具同心轮纹，当田间湿度大时，病斑上生出褐色霉状物。

向日葵褐斑病危害状

三、发病条件及规律

病原菌以分生孢子器和菌丝的形式在向日葵病残体上越冬，分生孢子器在土壤中能存活4～5年，残留在田间或混杂在种子间的病残体是该病的主要初侵染源。当温湿度条件适宜时，分生孢子便从分生孢子器中散出，借风、雨传播蔓延，进行初侵染和再侵染，造成危害。该病发生与病原菌数量、环境条件、种植品种等都有密切关系。从病原菌数量条件来看，病原菌数量越多，危害越严重。从温湿度环境条件来看，较高的温湿度易造成病害大发生、大流行。当日平均气温达到18℃就可发病，病原菌生长最适温度为23～26℃。如果田间空气相对湿度连续多日在80%以上，病害就会重发生。如果田间空气相对湿度低于80%，病害就会逐渐趋于稳定。在干旱无雨的情况下，一般不会发生病害。从种植品种来看，向日葵不同品种对褐斑病的抗（耐）病性存在明显差异，抗（耐）病品种发病轻。种子带菌对远距离传播病害起主要作用。病原菌一般先侵染、危害向日葵下部叶片，下部叶片发病后，病斑上产生的分生孢子又可以借风、雨进行多次再侵染，病害便由下部叶片逐步向上扩展蔓延。向日葵在苗期、成株期均可发病，成株期受害较重，老龄叶片易感病。在多雨湿度大的年份发病较重。通风透光性差、地势低洼、排水不良的地块发病重。连作地、黏土地发病重。

四、综合防治措施

（一）**加强监测预警** 向日葵褐斑病防控要坚持预防为主、综合防治，要防重于治。向日葵褐斑病的发生、危害与环境条件密切相关，因此，要广泛收集、整理、分析当地近年的降水、温度等气象资料，以及向日葵褐斑病发生、危害程度等资料，建立预测模型，及时发布向日葵褐斑病发生、危害的中长期和短期预报，力争做到早预防、早发现、早防治，将危害损失率降到最低。

（二）农业防治

1.选用抗（耐）病品种　因地制宜选用抗（耐）褐斑病的向日葵品种对防治褐斑病具有显著的作用，各地可根据当地的气候条件选用白葵6号、龙葵杂3号、龙葵杂4号、龙葵杂5号、龙食葵2号等对褐斑病有较强抗（耐）病性的品种。

2.适期播种　向日葵开花期对病害反应较为敏感，开花期遇上高温高湿，病害就有大发生、大流行的风险。可根据当地的物候期，采取春播早种、夏播晚种等方式，调整播种期，从而调整开花期，减轻病害发生。也可在向日葵开花前喷施壮穗灵等，强化向日葵生理机能。

3.倒茬轮作　可与玉米、小麦等禾本科作物实行3年以上的倒茬轮作。

4.加强管理　向日葵收获后，清除散落在田间地头的残株病叶、花盘等病残体，铲除自生苗，减少病原菌数量。或进行深松深耕，最好实行30厘米以上的深松深耕，不仅能把病残体深埋土中，减轻发病，而且能打破犁底层，有利于向日葵健康生长。有条件的地区，还可以结合深松深耕同步推广秸秆粉碎还田技术，培肥地力，效果更佳。同时，要适量减少氮肥的使用量、增加磷钾肥的使用量。避免大水漫灌、防止田间积水、减少田间湿度。发病初期，及时打掉向日葵下部叶片、病叶。

5.合理密植　推行大小垄合理密植，鄂尔多斯地区一般采用大垄行距80厘米、小垄行距40厘米，食葵株距33厘米左右、亩留苗约3 300株，油葵株距27厘米左右，亩留苗约4 100株（行距、株距可根据向日葵株高、叶片情况等进行调整）。

（三）物理防治　可采用58～60℃温水浸种20分钟，可有效杀灭种子传带的向日葵褐斑病病原菌。

（四）化学防治

1.药剂拌种　播种前，对于发病严重的地块，可用50%福美双可湿性粉剂按用种量0.5%拌种。

2.喷施药剂　可喷施30%碱式硫酸铜悬浮剂400～500倍液，或25%嘧菌酯悬浮剂1 500倍液，或50%多菌灵可湿性粉剂500倍液，或50%苯菌灵可湿性粉剂1 500倍液。根据发病情况，隔10天左右喷施1次，喷施1～2次。喷药时，加入0.01%芸薹素内酯类植物生长调节剂能够促进病株尽快恢复生长，可提高防治效果。施药时间应在10:00以前或16:00以后，施药后4小时内若遇雨应该重喷。

第六节　向日葵黑斑病

向日葵黑斑病是向日葵的主要真菌病害。向日葵黑斑病在中国向日葵各种植区均有发生和危害，辽宁省、内蒙古自治区、黑龙江省、吉林省等省份普遍发生，是向日葵主要病害之一，严重影响向日葵籽粒产量和含油量，该病害一般可造成减产10%～20%，特别严重时可减产50%以上，个别地块甚至绝收。2011—2019年，向日葵黑斑病在鄂尔多斯市仅2013年发生较为严重，发生面积0.5万亩次，其他年份基本未发生。

一、病原菌

引起向日葵黑斑病的病原有8种，其中*A. helianthi*为优势病原菌，1969年，Tubaki和Nishihara将向日葵黑斑病病原菌学名定为（*Alternaria helianthi*），称为向日葵链格孢，属于半知菌亚门真菌。该病原菌分生孢子梗多单生，罕簇生，直或微弯，有时屈膝状，平滑，分隔，苍白色至青褐色。分生孢子多单生或偶成短链，直立，圆筒形或罕倒棍棒状，末端圆，平滑，具 2 ～ 12 个横隔，偶见 1 ～ 3 个纵隔或斜隔膜，近无色至中等浅榄色或金属色。

二、危害症状

病原菌可侵染、危害向日葵叶片、叶柄、茎秆及花盘等部位，由于侵染时间和侵染部位不同，表现出的症状各不相同，以叶片受害为主。

1.叶片染病症状　初期在主脉的两侧散生小圆形暗褐色病斑，随后，病斑逐渐扩大，呈椭圆形、圆形或不规则形，大病斑中央浅灰褐色，边缘褐色，病斑外围常有黄绿色晕圈，病斑上有时生有同心轮纹。后期，当田间湿度大时，病斑上生出灰褐色至灰白色的霉状物，发病重的叶片，邻近的几个病斑常相互融合形成大块枯斑，老病斑多数破裂穿孔，致使整个叶片凋萎、枯死。

2.叶柄染病症状　叶柄上现圆形、椭圆形或梭形黑褐色病斑，病情严重时，叶柄干枯、掉落。

3.茎秆染病症状　茎秆上生有黑褐色椭圆形、梭形或纺锤形长斑，由下向上扩展蔓延，互相融合，可使茎秆全部变褐。

4.花盘染病症状　花托染病生凹陷椭圆形至圆形褐色病斑。葵盘染病生圆形至梭形具同心轮纹的褐色至灰褐色病斑，中央灰白色。花瓣和花萼染病通常产生褐色小斑点。

向日葵黑斑病危害状

三、发病条件及规律

病原菌以菌丝的形式在向日葵种子中、病残体上和土壤中越冬，并能存活 3 ～ 4 年，播种带病的种子，幼苗出土后即引起苗枯或叶斑，但种子的带菌量较少，病残体上的病原菌是该病的主要初侵染源。当温湿度条件适宜时，病斑上产生的分生孢子借风、雨传播蔓延，进行初侵染和再侵染，造成危害。该病发生与病原菌数量、环境条件、种植品种等都有密切关系。从病原菌数量条件来看，病原菌数量越多，危害越严重。从气象因子等环境条件来看，在大量病原菌存在的前提下，气象因子对病害发生有着巨大的影响，特别是田间温湿度是病害流行的主导因素，较高的温湿度易造成病害大发生、大流行。病原菌分生孢子萌发温限为 5 ～ 35℃，最适温度为 25 ～ 30℃，潜育期为 2 ～ 13 天。田间空气湿度大时易发病。从种植品种来看，向日葵不同品种对黑斑病的抗（耐）病性存在明显差异，抗（耐）病品种发病轻。种子带菌对远距离传播病害起主要作用。病原菌一般先侵染、危害向日葵下部叶片，下部叶片发病后，病斑上产生的分生孢子又可以借风、雨进行多次再侵染，病害便由下部叶片逐步向上扩展蔓延。向日葵各生育阶段均可发病，一般向日葵现蕾开花前发病较轻，开花后发病加重。高温多雨年份发病重。连作地易发病，播种早的向日葵易发病。

四、综合防治措施

（一）加强监测预警　防控向日葵黑斑病要坚持预防为主、综合防治，要防重于治。向日葵褐斑病的发生、危害与环境条件密切相关，因此，要广泛收集、整理、分析当地近年的降水、温度等气象资料，以及向日葵黑斑病发生、危害程度等资料，建立预测模型，及时发布向日葵黑斑病发生、危害的中长期和短期预报，力争做到早预防、早发现、早防治，将危害损失率降到最低。

（二）农业防治

1.选用抗（耐）病品种　因地制宜选用抗（耐）黑斑病的向日葵品种对防治黑斑病具有显著的作用，各地可根据当地的气候条件选用龙葵杂3号、龙葵杂4号、龙葵杂5号、龙食葵2号、KWS203等对黑斑病有较强抗（耐）病性的品种。

2.适期播种　向日葵开花期对病害反应较为敏感，开花期遇上高温高湿，病害就有大发生的风险。可根据当地的物候期，采取春播早种、夏播晚种等方式，调整播种期，从而调整开花期，减轻病害发生。

3.倒茬轮作　可与玉米、小麦等禾本科作物实行3年以上的倒茬轮作。

4.加强管理　向日葵收获后，清除散落在田间地头的残株病叶、花盘等病残体，减少病原菌数量。或进行深松深耕，最好实行30厘米以上的深松深耕，不仅能把病残体深埋土中，减轻发病，而且能打破犁底层，有利于向日葵健康生长。有条件的地区，还可结合深松深耕同步推广秸秆粉碎还田技术，培肥地力，效果更佳。同时，要推广测土配方施肥技术。发病初期，及时打掉向日葵下部叶片、病叶。五是合理密植。推行大小垄合理密植，鄂尔多斯地区一般采用大垄行距80厘米、小垄行距40厘米，食葵株距33厘米左右，亩留苗约3 300株，油葵株距27厘米左右，亩留苗约4 100株（行距、株距可根据向日葵株高、叶片情况等进行调整）。

（三）物理防治　可采用50～60℃温水浸种20分钟，可有效杀灭种子传带的向日葵黑斑病病原菌。

（四）生物防治　荧光假单胞菌可增强寄主防御酶（过氧化物酶、过氧化氢酶）的活性，起到抵抗种传真菌（如 *Alternaria*）的作用。Prasad用荧光假单胞菌处理向日葵种子后，出苗率可达92%～100%，并降低了幼苗发病率。另有报道表明，黑曲霉的培养滤液可降低病原菌孢子萌发的数量，并能控制芽管伸长。

（五）化学防治　目前，已研制并筛选出许多对向日葵黑斑病病原菌有效的杀菌剂，如福美双、环唑醇、百菌清、多菌灵、代森锰锌、异菌脲等。在病害的防控过程中，可以采取以下措施。

1.药剂拌种　播种前，对于发病严重的地块，可用50%福美双可湿性粉剂，或70%代森锰锌可湿性粉剂按用种量的0.3%拌种。

2.喷施药剂　发病初期，要及时喷施70%代森锰锌可湿性粉剂400～600倍液，或25%嘧菌酯悬浮剂1 500倍液，或75%百菌清可湿性粉剂800倍液，或50%异菌脲可湿性粉剂1 000倍液。根据发病情况，隔10天左右喷施1次，喷施1～2次。代森锰锌和多菌灵进行复配后，防治效果更加。施药时间应在10:00以前或16:00以后，施药后4小时内若遇雨应该重喷。

第八章　向日葵虫害发生与控制

第一节　向日葵螟

向日葵螟（*Homoeosoma nebulella*）又称葵螟，主要分布于我国黑龙江省、吉林省、新疆维吾尔自治区、内蒙古自治区等地，是内蒙古自治区西部地区危害向日葵的主要害虫之一，鄂尔多斯市杭锦旗、达拉特旗等向日葵主要种植区每年都有不同程度的发生，近年来，随着产业结构调整，向日葵种植面积不断加大，向日葵螟发生也日趋严重，对向日葵产业发展已构成较大威胁。

一、形态特征

1. 成虫　灰褐色，体长8～12毫米，翅展20～27毫米，雌蛾稍大。前翅狭长，灰褐色，近中央处有4个黑斑，外侧翅端1/4处有1条与外缘平行的黑色斜条纹。后翅浅灰褐色，比前翅宽，具有暗褐色脉纹和边缘。触角丝状，灰褐色，基节粗大，较其他节长3～4倍。成虫静止时，前后翅紧贴体两侧，与向日葵种子很相似。

2. 卵　乳白色，椭圆形，长0.8毫米，宽0.4毫米左右。卵壳有光泽，具不规则浅网纹，有的卵粒在一端有1圈立起的褐色胶膜圈。

3. 幼虫　有4个龄期。淡黄褐色，腹面浅黄绿色，背面有3条暗褐色纵带，前胸背板淡黄色，头部淡褐色。气门黑色，腹足趾钩为双序整环，易与桃蛀螟和玉米螟相区别。老熟幼虫体长13～17毫米。

向日葵螟成虫

向日葵螟幼虫

4. 蛹　黄褐色，羽化前呈暗褐色，长9～12毫米，腹部背面第1～10节都有圆刻点，腹面仅第5～10节有圆刻点，腹部末端有8根刺钩。蛹存于鲜黄色或灰白色丝质茧中。

二、危害症状

主要以幼虫危害向日葵花盘和种子。一至二龄幼虫取食向日葵筒状花和花粉，多数幼虫在三龄后蛀食向日葵籽粒，吃掉部分或全部种仁，形成空壳，在花盘上蛀成隧道，并吐丝结网将虫粪及取食后的碎屑粘连，状如丝毡，据此可识别向日葵螟危害。受害花盘遇雨后多因粪便、残渣等污染导致发霉腐烂，严重影响向日葵产量和品质。

向日葵螟危害状

三、生活习性及发生规律

向日葵螟成虫有趋光性，昼伏夜出，白天潜伏在向日葵地附近的杂草地里，受惊后可进行短距离飞行，19:00左右开始活动，20:00 ~ 21:00活动量最大，在花盘上取食花蜜，交配产卵，卵多散产在向日葵花盘上的开花区内，在花药圈内壁最多，其次是在花柱和花冠上。

向日葵螟在内蒙古自治区中西部地区一年发生2代，危害向日葵的主要是第一代。以老熟幼虫作茧在土壤中越冬，入土深度多为0 ~ 4厘米。越冬幼虫4月下旬开始化蛹，5月中旬开始羽化，但此时羽化的成虫由于缺乏开花寄主而无法产卵危害。越冬代雄蛾峰期出现在6月下旬至7月上旬，第一代幼虫在6月末开始危害茼蒿，7月下旬开始危害开花的向日葵。第一代蛹于7月下旬开始羽化产卵形成第二代，第一代雄蛾峰期出现在8月中旬左右，第二代幼虫自8月中旬起危害晚开花的向日葵，9月中旬幼虫老熟后陆续入土越冬。但至收获时仍有部分幼虫未老熟而随收获的葵花盘转至筛选出的杂质中越冬。

四、综合防治措施

（一）农业防治　选用抗虫品种，油用向日葵较食用向日葵受害轻，硬壳层形成快的品种受害轻或不受害。调整播期，避开或缩短向日葵花期与向日葵螟成虫发生期的重叠时间，从而减轻对向日葵花盘的危害。实行秋翻冬灌，将大量越冬虫茧翻压入土25厘米以下，春季在向日葵螟成虫出土前进行整地镇压，阻止幼虫出土，减少越冬虫源。同时清除田间遗留的向日葵病残体和收获时清选出的带虫籽粒，以及向日葵田附近的野生向日葵及刺儿菜等向日葵螟的野生寄主。

（二）物理防治　利用频振式杀虫灯诱杀成虫，在通电条件较为方便的田间或村边，每隔120米安置一盏频振式杀虫灯，每盏灯控制面积为50 ~ 60亩，从成虫羽化始期开始，利用趋光性消灭成虫，天黑开灯，天亮关灯。种植诱虫植物，在向日葵田四周，种植茼蒿等诱虫植物，可将向日葵螟集中诱集在茼蒿田内，统一进行扑杀，以降低下一代虫口密度。

（三）生物防治

1.释放赤眼蜂　在向日葵螟产卵期释放，通过赤眼蜂寄生向日葵螟卵，以降低幼虫危害，通常在向日葵开花量分别达到20%、50%和80%时，分3次放蜂，总释放量为每亩8万头。

2.性诱剂诱杀　在成虫高峰前至向日葵花期以后，每公顷悬挂25～30枚性诱剂诱捕器诱杀向日葵螟雄虫，诱捕器在田间按棋盘式等距离放置。

3.应用生物农药　在向日葵开花初期喷洒苏云金杆菌可湿性粉剂防治幼虫，每公顷用药0.75～1.5千克；也可用白僵菌防治向日葵螟幼虫，每亩施菌量5万亿孢子。

（四）化学防治　要抓住幼虫尚未蛀入籽粒（幼虫一至二龄期间）这一关键时期进行施药防治。可选用的药剂有90%敌百虫可溶粉剂500～1 000倍液，或2.5%溴氰菊酯乳油1 000倍液，或4.5%高效氯氰菊酯乳油800倍液等。在7月末至8月初成虫盛发期，可用敌敌畏烟剂或用敌敌畏高粱秆熏蒸（80%敌敌畏乳油浸高粱秆后插入田间），隔3～5天，根据虫量再施放1次。

喷药时要注意在成虫产卵高峰期用药，选择高效、低毒、低残留农药，避免葵花籽农药残留超标，尽量选用生物农药防治。向日葵属于高秆作物，通风较差，进行化学喷雾防治时，避免中午等气温较高时施药，并做好安全防护措施。喷药前要通知养蜂户管理好蜜蜂，以防蜜蜂中毒。另外在防虫打药的向日葵田中，要加强人工辅助授粉，以提高向日葵结实率，减少空壳。

第二节　棉 铃 虫

棉铃虫（*Helicoverpa armigera*）是一种重要的农业害虫，其适生区域广、寄主广泛、发生代次多，具较强的繁殖力、迁飞性和抗药性，广泛分布在我国各地，20世纪90年代以来发生多次大暴发，寄主植物多达200余种。近几年，随着种植结构调整以及适生性增加，棉铃虫在粮、油、棉、豆、菜、果等多种作物上发生危害加重。鄂尔多斯市2017年首次发现棉铃虫发生危害，其中向日葵田棉铃虫共发生20多万亩次，主要发生地为杭锦旗，同时乌审旗、准格尔旗、达拉特旗零星发生。棉铃虫在杭锦旗河头地与靠近河头的老滩地发生严重，调查发现杭锦旗向日葵田一般虫口密度为10～20头/百株，最高达70头/百株，虫株率为15%～50%。

一、形态特征

参考玉米虫害——棉铃虫。

二、危害症状

主要在向日葵现蕾期、花期、灌浆期等时期发生危害，在未开花的花蕾上主要以低龄幼虫取食花丝、苞叶形成缺刻或孔洞，伴虫粪污染；花期和灌浆期主要取食花盘筒状花及幼嫩籽粒，影响授粉，形成籽粒缺刻和虫粪污染，严重影响向日葵产量和品质。

三、生活习性及发生规律

参考玉米虫害——棉铃虫。

四、综合防治措施

如向日葵正处于开花期，对棉铃虫的化学防治存在对蜜蜂授粉的危害，同时棉铃虫也进入化蛹阶段，因此，建议不要盲目用药，可以采取人工捕捉和物理防治的方法进行防控。

其他防治措施参考玉米虫害——棉铃虫。

棉铃虫幼虫及危害状

第三节　草　地　螟

　　草地螟在20世纪80年代后逐渐成为鄂尔多斯市危害向日葵的主要害虫之一，发生分布在鄂尔多斯各地区，是历史性的重要害虫，食性较杂，主要危害向日葵、玉米、苜蓿、豆类、蔬菜等，对多种杂草如藜科的灰菜、禾本科杂草及苋科杂草等均能产生危害，每次大暴发，都给当地向日葵产业带来巨大损失。

一、形态特征

　　参考玉米虫害——草地螟。

二、危害症状

　　初龄幼虫取食叶肉组织，残留表皮或叶脉。三龄后可将叶片吃成缺刻或仅留叶脉，使叶片呈网状，也可食尽叶片，使植株枯死。幼虫常常是吃光一块地后，集体迁移至另一块地进行危害。

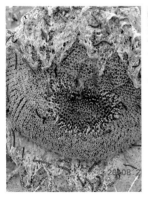

草地螟危害状

三、生活习性及发生规律

　　参考玉米虫害——草地螟。

四、综合防治措施

　　参考玉米虫害——草地螟。

第四节　地下害虫

地下害虫是鄂尔多斯市多年来向日葵生产的主要威胁因素之一，主要有小地老虎、黄地老虎、蛴螬、金针虫等，黄河冲积平原主要以小地老虎为主，鄂托克旗、伊金霍洛旗、乌审旗等地以蛴螬为主。危害严重地块平均密度为21头/米^2，最高密度为43头/米^2，受害率在45%左右。

一、形态特征

参考玉米虫害——地老虎、蛴螬、金针虫。

二、危害症状

地老虎（以小地老虎为主）在各地均以第一代幼虫危害最大，一至二龄幼虫取食作物心叶或嫩叶，三龄以上幼虫咬断向日葵幼茎、叶柄，严重时造成缺苗断垄，甚至毁种重播。

蛴螬幼虫终生栖居土中取食萌发的向日葵种子，咬断幼苗的根、茎，轻则缺苗断垄，重则毁种绝收。成虫咬断幼苗的根、茎，断口整齐平截，常造成地上部幼苗枯死。

金针虫在土中危害新播的向日葵种子，咬断幼苗，并能钻到根和茎内取食。幼虫咬食播下的种子，伤害胚乳使之不能发芽；咬食幼苗须根、主根，使之不能生长甚至枯萎死亡。金针虫危害幼苗的典型受害状是：受害苗的主根很少被咬断，受害部位不整齐，呈丝状。其成虫在地上活动时间不长，取食作物的嫩叶，但危害不重。危害主要发生在春秋两季，以春季危害严重，秋季较轻。

小地老虎幼虫

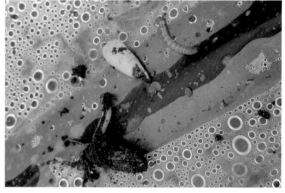
金针虫危害状

三、生活习性及发生规律

参考玉米虫害——地老虎、蛴螬、金针虫。

四、综合防治措施

参考玉米虫害——地老虎、蛴螬、金针虫。

第九章　草害发生与控制

第一节　双子叶杂草

双子叶杂草又称阔叶杂草，胚有两片子叶，草本或木本，叶脉网状，叶片宽，有叶柄。根据杂草的生命长短可分为一年生杂草和多年生杂草。主要有播娘蒿、小花鬼针草、旋覆花、刺藜、蒺藜、绵毛虫实等。一年生阔叶杂草是种子繁殖，在土壤中的发芽深度为0～5厘米。除草剂可有效防除浅层土中发芽的杂草，如藜、苋、荠、野西瓜苗等；对深土层中发芽的杂草，由于种子在药层以下，应用土表处理除草剂难以防除，如苍耳、鸭跖草、苘麻等。

一、播娘蒿（*Descurainia sophia*）

（一）生物学特征　播娘蒿，十字花科播娘蒿属。一年生草本植物，叶互生，茎下部叶的叶柄较明显；叶片2～3回羽状全裂或深裂，裂片线形，柔软。总状花序顶生，花黄色。细长角果，或略扁平的圆柱形，花期在5—6月。

（二）生境分布　中生植物。适生于较湿润的环境，较耐盐碱，可生长在pH高的土地上，而且有较强的繁殖能力和再生能力，常与荠菜、麦瓶草等杂草生长在一起，有时也成单一的优势种群落，主要危害小麦、蔬菜及果树。鄂尔多斯各地均有分布。

播娘蒿

（三）综合防治措施

1.农业防治　及时清除田埂周围、路旁杂草，努力减小土壤杂草种子库数量，防止杂草侵入农田，降低农田杂草发生量。结合采取秸秆覆盖、稻草覆盖、薄膜覆盖、行间套种其他作物等措施，减少伴生杂草发生。小麦、玉米等农作物播种前通过翻耕或旋耕整地灭除田间已经出苗的杂草，清洁和过滤灌溉水源，阻止田外杂草种子的输入。采取机械中耕培土，防除行间杂草。在作物苗期和生长中期，强化水肥管理，提高作物对杂草的竞争力。

2.化学防治　小麦3～5叶期，以禾本科杂草为主的麦田，选用炔草酯、唑啉草酯、野麦畏防除野燕麦，选用甲基二磺隆、氟唑磺隆防除雀麦、旱雀麦；以阔叶杂草为主的麦田，选用苯磺隆、唑草酮、2甲4氯、2,4-滴二甲胺盐、氯氟吡氧乙酸、辛酰溴苯腈、灭草松及其混剂防除藜科、蓼科、多年生菊科等杂草。

　　玉米播后苗前，选用乙草胺（异丙甲草胺）+莠去津（特丁津、氰草津、嗪草酮）+2,4-滴异辛酯或乙·莠·滴辛酯合剂进行土壤封闭处理。在玉米3～5叶期，杂草2～6叶期，选用烟嘧磺隆、硝磺草酮、苯唑草酮、莠去津、2,4-滴异辛酯、氯氟吡氧乙酸、辛酰溴苯腈及其混剂进行茎叶喷雾处理。以稗、藜、蓼、苋、苘麻、龙葵等杂草为主的玉米田，选用硝磺草酮+莠去津桶混进行茎叶喷雾处理；以狗尾草、野黍、野稷、马唐等杂草为主的玉米田，选用烟嘧磺隆+硝磺草酮（苯唑草酮）+莠去津桶混进行茎叶喷雾处理；以打碗花、鸭跖草、苣荬菜、刺儿菜等阔叶杂草为主的玉米田，选用氯氟吡氧乙酸、辛酰溴苯腈及其混剂进行茎叶喷雾处理；萝藦危害重的地块，需在播种前喷施草甘膦防除。

　　马铃薯播前3～7天，选用二甲戊灵、乙草胺、精异丙甲草胺、嗪草酮及其混剂进行土壤封闭处理，处理后薄膜覆盖，防除单、双子叶杂草。覆膜马铃薯出苗后，在杂草3～5叶期，根据杂草发生情况，在行间及时喷施茎叶处理除草剂，选用精喹禾灵、烯草酮、高效氟吡甲禾灵及其混剂防除禾本科杂草，选用砜嘧磺隆、嗪草酮、灭草松及其混剂防除阔叶杂草；在禾本科杂草和阔叶杂草混发田块，选用精喹禾灵（高效氟吡甲禾灵、烯草酮）+砜嘧磺隆桶混进行茎叶喷雾处理。

　　近年来，鄂尔多斯市用于防除双子叶杂草（阔叶类杂草）的除草剂品种主要有丁草胺、乙草胺、异丙甲草胺、精异丙甲草胺、异丙草胺、2甲4氯、高效氟吡甲禾灵、西草净、扑草净、莠去津、草甘膦（铵盐、钠盐、钾盐）、敌草快、氟乐灵、精喹禾灵、二甲戊灵、烟嘧磺隆、硝磺草酮、草铵膦、苯唑草酮、苯磺隆等20多种。

　　2甲4氯：常用总有效成分含量有13%、20%、56%、85%等，通用名称是2甲4氯，剂型有水剂、可湿性粉剂、可溶粉剂、乳油等，每亩用药量因作物种类而异，茎叶喷雾。适用于防治水稻田、小麦田及其他旱地作物田三棱草、鸭舌草、泽泻、野慈姑及其他阔叶杂草。严禁用于双子叶作物田。小麦分蘖期至拔节前，每亩用20% 2甲4氯水剂150～200毫升，兑水40～50千克喷雾，可防除大部分一年生阔叶杂草。玉米播后苗前，每亩用20% 2甲4氯水剂100毫升进行土壤处理，也可在玉米4～5叶期，每亩用20% 2甲4氯水剂200毫升，兑水40千克喷雾，防除玉米田莎草及阔叶杂草。在玉米生长期，每亩用20% 2甲4氯水剂300～400毫升定向喷雾，对生长较大的莎草也有较好的防除作用。

　　苯磺隆：常用有效成分含量有10%、75%等，通用名称是苯磺隆，剂型有可湿性粉剂、水分散粒剂等，用药量为1～20克/亩，茎叶喷雾。主要用于春小麦田、大麦田、燕麦田等作物田，防除各种一年生阔叶杂草，对播娘蒿、荠菜、碎米荠菜、麦家公、藜、反枝苋等效果较好，对地肤、繁缕、蓼、猪殃殃等也有一定的防除效果，对田蓟、卷茎蓼、田旋花、泽漆等效果不显著，对野燕麦、看麦娘、雀麦、节节麦等禾本科杂草无效。小麦2叶期至拔节期，杂草苗前或苗后早期施药。一般10%苯磺隆可湿性粉剂用药量为10～20克/亩，兑水量15～30千克，均匀喷雾杂草茎叶。杂草较小时，低剂量即可取得较好的防效，杂草较大时，需用高剂量进行防除。

　　丁草胺：常用总有效成分含量为60%，通用名称是丁草胺，剂型为乳油，用药量为90～150毫升/亩，施用方法为药土法。对小麦、大麦、甜菜、棉花、花生和白菜作物也有选择性。一般进行芽前土壤表面处理，水田苗后也可应用。

　　乙草胺：常用有效成分含量为40%、50%、90%，通用名称是乙草胺，剂型有乳油、水乳剂等，每亩用药量因作物种类而异，土壤喷雾。可防除一年生禾本科杂草和某些一年生阔叶杂草，适用于玉米、棉花、豆类、马铃薯、油菜、大蒜、向日葵、蓖麻、大葱等作物田。玉米田每亩用90%乙草胺乳油100～120毫升；马铃薯田每亩用90%乙草胺乳油100～140毫升，播种前或播种后出苗前表土喷雾。

精异丙甲草胺：常用有效成分含量为960克/升，通用名称是精异丙甲草胺，剂型为乳油，用药量为40～90毫升/亩，土壤喷雾。适用于旱地作物播后苗前或移栽前土壤处理，可防除一年生禾本科杂草、部分双子叶杂草和一年生莎草科杂草，如稗草、马唐、臂形草、牛筋草、狗尾草、异型莎草、碎米莎草、荠菜、苋、鸭跖草及蓼等。

异丙草胺：常用有效成分含量为72%，通用名称是异丙草胺，剂型为乳油，用药量150～200毫升/亩，土壤喷雾。适用于防除大豆、玉米、向日葵、马铃薯、甜菜及豌豆等旱地作物田稗草、牛筋草、马唐、狗尾草等一年生禾本科杂草以及藜、反枝苋、苘麻、龙葵等阔叶杂草。在玉米、大豆等旱田作物田播种后出苗前，用72%异丙草胺乳油150～200毫升/亩，兑水40千克/亩喷施。

莠去津：常用有效成分含量为50%，通用名称是莠去津，剂型为可分散油悬浮剂，用药量为150～250毫升/亩，茎叶喷雾。以根吸收为主，茎叶吸收很少，迅速传导到植物分生组织及叶部，干扰光合作用，使杂草致死。用于防除玉米田、高粱田、林地田、草地一年生和二年生阔叶杂草和单子叶杂草。玉米每亩用50%莠去津悬浮剂150～250毫升，兑水30～50千克，在玉米4叶期作茎叶处理。

氟乐灵：常用有效成分含量为480克/升，通用名称是氟乐灵，剂型为乳油，用药量为100～150毫升/亩，土壤喷雾。适用于防除大豆、棉花、小麦、甜菜、向日葵、番茄、甘蓝、菜豆、胡萝卜、芹菜、香菜等40多种作物田及果园、林业苗圃、花卉、草坪、种植园稗草、野燕麦、狗尾草、马唐、牛筋草、碱茅、千金子、早熟禾、看麦娘、藜、苋、繁缕、猪毛菜、宝盖草、马齿苋等一年生禾本科杂草及部分双子叶杂草。

二甲戊灵：常用有效成分含量为33%、35%、45%等，通用名称是二甲戊灵，剂型有乳油、悬浮剂等，每亩用药量因作物种类而异，土壤喷雾。可广泛防除玉米、大豆、棉花、马铃薯、蔬菜等多种作物田杂草。防除一年生禾本科杂草、部分阔叶杂草和莎草。如稗草、马唐、狗尾草、千金子、牛筋草、马齿苋、苋、藜、苘麻、龙葵、碎米莎草、异型莎草等。对禾本科杂草的防除效果优于阔叶杂草，对多年生杂草效果差。玉米每亩用33%二甲戊灵乳油200～300毫升，兑水15～20千克，播种后出苗前表土喷雾。马铃薯亩用33%二甲戊灵乳油150～200毫升，兑水15～20千克，播种后出苗前表土喷雾。

烟嘧磺隆：常用有效成分含量为20%、40%等，通用名称是烟嘧磺隆，剂型为可分散油悬浮剂等，用药量为30～100毫升/亩，茎叶喷雾。可用于防除玉米田一年生和多年生禾本科杂草、莎草和某些阔叶杂草，对狭叶杂草活性超过阔叶杂草，对玉米作物安全。

硝磺草酮：常用有效成分含量为10%、15%、20%、40%等，通用名称是硝磺草酮，剂型为悬浮剂等，用药量20～150毫升/亩，茎叶喷雾。可有效防治主要阔叶杂草和一些禾本科杂草。硝磺草酮悬浮剂对玉米田一年生阔叶杂草和部分禾本科杂草如苘麻、苋菜、藜、蓼、稗草、马唐等有较好的防治效果。

草铵膦：常用有效成分含量为10%、20%、30%等，通用名称是草铵膦，剂型有可溶液剂、水剂等，用药量视作物、杂草而异，茎叶喷雾。可用于防除果园、葡萄园、非耕地杂草，也可用于防除马铃薯田一年生或多年生双子叶及禾本科杂草和莎草等，如鼠尾看麦娘、马唐、稗、狗尾草、野小麦、野玉米、鸭茅、羊茅、曲芒发草、绒毛草、黑麦草、芦苇、早熟禾、野燕麦、雀麦、猪殃殃、宝盖草、小野芝麻、龙葵、繁缕、匍匐冰草、剪股颖、拂子草、田野勿忘草、狗牙根、反枝苋等。

二、豚草（*Ambrosia artemissifolia*）

（一）生物学特征　豚草又称普通豚草、艾叶破布草，菊科豚草属。一年生草本植物。下部叶对生，叶片2～3回羽状分裂，上部叶互生，羽状分裂；雄性头状花序黄绿色，半球形，有细短梗，在枝端排成总状；总苞浅碟状，全部合生，边缘有数浅圆齿；花冠淡黄色；雌头状花序无花序梗，总苞顶端有尖齿；风媒传粉；瘦果，倒卵球形；生育期5～6个月。

豚　草

（二）生境分布　中生植物。豚草适应性很强，在荒地、庭园、路边、沟渠、公园及田块周围或农田等处均能生长，尤能耐瘠薄，在沙砾土壤上生长亦盛；能释放多种化感物质，对禾本科与菊科植物以及土壤动物如线虫类和线蚓类有抑制和排斥作用，故可以形成较大面积的单一群落，进而遮盖和压抑土生植物，造成原有生态系统的破坏；本种根系非常发达，在生育期内消耗水分为禾本科作物耗水量的两倍，并能吸收大量磷及钾；发生量大，危害重，是区域性恶性杂草。在开花时，产生大量花粉和短毛飞散在空中，花粉重量轻，体积小，可随风飘扬，而且表面有许多细刺，易附于呼吸道黏膜上，能引起人类过敏性哮喘及过敏性皮炎等。鄂尔多斯各地均有分布。

（三）综合防治措施　参考双子叶杂草——播娘蒿。

三、泥胡菜（*Hemistepta lyrata*）

（一）生物学特征　泥胡菜，菊科泥胡菜属，又称剪刀草、石灰菜、绒球、花苦荬菜、苦郎头、糯米菜。一年生或二年生草本植物。具肉质圆锥形的根。茎直立，具纵纹，光滑或有白色丝状毛。基生叶莲座状具柄，倒披针状椭圆形，羽状分裂，先端裂片较大，三角形，上面绿色，下面有白色丝状毛，中上部叶渐小。头状花序多数，总苞球形，外层苞片卵形，各层苞片背面尖端下具紫红色鸡冠状突起。管状花紫红色。瘦果椭圆形，冠毛白色，内层羽毛状。

泥胡菜

（二）生境分布　中生植物，抗逆性比较强，生于路旁村边荒地和轻盐碱荒地，可形成以它为优势种的杂草群落。在落叶阔叶林区，它又是林下草地的主要伴生植物。此外，在比较湿润的丘陵、山谷、溪边、荒山草坡以及微碱耕地上均有生长。有的在局部低洼水分充裕区可形成单纯小片群落，构成了拓荒地至熟耕地演替中的一个阶段。生于路边、荒地、山坡和田边，常侵入夏收作物（麦类和油菜）田中发生危害，在鄂尔多斯各地农田危害严重，是发生量大、危害重的恶性杂草。

（三）综合防治措施　参考双子叶杂草——播娘蒿。

四、角蒿（*Incarvillea sinensis*）

（一）生物学特征　角蒿，紫葳科角蒿属，一年生至多年生草本植物，具分枝的茎，高可达80厘米；根近木质而分枝。叶片互生，不聚生于茎的基部，形态多变异，小叶不规则细裂，末回裂片线状披针形，顶生总状花序，疏散，小苞片绿色，线形，花萼钟状，绿色带紫红色，长和宽均约5毫米，萼齿钻状，花冠淡玫瑰色或粉红色，有时带紫色，5—9月开花，10—11月结果。

（二）生境分布　对干旱条件有极强抗耐性，适应性很强，鄂尔多斯各地均有分布。

（三）综合防治措施　参考双子叶杂草——播娘蒿。

角　蒿

五、车前（*Plantago asiatica*）

（一）生物学特征　车前，车前科车前属，又称车前草、车轮草等。二年生或多年生草本植物。须根多数。根茎短，稍粗。叶基生，呈莲座状，平卧、斜展或直立；叶片薄纸质或纸质，宽卵形至宽椭圆形。花序3～10个，直立或弓曲上升；穗状花序细圆柱状；苞片狭卵状，三角形或三角状披针形。花具短梗；花萼长2～3毫米，萼片先端钝圆或钝尖，龙骨突不延至顶端，前对萼片椭圆形。花冠白色，无毛，冠筒与萼片约等长。雄蕊着生于冠筒内面近基部，与花柱明显外伸，花药卵状，椭圆形。胚珠7～15。蒴果纺锤状卵形、卵球形或圆锥状卵形。花期在4—8月，果期在6—9月。

（二）生境分布　生于草地、沟边、河岸湿地、田边、路旁或村边空旷处，鄂尔多斯各地均有分布。

（三）综合防治措施　参考双子叶杂草——播娘蒿。

车　前

六、小花鬼针草（*Bidens parviflora*）

（一）生物学特征　小花鬼针草，菊科针草属。一年生草本植物，叶对生，二回或三回羽状分裂，具柄，背面微凸或扁平，腹面有沟槽，槽内及边缘有疏柔毛，上面被短柔毛，下面无毛或沿叶脉被稀疏柔毛，上部叶互生，头状花序单生茎端及枝端，具长梗。总苞筒状，基部被柔毛，内层苞片稀疏，托片状。托片长椭圆状披针形，膜质，具狭而透明的边缘。无舌状花，花冠筒状，冠檐4齿裂。瘦果条状4棱形，顶端芒刺2枚，有倒刺毛。

（二）生境分布　湿生植物。多见于灌溉农田、沼

小花鬼针草

泽、溪边。鄂尔多斯市均有分布。

（三）综合防治措施　参考双子叶杂草——播娘蒿。

七、苦荬菜（*Ixeris denticulate*）

（一）生物学特征　苦荬菜，菊科舌状花亚科苦荬菜属，又称山苦荬、苦菜、燕儿节托莲、苦叶苗、败酱、苦麻菜、黄鼠草、小苦苣、苦丁菜、苦碟子、光叶苦荬菜、败酱草。多年生草本植物，植株无毛，基生叶莲座状披针形，茎生叶与基生相似，无柄，基部抱茎；

苦荬菜

头状花序排成伞房状，全为舌状花，黄色；有乳汁，瘦果黑色，冠毛白色。花果期为6—7月。

（二）生境分布　生于山地及荒野，为田间杂草。鄂尔多斯各地均有分布。

（三）综合防治措施　参考双子叶杂草——播娘蒿。

八、补血草（*Limonium sinense*）

（一）生物学特征　补血草，白花丹科补血草属。多年生草本植物。是一种旱地农田杂草，块根红褐色。叶基生，复穗状花序排成伞房状，花萼漏斗状，花冠黄色，花朵细小，干膜质，色彩淡雅，观赏时期长，与满天星一样，是重要的配花材料，俗称"勿忘我"。可作鲜切花，或制成自然干花，用途广泛。

（二）生境分布　湿生耐盐植物。生于湿沙地、河套盐碱地。多见于达拉特旗、准格尔旗、杭锦旗黄河灌溉土地等。

（三）综合防治措施　参考双子叶杂草——播娘蒿。

补血草

九、藜（*Chenopodium album*）

（一）生物学特征　藜，藜科藜属，又称灰菜、落藜。一年生草本植物。高0.4～2米。茎直立，粗壮，有沟槽及绿色或紫红色的条纹，多分枝；枝上升或开展。叶有长叶柄；叶片三角状卵形或菱状卵形至披针形，长3～6厘米，宽1～5厘米，先端急尖或微钝，基部宽楔形，边缘常有不整齐的锯齿，下面生粉粒，灰绿色。花两性，数个集成团伞花簇，多数花簇排成腋生或顶生的圆锥状花序；花被片5个，宽卵形或椭圆形，具纵隆脊和膜质的边缘，先端钝或微凹；雄蕊5个；柱头2个。胞果完全包于花被内或顶端稍露，果皮薄，和种子紧贴；种子横生，双凸镜形，光亮，表面有不明显的沟纹及点洼；胚环形。花果期在8—10月。

（二）生境分布 中生植物。生于田间、路旁、荒地和宅旁等地。主要危害小麦、棉花、豆类、薯类、蔬菜、花生、玉米等旱地作物及果树，常形成单一群落。是地老虎和棉铃虫的寄主，有时也是棉蚜的寄主。鄂尔多斯各地都有分布。

（三）综合防治措施 参考双子叶杂草——播娘蒿。

藜

十、灰绿藜（*Chenopodium glaucum*）

（一）生物学特征 灰绿藜，藜科藜属，又称黄瓜菜、山芥菜、山菘菠、山根龙。一年生草本植物。高10～45厘米。茎通常由基部分枝，斜上或平卧，有沟槽与条纹。叶片厚，带肉质，椭圆状卵形至卵状披针形，长2～4厘米，宽5～20毫米，顶端急尖或钝，边缘有波状齿，基部渐狭，表面绿色，背面灰白色、密被粉粒，中脉明显；叶柄短。花簇短穗状，腋生或顶生；花被裂片3～4个，少为5个；雄蕊常3～4个，花丝短；柱头2个，很短。胞果不完全包于花被内，果皮膜质，种子扁圆，暗褐色。花期在6—9月，果期在8—10月。

（二）生境分布 耐盐中生杂草。适生于轻盐碱地，轻盐碱土指示植物之一，常见于田边、路边和荒地。主要危害生长在轻盐碱地的小麦、棉花和蔬菜等，田间或田边均有生长，发生量大，危害重。遍布鄂尔多斯各地。

（三）综合防治措施 参考双子叶杂草——播娘蒿。

灰绿藜

十一、地锦（*Euphorbia humifusa*）

（一）生物学特征 地锦，大戟科大戟属，又称红头绳。一年生草本植物。茎匍匐，多分枝，单叶对生，矩圆形，边缘有细齿，绿色或红色，托叶小，锥形。杯状聚伞花序单生于叶腋，总苞顶端4裂，裂片间有4个腺体；雄蕊1个，无花被；雌花无花被，花柱3个，先端2裂。蒴果三棱状圆球形，种子卵形。

（二）生境分布 中生杂草。多见于田野、路旁、河滩、沙地，鄂尔多斯市各地均有分布。

（三）综合防治措施 参考双子叶杂草——播娘蒿。

地锦

十二、苍耳（*Xanthium sibiricum*）

（一）生物学特征　苍耳，菊科管状亚科苍耳属，又称卷耳、剌尔苗、苓耳、地葵、白胡荽等。一年生草本植物。高达90厘米。根纺锤状，茎下部圆柱形，上部有纵沟，叶片三角状卵形或心形，近全缘，边缘有不规则的粗锯齿，上面绿色，下面苍白色，被糙伏毛。雄性的头状花序球形，总苞片长圆状披针形，花托柱状，托片倒披针形，花冠钟形，花药长圆状线形；雌性的头状花序椭圆形，外层总苞片小，披针形，喙坚硬，锥形，瘦果倒卵形。7—8月开花，9—10月结果。

苍　耳

（二）生境分布　生长于平原、丘陵、低山、荒野路边、田边，总苞具钩状的硬刺，常贴附于家畜和人体上，故易于散布，鄂尔多斯各地均有分布。

（三）综合防治措施　参考双子叶杂草——播娘蒿。

十三、猪毛菜（*Salsola collina*）

（一）生物学特征　猪毛菜，藜科猪毛菜属，又称山叉明科、扎蓬棵、沙蓬。一年生草本植物。高达1米。茎近直立，通常由基部多分枝。叶条状圆柱形，肉质，长2～5厘米，宽0.5～1毫米，先端具小刺尖，基部稍扩展下延，深绿色或有时带红色，光滑无毛或疏生短糙硬毛。穗状花序，小苞叶2个，狭披针形，先端具刺尖，边缘膜质；花被片5个，透明膜质，披针形，果期背部生出不等形的短翅或革质突起。胞果倒卵形，果皮子膜质；种子横生或斜生，花期在6—9月，果期在8—10月。以种子繁殖。通常种子成熟后，整个植株于根颈处断裂，植株由于被风吹而在地面滚动，从而散布种子。

猪毛菜

（二）生境分布　中旱生植物。生于荒地、路旁、宅畔和农田中，在湿润肥沃的土壤中常长成巨大株丛。本种适应性强，在各种土壤中均能生长，以沙质地和轻盐碱地较多，在夏、秋作物田均较常见，有时数量很多，危害较重。为田间常见杂草。分布于鄂尔多斯各地。

（三）综合防治措施　参考双子叶杂草——播娘蒿。

十四、地肤（*Kochia scoparia*）

（一）生物学特征　地肤，藜科地肤属，又称地麦、落帚、扫帚苗、扫帚菜、孔雀松。株丛紧密，株形呈卵圆形至圆球形、倒卵形或椭圆形，分枝多而细，具短柔毛，茎基部半木质化。茎分枝很多，叶子线状披针形，单叶互生，叶线形或条形。穗状花序，开红褐色小花，花极小，无观赏价值，胞果扁球形。植株为嫩绿色，秋季叶色变红。果实扁球形，可入药，叫地肤子。嫩茎叶可以吃，老株可用来作扫帚。

（二）生境分布　旱生植物。适应性强，肥沃、疏松、含腐殖质多的壤土利于地肤旺盛生长。鄂尔多斯各地区均有生长。

（三）综合防治措施　参考双子叶杂草——播娘蒿。

地　肤

十五、反枝苋（*Amaranthus retroflexus*）

（一）生物学特征　反枝苋，苋科苋属，又称西风谷、野苋菜、人苋菜、苋菜、茵茵菜。一年生草本植物，高达1米多；茎粗壮直立，淡绿色，叶片菱状卵形或椭圆状卵形，顶端锐尖或尖凹，基部楔形，两面及边缘有柔毛，下面毛较密；叶柄淡绿色，有柔毛。圆锥花序顶生及腋生，直立，顶生花穗较侧生花穗长；苞片及小苞片锥形，白色，花被片矩圆形或矩圆状倒卵形，白色，胞果扁卵形，薄膜质，淡绿色，种子近球形，边缘钝。7—8月开花，8—9月结果。

（二）生境分布　中生植物。生长在田园内、农地旁及附近的草地中，有时生在瓦房上。鄂尔多斯各地区均有分布。

（三）综合防治措施　参考双子叶杂草——播娘蒿。

反枝苋

十六、麦蓝菜（*Vaccaria hispanica*）

（一）生物学特征　麦蓝菜，石竹科麦蓝菜属，又称王不留行、剪金子。一年生草本植物。茎顶端分枝，茎节膨大；单叶，全缘，对生，基部常相连。花两性，粉红色，辐射对称，聚伞花序或单生；萼片4～5片，分离或合生成管状；花瓣与萼片同数，全株无毛，蒴果。

（二）生境分布　麦田中分布较多，其他田边、草

麦蓝菜

丛中也有。鄂尔多斯各地区均可见。

（三）综合防治措施　参考双子叶杂草——播娘蒿。

十七、苦马豆（*Swainsonia salsula*）

（一）生物学特征　苦马豆，蝶形花科苦马豆属，又称羊卵蛋、羊尿泡、马皮泡、红苦豆子、羊卵泡、尿泡草、羊卵蛋、铃当草。多年生草本植物。茎直立，单数羽状复叶，两面均被短柔毛。奇数羽状复叶，小叶长圆形，总状花序，蝶形花冠，花冠红色，荚果膜质膀胱状。

苦马豆

（二）生境分布　中生植物。多见于小麦、水稻田及灌溉农田。鄂尔多斯各地均有分布。

（三）综合防治措施　参考双子叶杂草——播娘蒿。

十八、乳江大戟（*Euphorbia esula*）

（一）生物学特征　乳江大戟，大戟科大戟属，又称猫眼草、烂疤眼。多年生草本植物，具有乳汁，单叶，多歧聚伞花序，花没有花瓣，只有在花萼的中央有个金黄色的圆盘。由于形状像猫的眼睛，又名猫眼草。

（二）生境分布　生态幅宽广，多生长在沙质土地、草原、山坡，鄂尔多斯各地均有分布。

（三）综合防治措施　参考双子叶杂草——播娘蒿。

十九、野西瓜苗（*Hibiscus trionum*）

（一）生物学特征　野西瓜苗，锦葵科木槿属，又称野芝麻、和尚头。一年生直立草本植物，全体被毛。掌状叶深深裂，形似西瓜叶，故名西瓜苗。花单生，花萼5裂，花瓣5个，淡黄色，紫心，单体雄蕊。蒴果圆形，有长毛，种子成熟后黑褐色，粗糙而无毛。

（二）生境分布　中生植物。多生长在田野、路旁、田埂、荒坡等地。鄂尔多斯各地均有分布。

（三）综合防治措施　参考双子叶杂草——播娘蒿。

乳江大戟

野西瓜苗

二十、野葵（*Malva verticillata*）

（一）生物学特征　野葵，锦葵科锦葵属。二年生草本植物，茎秆被毛。叶圆形，掌状5～7裂，裂片三角形。花生于叶腋，无梗，花萼5裂，副萼3裂，条状披针形，花紫色。分果，花萼宿存，种子肾形，黑色。花果期在7—10月。

野　葵

（二）生境分布　中生植物。广泛分布于鄂尔多斯各地各种农田及荒地。

（三）综合防治措施　参考双子叶杂草——播娘蒿。

二十一、苘麻（*Abutilon theophrasti*）

（一）生物学特征　苘麻，锦葵科苘麻属，又称椿麻、青麻、白麻、车轮草等。一年生亚灌木草本植物，茎枝被柔毛。叶圆心形，边缘具细圆锯齿，两面均密被星状柔毛；叶柄被星状细柔毛；花单生于叶腋，花梗被柔毛；花萼杯状，裂片卵形；花黄色，花瓣倒卵形。蒴果半球形，种子肾形，褐色，被星状柔毛。花期在7—8月。

（二）生境分布　中旱生植物。鄂尔多斯市各地农田、荒地中均有分布。

苘 麻

（三）综合防治措施　参考双子叶杂
草——播娘蒿。

二十二、紫花地丁（*Viola philippica*）

（一）生物学特征　紫花地丁，堇菜科
堇菜属，又称野堇菜、光瓣堇菜等。多年生
草本植物。无地上茎，叶片下部呈三角状卵
形，叶片上部较长，呈长圆状卵形，花中等
大，紫色或淡紫色；蒴果长圆形，花果期在
4月中下旬至9月。

紫花地丁

（二）生境分布　中生植物。生长在湿润的环境中，适应性强，各种土壤中均有分布。鄂
尔多斯市各地均有分布。

（三）综合防治措施　参考双子叶杂草——播娘蒿。

二十三、狼毒（*Stellera chamaejasme*）

（一）生物学特征　狼毒，瑞香科狼毒
属。多年生草本植物。根茎木质，粗壮，圆
柱形，不分枝或分枝，表面棕色，内面淡黄
色；茎直立，丛生，不分枝，纤细，绿色，
叶散生，花白色、黄色至带紫色，芳香，多
花的顶生头状花序，圆球形。果实圆锥形。
花期在4—6月，果期在7—9月。

（二）生境分布　旱生植物。鄂尔多斯
地区荒地、田地边均有分布。

（三）综合防治措施　参考双子叶杂
草——播娘蒿。

狼 毒

二十四、牛心朴子（*Cynanchum hancockianum*）

（一）生物学特征　牛心朴子，萝
摩科鹅绒藤属，又称华北白前。多年生
直立草本植物。根须状；茎幼嫩部分被
有微毛外，余皆无毛。叶对生，卵状披
针形，顶端渐尖，基部宽楔形。伞形聚
伞花序腋生，花冠紫红色，裂片卵状长
圆形；副花冠肉质，裂片龙骨状，在花
药基部贴生；柱头圆形，略为突起。蓇
葖双生，狭披针形，向端部渐尖，基部
紧窄，花期在5—7月，果期在6—8月。

牛心朴子

（二）生境分布　中旱生植物。鄂
尔多斯各地田地边及荒地均有生长。

（三）综合防治措施　参考双子叶杂草——播娘蒿。

二十五、鹅绒藤（*Cynanchum chinense*）

（一）生物学特征　鹅绒藤，萝摩科鹅绒藤属，又称羊奶角角、牛皮消、软毛牛皮消、祖
马花、祖子花、趄姐姐叶、老牛肿。多年生草本植物。茎缠绕，全株被短柔毛。叶对生，心
形。聚伞花序腋生，二歧，花冠白色，蓇葖果双生或仅有1个发育，长角状或细圆柱状，向端
部渐尖，种子矩圆形，顶端有白绢质种毛。花期在6—8月，果期在8—10月。

鹅绒藤

（二）生境分布　中生植物。喜生于沙地、田间、荒地、路旁。主要危害果树及幼林，在
棉花、小麦、玉米、豆类等旱作物地亦时有发生。分布于鄂尔多斯各地。

（三）综合防治措施　参考双子叶杂草——播娘蒿。

二十六、地梢瓜（*Cynanchum thesioides*）

（一）生物学特征　地梢瓜，萝摩科鹅绒藤属，又称地梢花、女青、戟叶鹅绒藤、羊不奶
棵、地瓜瓢。多年生直立草本植物，多分枝，密被柔毛，有白色乳潮汁。单叶对生，叶片线

形。伞形聚伞花序腋生；花小，黄白色；蓇葖果纺锤形，两端短尖，中部宽大，花期在5—8月，果期在8—10月。

（二）生境分布　多生于田边、路旁、河岸和山坡荒地等处。果园、苗圃和旱作田常见，主要危害旱地作物。鄂尔多斯各地均有分布。

（三）综合防治措施　参考双子叶杂草——播娘蒿。

二十七、菟丝子（*Cuscuta chinensis*）

（一）生物学特征　菟丝子，菟丝子科菟丝子属，又称无娘藤、无根藤。是荒地上常见的

地梢瓜

寄生草本植物，茎缠绕在矮小的植物上，借助吸器固着于寄主，无叶，花簇生于叶腋，苞片及小苞片鳞片状，由于体内不含叶绿素，植株呈现淡淡的黄色。

（二）生境分布　多寄生于豆科植物。

（三）综合防治措施　参考双子叶杂草——播娘蒿。

二十八、打碗花（*Calystegia hederacea*）

（一）生物学特征　打碗花，旋花科打碗花属，又称小旋花、面根藤、狗儿蔓、蒮秧、斧子苗、喇叭花。一年生平卧草本植物，叶互生，戟形或长三角形，花冠漏斗状，单生于叶腋，蒴果卵球形，宿存萼与果等长或稍短。种子黑色。

菟丝子

（二）生境分布　中生植物。多见于排水良好、向阳、湿润而肥沃的沙质土壤。鄂尔多斯市各旗区荒地、田野均有分布。

（三）综合防治措施　参考双子叶杂草——播娘蒿。

二十九、田旋花（*Convolvulus arvensis*）

（一）生物学特征　田旋花，旋花科旋花属，又称小旋花、中国旋花、箭叶旋花、野牵牛等。多年生缠绕或平卧草本植物，叶互生，披针形，叶基戟形，花序腋生，花冠漏斗状，萼片有毛，近圆形。蒴果卵圆形或圆锥形。

打碗花

（二）生境分布　中生植物。生长在路旁、田间。鄂尔多斯各地均有分布。

（三）综合防治措施　参考双子叶杂草——播娘蒿。

三十、砂引草（*Tournefortia sibirica*）

（一）生物学特征　砂引草，紫草科紫丹属。多年生草本植物，有细长的根状茎。茎直立分枝，单一或数条丛生，密生白色长柔毛，叶披针形密生长柔毛，二歧聚伞花序顶生。

田旋花　　　　　　　　砂引草

（二）生境分布　旱生植物。生长在砂质田地、干旱田地、荒漠及山坡道旁。鄂尔多斯各地均有分布。

（三）综合防治措施　参考双子叶杂草——播娘蒿。

三十一、大果琉璃草（*Cynoglossum divaricatum*）

（一）生物学特征　大果琉璃草，紫草科琉璃草属。直立草本植物，茎密生硬毛，基生叶和下部叶具柄，灰绿色，长圆状披针形，花序顶生花萼外，花冠蓝紫色钟形，小坚果球形，密生锚状刺。

（二）生境分布　中旱生植物。生长在鄂尔多斯各地的沙质田地、田边及撂荒地。

（三）综合防治措施　参考双子叶杂草——播娘蒿。

三十二、猪殃殃（*Galium aparine* var. *tenerum*）

（一）生物学特征　猪殃殃，茜草科拉拉藤属，又称拉拉秧、锯锯藤。二年生或一年生蔓状或攀缘状草本植物。茎自基部分枝，四棱，棱上有钩刺，攀附于其他植物向上生长，无依附物则伏地蔓生；初生叶4～6片轮生，近无柄，叶片条形或倒披针形，顶端有小尖头，

大果琉璃草

叶缘和叶背中脉上有钩刺；聚伞花序腋生或顶生，花期在4月，果期在5月，果圆球形。果实落于土壤或随收获的作物种子传播。

猪殃殃

马齿苋

（二）生境分布 为旱性夏熟作物田恶性杂草。鄂尔多斯除达拉特旗、准格尔旗灌溉农田外均有分布。

（三）综合防治措施 参考双子叶杂草——播娘蒿。

三十三、马齿苋（*Portulaca oleracea*）

（一）生物学特征 马齿苋，马齿苋科马齿苋属，又称马球齿草、马苋菜。一年生肉质草本植物，全株无毛。茎平卧，淡绿色或红紫色。叶肥厚，似马齿状。花黄色小而无梗，萼片绿色，盔形。蒴果卵球形；种子细小。花期在7—8月，果期在8—10月。

（二）生境分布 中生植物，多生长于肥沃土壤，耐旱涝，生命力强，特别是在灌溉田地分布较多。鄂尔多斯各地均有分布。

（三）综合防治措施 参考双子叶杂草——播娘蒿。

三十四、龙葵（*Solanum nigrum*）

（一）生物学特征 龙葵，茄科茄属。一年生草本植物，叶卵形，互生；夏季开白色小花蝎尾状花序；球形浆果，成熟后为黑紫色。浆果和叶片均可食用，但叶片含有大量生物碱，须经煮熟后方可解毒。

龙 葵

（二）生境分布 旱生植物，鄂尔多斯各地均有分布。

（三）综合防治措施 参考双子叶杂草——播娘蒿。

三十五、青杞（*Solanum septemlobum*）

（一）生物学特征 青杞，茄科茄属，又称草枸杞、野枸杞。多年生直立草本植物，茎具棱角，无刺，被白色具节弯卷的短柔毛至近无毛。叶5～9深裂，两面及叶柄被毛；二歧聚伞花序，顶生或腋生，花冠蓝紫色，雄蕊5个，浆果球状，熟时红色。

（二）生境分布 中生杂草。生于灌溉性农田、林下、路边。准格尔旗、乌审旗、鄂托克旗均有分布。

（三）综合防治措施 参考双子叶杂草——播娘蒿。

青 杞

三十六、繁缕（*Stellaria media*）

（一）生物学特征 繁缕，石竹科繁缕属，又称鹅肠菜、鹅耳伸筋、鸡儿肠。多年生草本植物，茎四棱形，二歧式分枝，被柔毛。叶片宽卵形，顶端渐尖，基部近心形，全缘，叶常无柄。聚伞花序顶生，蒴果卵形，包藏在宿存花萼内，顶端6裂，具多个种子。种子卵圆形，表面具小疣状凸起，果期在6—9月。

（二）生境分布 旱生植物。生于旱地田野，沙质土壤。鄂尔多斯各地均有分布。

（三）综合防治措施 参考双子叶杂草——播娘蒿。

繁 缕

三十七、大野豌豆（*Vicia gigantea*）

（一）生物学特征 大野豌豆，豆科野豌豆属，又称薇菜、大巢菜、山扁豆、山木樨。多年生草本植物，灌木状，全株被白色柔毛。根茎粗壮，表皮深褐色，近木质化。茎有棱，多分枝，被白柔毛。荚果长圆形或菱形，表皮红褐色，花期在6—7月，果期在8—10月。

（二）生境分布 中生植物。多见于河滩、草丛及灌丛。鄂尔多斯市各地均有分布。

（三）综合防治措施 参考双子叶杂草——播娘蒿。

大野豌豆

三十八、刺藜（*Chenopodium aristatum*）

（一）生物学特征　刺藜，藜科藜属，又称野鸡冠子花、针尖藜。一年生草本植物，植物体通常呈圆锥形，茎直立，多分枝，有条纹，淡绿色，老时紫红色，叶条形，二歧聚伞花序，枝端有刺芒，胞果。

刺　藜

（二）生境分布　中生杂草，沙质土地较多，鄂尔多斯各地均有分布。

（三）综合防治措施　参考双子叶杂草——播娘蒿。

三十九、酸模叶蓼（*Polygonum lapathifolium*）

（一）生物学特征　酸模叶蓼，蓼科蓼属，又称旱苗蓼、大马蓼。一年生草本植物，茎直立，无毛，节部膨大。叶柄短，叶片披针形，先端渐尖，总状花序呈穗状，顶生或腋生，花被淡粉色，花期在6—8月，果期在7—10月。

（二）生境分布　中生植物，轻度耐盐，多生于水稻、小麦田地及草甸。鄂尔多斯各地均有分布。

（三）综合防治措施　参考双子叶杂草——播娘蒿。

酸模叶蓼

四十、荭蓼（*Polygonum orientale*）

（一）生物学特征　荭蓼，蓼科蓼属，又称水红花。一年生草本植物。茎粗壮直立，茎节部稍膨大，高达2米；叶片宽卵形、宽椭圆形，两面密生柔毛，膜质托叶鞘筒状，密生柔毛；总状花序呈穗状，顶生或腋生，花穗紧密，微下垂；花被5深裂，花淡红色或白色；瘦果近圆形，6—9月开花，8—10月结果。

荭蓼

（二）生境分布　中生植物。生于田边、路边、水沟边。主要分布在准格尔旗、达拉特旗、东胜区、伊金霍洛旗。

（三）综合防治措施　参考双子叶杂草——播娘蒿。

四十一、萹蓄（Polygonuma viculare）

（一）生物学特征　萹蓄，蓼科蓼属，又称竹片菜、萹竹竹、异叶蓼。一年生草本植物，茎平卧或斜生，基部分枝。叶近无柄，叶狭椭圆形。花被5深裂，暗绿色，边缘白色或淡红色；雄蕊8个；花柱3裂。瘦果卵形。

萹蓄

（二）生境分布　中生植物。多生长于灌溉性农田、下湿地、喷灌地。鄂尔多斯各地均有分布。

（三）综合防治措施　参考双子叶杂草——播娘蒿。

四十二、鸭跖草（Commelina communis）

（一）生物学特征　鸭跖草，鸭跖草科鸭跖草属，又称碧竹子、翠蝴蝶、淡竹叶、蓝花草。一年生草本植物。叶形为卵状披针形，叶互生，茎直立；总苞片佛焰苞状，与叶对生，展开后心状卵形，绿色；聚伞花序，顶生或腋生，雌雄同株，花瓣上面两瓣为蓝色，下面一瓣为白色，雄蕊6个。

（二）生境分布　湿生植物。鄂尔多斯各地均有生长。

鸭跖草

（三）综合防治措施　参考双子叶杂草——播娘蒿。

四十三、香薷（*Elsholtzia ciliata*）

（一）生物学特征　香薷，唇形科香薷属，又称山苏子。多年生草本植物。茎通常自中部以上分枝，钝四棱形，具槽，被疏柔毛。叶卵形或椭圆状披针形，轮伞花序，花多数，组成偏向一侧的穗状花序。花萼钟形，花冠淡紫色，二唇形，上唇直立，下唇开展，3裂。雄蕊4，前对比后对长1倍。花丝无毛，花药紫黑色，坚果。

（二）生境分布　中生植物。生长于潮湿的田野、路边、林下、山地草甸。鄂尔多斯各地均有分布。

（三）综合防治措施　参考双子叶杂草——播娘蒿。

香薷

四十四、遏蓝菜（*Thlaspi arvense*）

（一）生物学特征　遏蓝菜，十字花科菥蓂属，又称菥蓂。一年生草本植物。茎直立，不分枝或稍分枝。叶矩圆状披针形，边缘具疏齿。总状花序，花小，白色。短角果。

遏蓝菜

（二）生境分布　中生植物。生于田边、沟边，多见于乌审旗、达拉特旗。

（三）综合防治措施　参考双子叶杂草——播娘蒿。

四十五、野豌豆（*Vicia sepium*）

（一）生物学特征　野豌豆，豆科野豌豆属。一年生草本植物，茎斜升，偶数羽状复叶，叶轴末端有卷须，花紫色，蝶形花冠，旗瓣长倒卵形，翼瓣短于旗瓣，显著长于龙骨瓣，荚果条形，种子球形，棕色。

（二）生境分布 中生植物。生于田间、灌丛。多见于鄂托克旗、杭锦旗。

（三）综合防治措施 参考双子叶杂草——播娘蒿。

四十六、中华苦荬菜（*Ixeris chinensis*）

（一）生物学特征 中华苦荬菜，菊科苦荬菜属。多年生草本植物，无毛。根状茎极短缩。基生叶密集，长椭圆形、倒披针形、线形或舌形。茎生叶2～4枚，长披针形或长椭圆状披针形，抱茎。头状花序通常在茎枝顶端排成伞房花序，花序梗细；总苞圆柱状；总苞片宽卵形3～4层，舌状小花黄色。瘦果褐色，长椭圆形；冠毛白色。花果期在6—10月。

野豌豆

中华苦荬菜

（二）生境分布 中生植物。生于路旁、田野、河边、草丛，鄂尔多斯市各地均有分布。

（三）综合防治措施 参考双子叶杂草——播娘蒿。

四十七、苦荞麦（*Fagopyrum tataricum*）

（一）生物学特征 苦荞麦，蓼科荞麦属，又称胡食子、乌麦、花荞、菠麦。一年生草本植物。茎直立，分枝或不分枝，绿色或微带紫色，叶宽三角形，基部心形，总状花序，花白色或淡粉色，瘦果圆锥状卵形。

（二）生境分布 中生杂草。生在田边、路旁、山坡、河谷等潮湿地带，在东胜区、达拉特旗、伊金霍洛旗、乌审旗都有分布。

（三）综合防治措施 参考双子叶杂草——播娘蒿。

苦荞麦

四十八、旱麦瓶草（*Silene jenisseensis*）

（一）生物学特征　旱麦瓶草，石竹科麦瓶草属，又称山蚂蚱。多年生草本植物，丛生，直立或斜升，叶披针状条形，聚伞圆锥花序，花萼筒状，蒴果卵形，花期在6—8月，果期在7—8月。

旱麦瓶草

（二）生境分布　旱生植物。多生沙地。鄂尔多斯市各地均有分布。

（三）综合防治措施　参考双子叶杂草——播娘蒿。

四十九、益母草（*Leonurus artemisia*）

（一）生物学特征　益母草，唇形科益母草属，又称云母草、森蒂。一年生或二年生草本植物，茎四棱，被短毛，叶对生，掌状3裂，轮伞花序，花冠二唇开，坚果。

（二）生境分布　中生杂草。生于山野荒地、田埂、草地等。鄂尔多斯市各地均有分布。

（三）综合防治措施　参考双子叶杂草——播娘蒿。

益母草

五十、鹅绒委陵菜（*Potentilla anserina*）

（一）生物学特征　鹅绒委陵菜，蔷薇科委菱菜属，又称曲尖委陵菜、河篦梳、老鸹膀子。多年生匍匐草本植物。根状茎粗短，包被棕褐色托叶。茎匍匐，细长，节上生不定根，基生叶多数，单数羽状复叶，花鲜黄色，单生于由叶腋抽出的长花梗上，形成顶生聚伞花序。瘦果近肾形，褐色，表面微被毛。

（二）生境分布　中生植物。多见于灌溉农田、河滩及低湿地。鄂尔多斯各地均有分布。

（三）综合防治措施　参考双子叶杂草——播娘蒿。

五十一、牻牛儿苗（*Erodium stephanianum*）

（一）生物学特征　牻牛儿苗，牻牛儿苗科牻牛儿苗属。多年生草本植物，叶对生，二回羽状深裂；伞形花序，萼片5个，先端有长芒；花瓣紫红色，倒卵形；蒴果顶端有长喙，种子褐色，具斑点。

（二）生境分布　中旱生植物。多分布于旱地、山坡、草地，鄂尔多斯各地均有分布。

（三）综合防治措施　参考双子叶杂草——播娘蒿。

五十二、地榆（*Sanguisorba officinalis*）

（一）生物学特征　地榆，蔷薇科地榆属，又称黄爪香、玉札。多年生草本植物，茎直立，奇数羽状复叶，穗状花序顶生，萼片紫红色，无花瓣。

（二）生境分布　中生植物。鄂尔多斯各地均有分布。

（三）综合防治措施　参考双子叶杂草——播娘蒿。

五十三、附地菜（*Trigonotis peduncularis*）

（一）生物学特征　附地菜，紫草科附地菜属，又称为地胡椒。一年生或二年生草本植物，茎通常丛生，密集、铺地，被毛。小叶匙形、互生、被毛，蝎尾状聚伞花序，花小，花冠蓝色，花序顶端呈旋卷状。4枚四面体形小坚果。

（二）生境分布　中旱生植物。鄂尔多斯各地均有分布。

（三）综合防治措施　参考双子叶杂草——播娘蒿。

鹅绒委陵菜

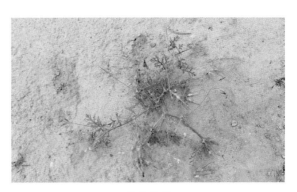

牻牛儿苗

地　榆

附地菜

五十四、胡枝子（*Lespedeza bicolor*）

胡枝子

砂珍棘豆

西伯利亚蓼

（一）生物学特征　胡枝子，蔷薇目豆科胡枝子属，又称萩、胡枝条、扫皮、随军茶。直立灌木，分枝多，卵状叶片，老枝灰褐色，嫩枝黄褐色或绿色，三出复叶，小叶全缘，总状花序，花冠为红紫色。荚果斜卵形。

（二）生境分布　中生植物。多见于山地、田边，东胜区、准格尔旗、达拉特旗、伊金霍洛旗均有分布。

（三）综合防治措施　参考双子叶杂草——播娘蒿。

五十五、砂珍棘豆（*Oxytropis psamocharis*）

（一）生物学特征　砂珍棘豆，豆科棘豆属，又称泡泡草。多年生草本植物，茎缩短或无茎，叶丛生，小叶对生或4～6枚轮生，线形或线状长圆形，均被长柔毛。总状花序近头状，生于花梗顶端，生在根生叶的腋间，蝶形花冠粉红色或带紫色；苞片条形，花萼钟状；荚果宽卵形，膨胀，有假隔膜。

（二）生境分布　旱生植物。鄂尔多斯地区沙质土地均有分布。

（三）综合防治措施　参考双子叶杂草——播娘蒿。

五十六、西伯利亚蓼（*Polygonum sibiricum*）

（一）生物学特征　西伯利亚蓼，蓼科蓼属，又称酸不留、醋柳。多年生草本植物，高5～30厘米。根状茎细长。茎斜升或近直立，自基部分枝，无毛，节间短。叶肉质，条形。数个花穗相聚成顶生花序，圆锥状，苞片漏斗状，无毛，花梗短、中上部具关节；雄蕊7～8个，瘦果卵形。花果期在6—7月。

（二）生境分布　中生植物。潮湿地、小麦田及水稻田分布较多。鄂尔多斯各地均有分布。

（三）综合防治措施　参考双子叶杂草——播娘蒿。

五十七、猪毛蒿（*Artemisia scoparia*）

（一）生物学特征　猪毛蒿，菊科蒿属，又称黄蒿、滨蒿、茵陈蒿、老绵蒿。一年生或越年生杂草。植株有浓烈的香气。高达1米。茎直立，暗紫色，有条棱，分枝细而密，上部分枝被柔毛。叶密集，茎下部叶有长柄，叶片圆形或矩圆形，长1.5～3.5厘米，二至三回羽状全裂，小裂片条形。条状披针形或丝状条形；茎中部叶具短柄，基部有1～3对丝状条形的假托叶，叶长1～2厘米，一至二回羽状全裂，小裂片丝状条形，长0.5～1厘米；花枝上的叶近无柄，3全裂或不裂，基部有假托叶；叶幼时密被灰色绢状长柔毛，后渐脱落。头状花序小，球形，直径1～1.2毫米，下垂或斜生，极多数排成圆锥状，花梗短或无，苞片丝状条形；总苞无毛，有光泽，总苞片2～3层，边缘宽膜质，先端钝，卵形至椭圆形；边缘小花雌性，5～7枚，花冠细管状，中央小花两性，花冠圆锥状。瘦果矩圆形，长0.4毫米，褐色。种子繁殖，以幼苗或种子越冬。春、秋出苗，以秋季出苗数量最多。花期在7—10月，种子于9月即渐次成熟，落入土中或随风而传播。

猪毛蒿

（二）生境分布　生于低山区和平原的农田、路旁、地埂或荒地，耐干旱和瘠薄，在各种土壤上均能生长。主要危害谷子、玉米、豆类、马铃薯、小麦等作物，但发生量小，危害轻，是常见杂草。分布遍及鄂尔多斯各地。

（三）综合防治措施
参考双子叶杂草——播娘蒿。

五十八、小蓟（*Cirsium setosum*）

（一）生物学特征　小蓟，菊科蓟属，又称刺蓟菜、刺儿菜、青青菜。多年生草本植物。茎直立，叶互生，长椭圆状披针形，齿端有硬刺。头状花序单个或数个生于枝端，呈伞房状，雌雄异株；总苞钟状，花管状，花冠紫红色。瘦果椭圆形或长卵形，冠毛羽毛状。

（二）生境分布　中生植物。为麦田、豆田和甘薯田的主要危害性杂草，在麦类生长后

小　蓟

期和豆类生长早期，危害较重，多发生于土壤疏松的旱性田地。又是棉蚜、向日葵菌核病的寄主，间接危害作物。鄂尔多斯各地均有分布。

（三）综合防治措施　参考双子叶杂草——播娘蒿。

五十九、旋覆花（*Inula japonica*）

（一）生物学特征　旋覆花，菊科旋覆花属，又称日本旋覆花、金沸草、小黄花子、六月菊、鼓子花、驴儿菜。多年生草本植物。茎直立，上部有分枝。基生叶及下部叶较小，中部叶椭圆形或长圆形，两面有短柔毛。头状花序排成伞房状，总苞4～5层。舌状花1层，黄色，管状花黄色多数。瘦果，冠毛白色。

（二）生境分布　中生植物，喜生长于湿润的土壤上，在轻度盐碱地也能生长，在水田的田埂、山坡、路旁、湿润草地、河岸和旱田田边也常见。鄂尔多斯市各地均有分布。

（三）综合防治措施　参考双子叶杂草——播娘蒿。

旋覆花

六十、苦豆子（*Sophora alopecuroides*）

（一）生物学特征　苦豆子，豆科槐属。草本或亚灌木状。奇数羽状复叶，小叶11～27，披针状长圆形或椭圆状长圆形。总状花序顶生；花多且密；花冠奶白色；雄蕊10个，花丝基部连合。荚果念珠状，伸直，种子多个；花期在5—7月，果期在8—10月。

（二）生境分布　旱生植物。分布于东胜区、康巴什区、准格尔旗、杭锦旗。

（三）综合防治措施　参考双子叶杂草——播娘蒿。

苦豆子

六十一、诸葛菜（*Orychophragmus violaceus*）

（一）生物学特征　诸葛菜，十字花科诸葛菜属，又称二月蓝。一年或二年生草本植物，无毛，茎直立，叶形变化大，总状花序顶生，萼片线形，花瓣深紫色，长角果线形。

（二）生境分布　中生植物。生长于山

诸葛菜

地、路旁、地边。康巴什区、东胜区、准格尔旗有分布。

（三）综合防治措施   参考双子叶杂草——播娘蒿。

六十二、漏芦（*Stemmacantha uniflora*）

（一）生物学特征   漏芦，菊科漏芦属，又称野兰、和尚头、鬼油麻、狼头花。多年生草本植物，被白色绵毛。茎直立，单一。叶长椭圆形，羽状深裂，头状花序，总苞宽钟状，全部苞片顶端有膜质附属物。管状花冠紫红色。瘦果，冠毛褐色。

（二）生境分布   中旱生植物。多生于沙质地、丘陵地，准格尔旗、东胜区、伊金霍洛旗、鄂托克旗均有分布。

（三）综合防治措施   参考双子叶杂草——播娘蒿。

漏　芦

六十三、绵毛虫实（*Corispermum puberulum*）

（一）生物学特征   绵毛虫实，藜科虫实属，又称老母鸡窝、棉蓬、砂林草。一年生草本植物，茎直立，圆柱形，分枝多，最下部分枝较长，上升，上部分枝较短，斜升。叶线形，具有单脉。穗状花序细长，胞果倒卵状矩圆形，被毛。

（二）生境分布   中旱生植物。生长于鄂尔多斯市各地沙质土地。

（三）综合防治措施   参考双子叶杂草——播娘蒿。

六十四、乳苣（*Mulgedium tataricum*）

（一）生物学特征   乳苣，菊科乳苣属，又称蒙山莴苣、紫花山莴苣、苦菜。多年生草本植物，全部叶质地肉质，灰绿色，两面光滑无毛。头状花序多数，在茎顶排列成圆锥状，总苞片4层，紫红色，舌状花蓝紫色。瘦果长椭圆形，冠毛白色。花期在6—9月。

绵毛虫实

（二）生境分布   中生杂草。多生长于河滩、湖边、草甸、田边、固定沙丘或砾石地，分布于鄂尔多斯市各地。

（三）综合防治措施   参考双子叶杂草——播娘蒿。

乳　苣

六十五、雾冰藜（*Bassia dasyphylla*）

（一）生物学特征　雾冰藜，藜科雾冰藜属。一年生草本植物，茎直立，近球状，全株密被水平伸展的长柔毛，分枝多。叶互生，肉质，圆柱状或近圆柱状条形，密被长柔毛。花两性，单生或成对，通常仅一花发育。花被筒密被长柔毛，5浅裂。胞果卵圆状。种子近圆形，压扁，光滑。花果期在8—10月。

（二）生境分布　旱生植物。生长于鄂尔多斯市各地沙质土地。

（三）综合防治措施　参考双子叶杂草——播娘蒿。

雾冰藜

六十六、欧洲千里光（*Senecio vulgaris*）

（一）生物学特征　欧洲千里光，菊科千里光属。一年生草本植物。茎直立，多分枝，分枝斜生或略弯曲，被蛛丝状毛或无毛。叶无柄，全形倒披针状匙形，羽状浅裂至深裂。苞叶条形，总苞钟状。无舌状花，管状花黄色。瘦果圆柱形，冠毛白色。花果期在7—8月。

（二）生境分布　中生植物。鄂尔多斯市各地均有分布。

（三）综合防治措施　参考双子叶杂草——播娘蒿。

欧洲千里光

六十七、蒺藜（*Tribulus terrestris*）

（一）生物学特征　蒺藜，蒺藜科蒺藜属，又称白蒺藜、屈人。一年生草本植物，茎平卧，被长柔毛，偶数羽状复叶，小叶对生，花瓣5枚，黄色。分果果瓣具刺。

（二）生境分布　生长于沙地、荒地、山坡、居民点附近等地。青鲜时可用作饲料，是草场有害植物。鄂尔多斯市各地均有分布。

（三）综合防治措施　参考双子叶杂草——播娘蒿。

蒺　藜

六十八、曼陀罗（*Datura stramonium*）

（一）生物学特征　曼陀罗，茄科曼陀罗属，又称曼荼罗、满达、曼扎、曼达、醉心花、狗核桃、洋金花、枫茄花、万桃花、闹羊花、大喇叭花、山茄子。一年生草本植物，有时为亚灌木。叶广卵形。花单生于枝分杈处或叶腋，直立，有短柄；花萼筒状，筒部有5棱角，5浅裂。花冠漏斗状。蒴果直立生，表面生有坚硬针刺，成熟后淡黄色，规则4瓣裂。种子卵圆形，稍扁，黑色。花期在7—9月，果期在8—10月。

曼陀罗

（二）生境分布　大型中生杂草。常生于荒地、旱地、宅旁、向阳山坡、林缘、草地。喜温暖、向阳及排水良好的沙质壤土。鄂尔多斯市各地均有分布。

（三）综合防治措施　参考双子叶杂草——播娘蒿。

六十九、蒲公英（*Taraxacum mongolicum*）

（一）生物学特征　蒲公英，菊科蒲公英属，又称黄花地丁、婆婆丁、华花郎等。多年生草本植物。根圆锥状，褐色。叶倒卵状披针形，边缘具波状齿或羽状深裂，顶端裂片较大，基部渐狭成叶柄，叶柄及主脉常带红紫色，花葶一至数个，上部紫红色，密被蛛丝状白色长柔毛；头状花序，总苞钟状，舌状花黄色。瘦果暗褐色，长冠毛白色，种子上有白色冠毛结成的绒球，花果期在4—10月。

（二）生境分布 中生杂草。广泛生于各种潮湿土地。鄂尔多斯市各地均有分布。

（三）综合防治措施 参考双子叶杂草——播娘蒿。

七十、牛繁缕（*Malachium aquaticum*）

（一）生物学特征 牛繁缕，石竹科鹅肠菜属，又称鹅儿肠、鹅肠菜。一年生或二年生草本植物，茎多分枝，柔弱，常伏生地面。叶卵形。萼片5个，宿存，果期增大，外面有短柔毛。花瓣5个，白色，2深裂几达基部。蒴果卵形，5瓣裂，每瓣端再2裂。花期在4—5月，果期在5—6月。

蒲公英

（二）生境分布 湿生植物。喜生于潮湿环境。准格尔旗、达拉特旗均有发生和危害，其他旗区的喷灌田地中也有分布，而尤以低洼田地发生严重。

（三）综合防治措施 参考双子叶杂草——播娘蒿。

牛繁缕

七十一、黄花蒿（*Artemisia annua*）

（一）生物学特征 黄花蒿，菊科蒿属，又称黄蒿、黄香蒿、臭蒿、香蒿、蒿子、青蒿。一年生或二年生草本植物。全株具较强挥发油气味，无毛或有疏伏毛，高40～150厘米。茎通常单一，直立，分枝，有棱槽，褐色或紫褐色，直径达6毫米。叶面两面无毛，基部和下部叶有柄，并在花期枯萎；中部叶卵形，3回羽状深裂，终裂片长圆状披针形，顶端尖，全缘或有1～2齿；上部叶小，无柄，单一羽状细裂或全缘。头状花序多数，球形，直径约2毫米，有短梗，偏斜或俯垂，排列成金字塔形的复圆锥花序，总苞无毛，总苞片2～3层，草质，鲜绿色，外层线状长圆形，内层卵形或近圆形，沿缘膜质；花托长圆形；花黄色，都为管状花，外层雌性，里层两性；花冠顶端5裂；雄蕊5个，花药合生，花丝细短，着生于花冠管内中部；

黄花蒿

雌蕊1个，花柱丝状，柱头2裂，分叉。瘦果卵形或椭圆形，淡褐色，表面有隆起的纵条纹，无毛。花期在7—9月，果期在9—11月。以种子繁殖。

（二）生境分布　中生植物。喜生于向阳平地和山坡，耐干旱，为玉米田、大豆田、蔬菜地、果园和路埂常见杂草，但发生量小，危害轻。鄂尔多斯市各地均有分布。

（三）综合防治措施　参考双子叶杂草——播娘蒿。

七十二、假酸浆（*Nicandra physaloides*）

（一）生物学特征　假酸浆，茄科假酸浆属，又称水晶凉粉、冰粉、鞭打绣球。一年生草本植物。茎直立，茎棱状圆柱形，有棱条，绿色，有时带紫色，上部三叉状分枝，主根长锥形，有纤细的须根。叶卵圆形，两面有毛。花单生于叶腋，与叶对生，花柄长，花萼5深裂，萼片包围果实。花冠钟状，浅蓝色。浆果球状，黄色。

假酸浆

（二）生境分布　中生植物。生于田边、荒地，鄂尔多斯市各地均有分布。

（三）综合防治措施　参考双子叶杂草——播娘蒿。

第二节　单子叶杂草

单子叶杂草包括禾本科杂草和莎草科杂草。这类杂草有一片狭长竖立的子叶，幼芽分生组织被几层叶片保护。

禾本科杂草

禾本科杂草是水田和旱田的主要杂草，胚有一个子叶（种子叶），通常叶片窄长、叶脉平行，无叶柄，叶鞘开张，有叶舌，茎圆或扁平，有节且节间中空。禾本科杂草的幼苗长到3叶期之内，根系较浅，抗逆性较差，容易被除草剂杀死。这类杂草有一年生和多年生。种子粒较大的在土壤中发芽深度可达5厘米以上，土表处理除草剂难以防除，如野黍、双穗雀稗等；种子粒较小的，土中发芽深度仅为1～2厘米，用土表处理除草剂防除效果好，如稗、狗尾草等。

一、虎尾草（*Chloris virgata*）

（一）生物学特征　虎尾草，虎尾草属，一年生草本植物。秆直立或基部膝曲。叶鞘背部具脊，包卷松弛，无毛或具纤毛；叶片线形；穗状花序指状着生于秆顶，常直立而并拢成毛刷状，有时包藏于顶叶之膨胀叶鞘中，成熟时常带紫色。

（二）生境分布　中生植物。在鄂尔多斯市各地灌溉性农田分布较多，荒地路边也有分布。

（三）综合防治措施　为了控制杂草危害，可利用现有耕作栽培技术和机械、人工除草等措施，同时结合化学药剂进行综合防除。

（1）农业防治。及时清除田边、路旁杂草，防止杂草侵入农田。结合采取秸秆覆盖、薄膜覆盖、行间套种其他作物等措施，可有效降低杂草出苗数，减少伴生杂草发生。强化肥水管理，提高玉米、小麦等农作物对杂草的竞争力。

（2）物理防治。清除田埂周围杂草，以减少土壤杂草种子库数量，降低农田杂

虎尾草

草的发生量。作物播种前通过翻耕或旋耕整地灭除田间已经出苗的杂草，清洁和过滤灌溉水源，阻止田外杂草种子的输入。在玉米苗期和中期，结合施肥，采取机械中耕培土，防除行间杂草。

（3）化学防治。小麦3～5叶期，以禾本科杂草为主的小麦田，选用炔草酯、唑啉草酯、野麦畏防除野燕麦，选用甲基二磺隆、氟唑磺隆防除雀麦、旱雀麦。以阔叶杂草为主的麦田，选用苯磺隆、唑草酮、2甲4氯、2,4-滴二甲胺盐、氯氟吡氧乙酸、辛酰溴苯腈、灭草松及其

混剂防除藜科、蓼科和多年生菊科杂草。

玉米播后苗前，选用乙草胺（异丙甲草胺）+莠去津（特丁津、氰草津、嗪草酮）+2,4-滴异辛酯桶混或者乙·莠·滴辛酯合剂进行土壤封闭处理。在玉米3～5叶期，杂草2～6叶期，选用烟嘧磺隆、硝磺草酮、苯唑草酮、莠去津、2,4-滴异辛酯、氯氟吡氧乙酸、辛酰溴苯腈及其混剂进行茎叶喷雾处理。以稗、藜、蓼、苋、苘麻、龙葵等为主的玉米田，选用硝磺草酮+莠去津进行茎叶喷雾处理；以狗尾草、野黍、野稷、马唐等为主的玉米田，选用烟嘧磺隆+硝磺草酮（苯唑草酮）+莠去津进行茎叶喷雾处理；以打碗花、鸭跖草、苣荬菜、刺儿菜等阔叶杂草为主的玉米田，选用氯氟吡氧乙酸、辛酰溴苯腈及其混剂进行茎叶喷雾处理；萝藦危害重的地块，需在播种前喷施草甘膦防除。

马铃薯播前3～7天，选用二甲戊灵、乙草胺、精异丙甲草胺、嗪草酮及其混剂进行土壤封闭处理，处理后用薄膜覆盖，防除单、双子叶杂草。覆膜马铃薯出苗后，在杂草3～5叶期，根据杂草发生情况，在行间及时喷施茎叶处理除草剂，选用精喹禾灵、烯草酮、高效氟吡甲禾灵及其混剂防除禾本科杂草，选用砜嘧磺隆、嗪草酮、灭草松及其混剂防除阔叶杂草；在禾本科杂草和阔叶杂草混发田块，选用精喹禾灵（高效氟吡甲禾灵、烯草酮）+砜嘧磺隆进行茎叶喷雾处理。

近年来，鄂尔多斯市用于防除单子叶杂草（禾本科杂草和莎草科杂草）的除草剂品种主要有丁草胺、乙草胺、异丙甲草胺、精异丙甲草胺、异丙草胺、2甲4氯、高效氟吡甲禾灵、西草净、扑草净、莠去津、草甘膦、敌草快、氟乐灵、精喹禾灵、二甲戊灵、烟嘧磺隆、硝磺草酮、草铵膦、苯唑草酮、苯磺隆等20多种。

高效氟吡甲禾灵：常用有效成分含量为108克/升，通用名称是高效氟吡甲禾灵，剂型多为乳油，用药量为30～40毫升/亩，茎叶喷雾。用于防除阔叶作物田禾本科杂草。尤其对芦苇、白茅、狗牙根等多年生顽固禾本科杂草具有较好的防除效果。对阔叶作物安全。低温条件下效果稳定。能防除野燕麦、稗、马唐、狗尾草、牛筋草、看麦娘、硬草、旱雀麦、芦苇、狗牙根、假高粱等一年生和多年生禾本科杂草，对阔叶杂草和莎草无效。防除一年生禾本科杂草，于杂草3～5叶期施药，亩用108克/升高效氟吡甲禾灵乳油20～30毫升，兑水20～25千克，均匀喷雾杂草茎叶。天气干旱或杂草较大时，须适当加大用药量至30～40毫升，同时兑水量也相应加大至25～30千克。用于防治芦苇、白茅、狗牙根等多年生禾本科杂草时，亩用量为108克/升高效氟吡甲禾灵乳油60～80毫升，兑水25～30千克。

精喹禾灵：常用有效成分含量为10%，通用名称是精喹禾灵，剂型多为乳油，用药量30～40毫升/亩，茎叶喷雾。在禾本科杂草与双子叶作物间有高度选择性，茎叶可在几小时内完成对药剂的吸收，一年生杂草在24小时内可传遍全株。适用于防除棉花、大豆、油菜、苹果、葡萄、甜菜及多种宽叶蔬菜作物田单子叶杂草。提高剂量时，对狗牙根、白茅、芦苇等多年生杂草也有作用。防除一年生禾本科杂草，在杂草3～6片叶时，每亩用10%乳油20～30毫升，兑水40～50千克进行茎叶喷雾处理。防除多年生禾本科杂草，在杂草4～6片叶时，每亩用10%乳油65～100毫升，兑水40～50千克进行茎叶喷雾处理。

异丙甲草胺：常用有效成分含量为50%、720克/升等，通用名称是异丙甲草胺，剂型为乳油、水乳剂，用药量为160～220毫升/亩，土壤喷雾。禾本科杂草幼芽、幼根吸收药剂后，蛋白质合成受抑制而死。适用于防除玉米、大豆、油菜、棉花、高粱、蔬菜等作物田马唐、稗、牛筋草、狗尾草、千金子、画眉草等一年生禾本科杂草。每亩用药量因作物种类而异。

丁草胺：常用有效成分含量为60%，通用名称是丁草胺，剂型为乳油，用药量90～150

毫升/亩，施用药土法。对小麦、甜菜、棉花、白菜等作物也有选择性。一般是作芽前土壤表面处理，水田苗后也可应用。

乙草胺：常用有效成分含量有40%、50%、90%，通用名称是乙草胺，剂型为乳油、水乳剂等，每亩用药量因作物种类而异，土壤喷雾。可防除一年生禾本科杂草和某些一年生阔叶杂草，适用于玉米、棉花、豆类、马铃薯、油菜、大蒜、向日葵、蓖麻、大葱等作物田。玉米每亩用90%乙草胺乳油100～120毫升；马铃薯每亩用90%乙草胺乳油100～140毫升，播种前或播种后出苗前表土喷雾。

精异丙甲草胺：常用有效成分含量为960克/升，通用名称是精异丙甲草胺，剂型为乳油，用药量40～90毫升/亩，土壤喷雾。适用于旱地作物播后苗前或移栽前土壤处理，可防除一年生禾本科杂草、部分双子叶杂草和一年生莎草科杂草，如稗、马唐、臂形草、牛筋草、狗尾草、异型莎草、碎米莎草、荠菜、苋、鸭跖草及蓼等。

异丙草胺：常用有效成分含量为72%，通用名称是异丙草胺，剂型为乳油，用药量150～200毫升/亩，土壤喷雾。适用于防除大豆、玉米、向日葵、马铃薯、甜菜及豌豆等旱地作物田稗、牛筋草、马唐、狗尾草等一年生禾本科杂草以及藜、反枝苋、苘麻、龙葵等阔叶杂草。在玉米、大豆等旱田作物播种后出苗前，用72%异丙草胺乳油150～200毫升/亩，兑水40千克/亩喷施。

莠去津：常用有效成分含量为50%，通用名称是莠去津，剂型为可分散油悬浮剂，用药量150～250毫升/亩，茎叶喷雾。以根吸收为主，茎叶吸收很少，迅速传导到植物分生组织及叶部，干扰光合作用，导致杂草死亡。用于玉米田、高粱田、林地、草地等防除一年生和二年生阔叶杂草和单子叶杂草。玉米每亩用50%莠去津悬浮剂150～250毫升，兑水30～50千克，在玉米4叶期作茎叶处理。

氟乐灵：常用有效成分含量为480克/升，通用名称是氟乐灵，剂型为乳油，用药量为100～150毫升/亩，土壤喷雾。适用于大豆、棉花、小麦、甜菜、向日葵、番茄、甘蓝、菜豆、胡萝卜、芹菜、香菜等40多种作物及果园、林业苗圃、花卉、草坪、种植园等防除稗、野燕麦、狗尾草、马唐、牛筋草、碱茅、千金子、早熟禾、看麦娘、藜、苋、繁缕、猪毛菜、宝盖草、马齿苋等一年生禾本科杂草及部分双子叶杂草。

二甲戊灵：常用有效成分含量为33%、35%、45%等，通用名称是二甲戊灵，剂型为乳油、悬浮剂等，每亩用药量因作物种类而异，土壤喷雾。可广泛应用于防除玉米、大豆、棉花、马铃薯、蔬菜等多种作物田杂草。防除一年生禾本科杂草、部分阔叶杂草和莎草。如稗草、马唐、狗尾草、千金子、牛筋草、马齿苋、苋、藜、苘麻、龙葵、碎米莎草、异型莎草等。对禾本科杂草的防除效果优于阔叶杂草，对多年生杂草效果差。玉米田每亩用33%二甲戊灵乳油200～300毫升，兑水15～20千克，播种后出苗前表土喷雾。马铃薯田亩用33%二甲戊灵乳油150～200毫升，兑水15～20千克，播种后出苗前表土喷雾。

烟嘧磺隆：常用有效成分含量为20%、40%等，通用名称是烟嘧磺隆，剂型为可分散油悬浮剂等，用药量为30～100毫升/亩，茎叶喷雾。可用于防除玉米田一年生和多年生禾本科杂草、莎草和某些阔叶杂草，对狭叶杂草活性超过阔叶杂草，对玉米作物安全。

硝磺草酮：常用有效成分含量为10%、15%、20%、40%等，通用名称是硝磺草酮，剂型为悬浮剂等，用药量为20～150毫升/亩，茎叶喷雾。可有效防治主要的阔叶草和一些禾本科杂草。硝磺草酮悬浮剂对玉米田一年生阔叶杂草和部分禾本科杂草如苘麻、苋菜、藜、蓼、稗、马唐等有较好的防治效果。

　　草铵膦：常用有效成分含量为10％、20％、30％等，通用名称是草铵膦，剂型为可溶液剂、水剂等，用药量视作物、杂草而异，茎叶喷雾。可用于果园、葡萄园、非耕地除草，也可用于防除马铃薯田一年生或多年生双子叶及禾本科杂草和莎草等，如鼠尾草、看麦娘、马唐、稗、狗尾草、野小麦、野玉米、鸭茅、羊茅、曲芒发草、绒毛草、黑麦草、芦苇、早熟禾、野燕麦、雀麦、猪殃殃、宝盖草、小野芝麻、龙葵、繁缕、匍匐冰草、剪股颖、拂子草、田野勿忘草、狗牙根、反枝苋等。

二、稗（*Echinochloa crusgalli*）

　　（一）生物学特征　稗，稗属，又称稗子、水稗。一年生草本植物，单生或丛生。无叶舌；叶片扁平。顶生圆锥花序，由穗形总状花序构成。

稗

　　（二）生境分布　湿生杂草。在鄂尔多斯市各地灌溉性农田分布较多。

　　（三）综合防治措施　参考单子叶杂草——虎尾草。

三、马唐（*Digitaria sanguinalis*）

　　（一）生物学特征　马唐，马唐属。一年生草本植物。秆直立或平卧。叶鞘短于节间，叶片线状披针形，基部圆形。总状花序，多呈指状排列。

　　（二）生境分布　鄂尔多斯市各地旱地均有分布。

　　（三）综合防治措施　参考单子叶杂草——虎尾草。

四、狗尾草 *Setaria viridis*）

　　（一）生物学特征　狗尾草，狗尾草属。一年生草本植物。根为须状，高大植株具支持根。秆直立或基部膝曲。叶鞘松弛，无毛或疏具柔毛或疣毛；叶舌极短；

马　唐

叶片扁平，长三角状狭披针形或线状披针形。圆锥花序紧密呈圆柱状或基部稍疏离；小穗2～5个簇生于主轴上或更多的小穗着生在短小枝上，椭圆形，先端钝。

（二）生境分布　鄂尔多斯市各地均有分布。

（三）综合防治措施　参考单子叶杂草——虎尾草。

五、大白茅（*Imperata cylindrica var. major*）

（一）生物学特征　大白茅，白茅属。多年生草本植物，具有横走根茎。秆高35～55厘米。叶片条形，圆锥花序紧缩呈穗状，有白色丝状柔毛。

（二）生境分布　鄂尔多斯市各地旱地均有分布。

（三）综合防治措施　参考单子叶杂草——虎尾草。

六、早熟禾（*Poa acroleuca*）

（一）生物学特征　早熟禾，早熟禾属，又称小青草、小鸡草。一年生或二年生草本植物，秆丛生。直立或稍倾斜；叶片带状披针形，先端呈船形；叶鞘自中部以下闭合；圆锥形花序，舒展，长2～10厘米，每节有1～2个分枝；小穗绿色，颖果纺锤形。

狗尾草

大白茅

早熟禾

（二）生境分布　中生植物。适生于湿润农田、沟渠路边及山坡草地，喜阴湿，不耐干旱。主要在小麦、油菜等作物田发生危害。在鄂尔多斯市各地旱地均有分布。

（三）综合防治措施　参考单子叶杂草——虎尾草。

七、芦苇（*Phragmites communis*）

（一）生物学特征　芦苇，芦苇属，又称苇子。多年水生草。根状茎特别发达；茎秆直立，节下常生白粉。叶互生，叶鞘圆筒形，叶舌有毛，叶长披针形，排列成两行。圆锥花序分枝稠密，顶生，疏散，稍下垂，下部有白柔毛，雌雄同株。果实为颖果，长圆形。

芦　苇

（二）生境分布　鄂尔多斯市低洼地区农田发生普遍，达拉特旗、准格尔旗黄河流域地区局部地区，尤以新垦农田危害较重。

（三）综合防治措施　参考单子叶杂草——虎尾草。

八、看麦娘（*Alopecurus aequalis*）

（一）生物学特征　看麦娘，看麦娘属。一年生草本植物。秆少数丛生，细瘦，光滑，节处常膝曲，叶鞘光滑，短于节间；叶舌膜质，叶片扁平，圆锥花序圆柱状，灰绿色，小穗椭圆形或卵状长圆形，颖膜质，基部互相连合，脊上有细纤毛，侧脉下部有短毛；外稃膜质，先端钝，等大或稍长于颖，下部边缘互相连合，隐藏或稍外露；花药橙黄色，花果期在4—8月。

（二）生境分布　鄂尔多斯市达拉特旗、准格尔旗农田灌溉区均有分布。

（三）综合防治措施　参考单子叶杂草——虎尾草。

看麦娘

九、牛筋草（*Eleusine indica.*）

（一）生物学特征 牛筋草，穇属，又称千千踏。一年生草本植物。根系极发达。秆丛生，基部倾斜。叶鞘两侧压扁而具脊，松弛，无毛或疏生疣毛；叶舌长约1毫米；叶片平展，线形。穗状花序2～7个指状着生于秆顶，很少单生；小穗长4～7毫米，宽2～3毫米，含3～6小花；颖披针形，具脊，脊粗糙。囊果卵形，基部下凹，具明显的波状皱纹。鳞被2，折叠，具5脉。花果期为6—10月。

（二）生境分布 鄂尔多斯市各地均有分布。

（三）综合防治措施 参考单子叶杂草——虎尾草。

牛筋草

十、画眉草（*Eragrostis pilosa var. pilosa*）

（一）生物学特征 画眉草，画眉草属。一年生草本植物。秆丛生，直立或基部膝曲，高15～60厘米，径1.5～2.5毫米，通常具4节，光滑。

（二）生境分布 鄂尔多斯市各地农田均有分布。

（三）综合防治措施 参考单子叶杂草——虎尾草。

画眉草

十一、拂子茅（*Calamagrostis epigeios*）

（一）生物学特征 拂子茅，拂子茅属。多年生草本植物，高80～150厘米，具有根状茎。条形粗糙叶片。圆锥花序密而狭，常间断，灰绿色或微带淡紫色的小穗，含一小花，小穗轴不延伸，雄蕊3个，夏季开花。

（二）生境分布 鄂尔多斯市灌溉性农田边、半湿润地均有分布。

（三）综合防治措施 参考单子叶杂草——虎尾草。

拂子茅

十二、狗牙根（*Cynodon dactylon*）

（一）生物学特征　狗牙根，禾本科狗牙根属，又称百慕达绊根草、爬根草、感沙草、铁线草。多年生草本植物，具有匍匐茎，秆细而坚韧，节上常生不定根，高可达30厘米，秆壁厚，光滑无毛。叶鞘微具脊，喉部具有须毛；叶片线形，通常两面无毛。总状花序指状，小穗长度约有1/2重叠；花果期全年。

狗牙根

（二）生境分布　中生植物。生于路边或田边。在达拉特旗、准格尔旗黄河灌溉区域有分布。

（三）综合防治措施　参考单子叶杂草——虎尾草。

十三、冰草（*Agropyron cristatum*）

（一）生物学特征　冰草，冰草属，又称多花冰草。多年生旱生禾草，秆成疏丛，上部紧接花序部分被短柔毛或无毛，质较硬而粗糙，常内卷，上面叶脉强烈隆起成纵沟，脉上密被微小短硬毛。穗状花序较粗壮，矩圆形或两端微窄，小穗紧密平行排列成两行，整齐呈蓖齿状，颖舟形，脊上连同背部脉间被长柔毛，具略短于颖体的芒；外稃被有稠密的长柔毛或显著被稀疏柔毛，内稃脊上具短小刺毛。

（二）生境分布　鄂尔多斯市干燥草地、山坡、丘陵以及沙地均有分布。

（三）综合防治措施　参考单子叶杂草——虎尾草。

冰草

十四、芒颖大麦草（*Hordeum jubatum*）

（一）生物学特征　芒颖大麦草，禾本科大麦属。多年生草本植物。秆丛生，平滑无毛，高可达45厘米，茎下部节上叶片的叶梢比节间长，茎中部节上叶片的叶鞘比节间短；叶舌干膜质、叶片扁平，粗糙，穗状花序柔软，绿色或稍带紫色，穗轴成熟时逐节断落，棱边具短硬纤毛；小花通常退化为芒状，稀为雄性；外稃披针形，5—8月开花结果。

（二）生境分布　在达拉特旗农田生长，危害旱作物，为麦类作物田间的主要杂草。

（三）综合防治措施　参考单子叶杂草——虎尾草。

芒颖大麦草

十五、厚穗狗尾草（*Setaria viridis*）

（一）生物学特征　厚穗狗尾草，狗尾草属。秆匍匐状丛生，矮小细弱，基部多数膝曲斜向上升，高10厘米左右。叶鞘松，基部叶鞘被较密的疣毛，边缘具长纤毛；叶舌为一圈纤毛；叶片线形，钻形或狭披针形，无毛粗糙。圆锥花序卵形或椭圆形，紫色。

（二）生境分布　中生植物。多生长于沙质土地，分布于东胜区、伊金霍洛旗。

（三）综合防治措施　参考单子叶杂草——虎尾草。

厚穗狗尾草

十六、野燕麦（*Avena fatua*）

（一）生物学特征　野燕麦，燕麦属，又称铃铛麦、香麦。一年生旱地杂草，茎直立或基部膝曲，具2～4节；叶鞘松弛，叶舌透明膜质；圆锥花序金字塔形，小穗下垂，外稃革质具芒。花果期为4—9月。

（二）生境分布　中生植物。适应性强，在各种土壤条件下都能生长，旱地发生面积较大。主要在小麦田发生危害，在小麦田中常成单优势种杂草群落，与小麦争夺水、肥和阳光，导致小麦生长不良、减产。准格尔旗、达拉特旗沿黄河区域分布较多。

（三）综合防治措施　参考单子叶杂草——虎尾草。

野燕麦

十七、野穈子（*Panicum miliaceum*）

（一）生物学特征 野穈子，黍属，又称野稷、野黍、毫穈、穈黑子。秆丛生或单生，直立、粗壮，暴露部分密生长疣毛并常带紫色。叶鞘松弛且短于节间，密生疣毛，基部常带紫色；叶舌较短，具短纤毛；叶片线状披针形，两面均疏生疣毛。圆锥花序开展而疏散，穗轴与分枝有角棱，棱上有粗短毛；小枝上疏生小穗，每小穗有小花2朵，第二小花结实。颖果椭圆形，黑色，有光泽。花果期为6—9月。

野穈子

（二）生境分布 中旱生植物。是栽培黍的伴生杂草。主要分布于山坡、草丛、荒野、路旁及田野、旱作地、果园、菜地等。鄂尔多斯市各地均有分布。

（三）综合防治措施 参考单子叶杂草——虎尾草。

莎草科杂草

莎草科杂草属于单子叶植物，胚具1子叶，不同于禾本科杂草的是：茎秆常呈三棱柱形，茎实心，无节；叶基生或秆生，三列着生，或叶片退化仅存叶鞘，叶鞘闭合。主要发生在水稻田，种类多，数量多，农业措施和化学药剂难以防除。常见的有香附子、碎米莎草等。

一、香附子（*Cyperus rotundus*）

（一）生物学特征 香附子，又称莎草、三棱草、回头青、香头草。多年生杂草。秆单生茎直立，三棱形。叶近基生出，细线形，略比茎短。叶脉平行，中脉明显，春夏开花抽穗，简单或复出长侧聚伞花序。小穗排列成倒三角状的穗状；块茎和种子均可繁殖，繁殖力极强，种子小而多；地上茎叶去除后，地下块茎无性芽又会长出新株，很难防除。

香附子

（二）生境分布　为秋熟旱作物田杂草，多生于山坡草地或水边湿地上，鄂尔多斯市各地均有分布。

（三）综合防治措施　参考单子叶杂草——虎尾草。

二、水蜈蚣（*Kyllinga brevifolia*）

（一）生物学特征　水蜈蚣，水蜈蚣属。多年生草本植物，根状茎长而纤细，秆高6～30厘米，成列地散生，扁三棱形。叶柔弱平张，短于或稍长于秆。穗状花序单个，极少2个或3个，具极多数密生的小穗。

（二）生境分布　鄂尔多斯市达拉特旗、准格尔旗、乌审旗水稻田、小麦田、玉米田中均有分布。

（三）综合防治措施　参考单子叶杂草——虎尾草。

水蜈蚣

三、异型莎草（*Cyperus difformis*）

（一）生物学特征　异型莎草，莎草目莎草科。一年生草本植物，根纤维状。秆丛生，叶基生，花果期夏、秋季，长侧枝聚伞花序，小穗聚成头状，以种子繁殖。

（二）生境分布　为低洼潮湿的旱地恶性杂草，生于稻田或水边潮湿处。鄂尔多斯市达拉特旗、准格尔旗黄河灌溉区域有分布。

（三）综合防治措施　参考单子叶杂草——虎尾草。

四、水莎草（*Juncellus serotinus*）

（一）生物学特征　水莎草，水莎草属。多年生草本植物，散生，根状茎长，秆高粗壮，扁三棱形，平滑。叶片少，短于秆或有时长于秆，基部折合，上面平张，背面中肋呈龙骨状突起。苞片叶状，较花序长一倍多，长侧枝聚伞花序复出。

异型莎草

（二）生境分布　鄂尔多斯市各地均有分布。多生长于浅水中、水边沙土上，多见于水稻田。

（三）综合防治措施　参考单子叶杂草——虎尾草。

五、具芒碎米莎草（*Cyperus microiria*）

（一）生物学特征

具芒碎米莎草，莎草属。一年生草本植物，具须根。秆丛生，高20～50厘米，稍细，锐三棱形，平滑，基部具叶，长侧枝聚伞花序复出。

（二）生境分布　分布于达拉特旗、准格尔旗、乌审旗水稻田、小麦田灌区边，喷灌地也有分布。

（三）综合防治措施　参考单子叶杂草——虎尾草。

六、红鳞扁莎（*Pycreus sanguinolentus*）

（一）生物学特征　红鳞扁莎，莎草科扁莎属。一年生草本植物。秆密集丛生，扁三棱形，叶片条形，短于秆，苞片2～5，叶状，长于花序，鳞片黄褐色。

（二）生境分布　分布于乌审旗、达拉特旗、准格尔旗灌溉农田。

（三）综合防治措施　参考单子叶杂草——虎尾草。

水莎草

具芒碎米莎草

第十章　鼠害发生与控制

第一节　长爪沙鼠

长爪沙鼠（*Meriones unguiculatus*）别名长爪沙土鼠、黄尾巴耗子、黄耗子、白条子、沙土鼠。隶属于啮齿目鼠科沙鼠亚科沙鼠属。分布于内蒙古自治区、吉林省、辽宁省西部、河北省、山西省北部、陕西省北部、宁夏回族自治区、甘肃省东部的干旱、半干旱环境中，从西到东横跨荒漠草原和典型草原及其毗邻的农牧交错区地带。在内蒙古自治区主要分布在内蒙古高原的中部和东部，分布东界为大兴安岭和科尔沁沙地，向南分布到河北省坝上地区、山西省雁北地区、陕西省北部黄土高原，向西分布到贺兰山、宁夏回族自治区全境，以及甘肃省东部祁连山地的北麓。在鄂尔多斯市分布于杭锦旗等西部荒漠草原草场。长爪沙鼠给农牧业生产造成较大损失，尤其是在农区，盗食并储存大量粮食，严重时可造成农作物减产20%左右；而在牧区，消耗大量牧草，破坏土层结构，影响牧草更新。

一、形态特征

长爪沙鼠成体体长100～130毫米。眼大；耳圆，尾长而粗，接近或略小于体长，披有黄色密毛，尾端毛束呈深黑色。四肢的爪尖而长，爪黑褐色，弯曲而锐利。口角后上方至眼周、眼后及耳塞、耳后为污白色条纹。胸部及腹部呈污白色，毛基灰色，毛尖白色。四肢外侧毛与背同色，内侧毛与腹面同色。成年雄鼠白喉部到胸腹部中线有1条棕黄色纵纹。颅骨前窄后宽，鼻骨狭长。顶间骨卵圆形。门齿黄色，前缘外侧部各有1条纵沟。成体上、下颊齿有齿根，咀嚼面因磨损形成1列菱形。

长爪沙鼠

二、生活习性

长爪沙鼠是白昼活动的群居性鼠类，喜栖息于植被稀疏低矮、土壤干燥沙质的荒漠和半荒漠草原，洞系出入口在地面上连片形成"洞群"，在田埂和田间荒地及农田附近草地，长爪沙鼠密度较高。具有贮食越冬习性，由群体合作完成贮食行为。夏季取食植物的茎叶，秋季取食种子，冬春季主食秋季贮存的草籽及农田作物种子。在资源丰富度高且食物集中的区域，采取中心采食原则，就地建洞贮藏；在食物源丰富且均匀分布的区域，采取随机均衡贮藏方式获得最优贮食收益。在农牧交错区，长爪沙鼠季节迁移明显。在农田作物成熟收割时期，长爪沙鼠从田间荒地迁入农田。农田翻耕后，长爪沙鼠越冬生境被破坏，被迫返回田埂或田间荒地。

三、发生规律

长爪沙鼠野外种群繁殖具有季节性，繁殖期集中在3—8月，冬季部分个体也可繁殖。9—10月为繁殖休止—贮食期。在鄂尔多斯市农牧交错地带，一年可繁殖4窝，每窝3~7只。冬季出生的个体可产3~4窝；春季出生的个体当年可产1窝。6—8月出生的，当年不能繁殖，而是延迟到第二年春季成为繁殖主体。

四、综合防治措施

（一）加强监测预警　在长爪沙鼠发生区域，加强监测预警，完善测报制度，依托自治区、盟市、旗县区、农牧民测报员四级监测预警体系，开展野外调查工作，密切监控鼠害发生动态。

（二）生态调控　采用禁牧休牧、围栏封育、人工种草等综合措施，破坏和改变鼠类适宜的生存环境，抑制种群规模。

（三）物理防治　利用鼠夹类、鼠笼、弓箭、板压、圈套、剪具、钓钩类装置、粘鼠胶板法等物理措施进行灭鼠。也可进行灌溉灭鼠，在播种前深翻地或进行灌水，破坏洞道和栖居环境。

（四）生物防治　保护和利用天敌，野外可利用招鹰控鼠、野化狐狸控鼠等方法进行防控，在鼠害发生区建造鹰架鹰墩，创造适宜鹰类觅食、栖息等生存条件，扩大鹰类的种群数量和活动范围。通过人工驯养银黑狐，控制长爪沙鼠种群数量。生物药剂可采用C型肉毒梭菌毒素、D型肉毒梭菌毒素、莪术醇、雷公藤甲素颗粒剂、20.02%地芬诺酯·硫酸钡饵剂进行投饵防控，饵料可选用植物带壳的种子和新鲜粮食，如小麦、玉米、稻谷的种子。生物制剂用量按照说明书使用，将配制好的毒饵均匀撒施、带状投饵、洞口或洞群投饵。

（五）化学防治　种群密度大时，可采用见效快的化学防治方法。采用杀鼠迷、氯敌鼠钠盐、敌鼠钠盐、毒鼠磷、溴代毒鼠磷、杀鼠灵、溴敌隆、溴鼠灵等配制毒饵进行防控，毒饵配制按照杀鼠剂说明书进行配制。

第二节　子午沙鼠

子午沙鼠（*Meriones meridianus*）别名黄耗子、黄老鼠、午时沙土鼠、黄尾巴耗子、子午沙土鼠。隶属于啮齿目仓鼠科沙鼠属。分布范围为内蒙古自治区、河北省西北部、山西省中北部、陕西省秦岭以北、河南省西北部、柴达木盆地、甘肃省和宁夏回族自治区全境，以及新疆维吾尔自治区全境。海拔分布从海平面以下150米的吐鲁番盆地，到海拔3 200米的高山荒漠地区。我国分布的子午沙鼠根据形态等划分为7个亚种，分布在锡林郭勒浑善达克沙地以西，为内蒙古亚种。鄂尔多斯市主要分布在杭锦旗、乌审旗、鄂托克旗南部、伊金霍洛旗西南部的沙漠地区。子午沙鼠由于啃食梭梭、红柳等沙漠植物的种子和枝叶，对沙漠植物具有很大的危害。在农作区进入农田、粮仓，盗食谷物，严重危害农作物生长，造成减产。同时由于筑洞作巢和储粮，对农田水利设施安全造成隐患。

一、形态特征

成体体长100~150毫米，尾长与体长近似相等。耳短圆，约为后足长的一半。眼大。耳壳前缘密生一列长毛，耳壳内表面无毛，向前折可达眼部。后足掌被毛，仅在足跟部有1个近似圆形裸毛区。不同亚种毛色、尾毛及毛束有差异。内蒙古亚种毛色呈深沙棕色稍红，尾背黑色毛束长于3毫米。头部和体侧毛色浅。腹毛毛尖为纯白色。尾呈黄褐色。爪基部呈浅褐色，尖部呈白色。头骨听泡发达，两听孔间距离远超过颅长的1/2，鼻骨狭长，前后宽窄相近，后端稍窄不尖突。顶间骨宽大，背面隆起，后缘有凸起。上门齿有1个纵沟，稍偏于外侧。

子午沙鼠

二、生活习性

子午沙鼠为荒漠和半荒漠地区的优势鼠种，广泛栖息于各类干旱环境。在半固定、固定灌丛沙丘、水渠堤岸、沙梁低地、土堆坟地均有分布。在鄂尔多斯市，子午沙鼠的典型生境为灌木和半灌木丛生的沙丘和沙地，常栖息于丛生梭梭、白刺、柽柳等灌木的生境中。在农区常栖息于杂草丛生的沙地。打洞穴居，多在固定沙丘的边缘或灌丛下打洞，也喜在风烛残丘、渠道边、田埂、树坑的中下部打洞。洞穴分为夏季洞和冬季洞，夏季洞为临时洞，洞口一般为1个，少数有2~4个洞口，开口常在沙丘的灌丛下。农业区常在墙角、田埂等处打洞，洞口形状和数量因土质不同而有差异。洞口方向朝南居多，朝北最少。洞口直径3~6厘米，洞道直径约8厘米，长约2米。洞道曲折，分枝多，相互连接。洞内有巢室1个以及生殖室3~4个。巢材一般为芦苇、狗尾草等的茎和叶。冬季洞较夏季洞复杂，洞口一般2~7个，洞径因土质不同而不同，黏土地段5~7厘米，沙土地段6~11厘米，洞道长达4米以上。杂食性，以草本植物、小灌木、旱生灌木的茎叶和果实为主要食物。冬季子午沙鼠常有储粮习性，但储粮有限，常需出洞觅食，日食粮8~10.6克。子午沙鼠昼夜活动，夏季因气候炎热，以前半夜活动最为频繁。秋季气温降低，以白昼活动最为频繁。可远离洞口觅食，一般活动范围在5米^{2}左右，最大范围可达20米^2。个别子午沙鼠采食最远可离洞口147米，并有明显的路线踪迹，来回路线相同，线路宽9~17米。

三、发生规律

子午沙鼠的繁殖能力较强，全国各地繁殖时间有差别。新疆维吾尔自治区于3月中旬开始交配，4月下旬多数雌鼠已妊娠；内蒙古自治区于5月中旬前发现孕鼠；宁夏回族自治区2—3月出现个别孕鼠，4月孕鼠较多。4月大多数越冬雌鼠开始妊娠，交尾后离开冬季洞迁入夏季洞，独居并准备繁殖。每胎3~12只，平均6只，妊娠期22~28天。幼鼠1个月左右即可离洞独立生存，5—7月大批幼鼠离洞。6—7月，部分当年春天出生的子午沙鼠加入繁殖种群，形成第二次繁殖高峰。7—8月，怀孕雌鼠数量下降，但可一直持续到10月。由于春夏季繁殖的幼鼠加入种群，至秋季时，子午沙鼠种群数量激增，为春季的5~10倍。秋季种群中幼鼠约占80%。冬季由于气温低、食物匮乏等恶劣生存条件，导致出生较晚的个体和老龄个体死亡，冬季种群回到原有水平。

四、综合防治措施

参考鼠害——长爪沙鼠。

第三节　黑线仓鼠

黑线仓鼠（*Cricetulus barabensis*）又称小腮鼠、背纹仓鼠、花背仓鼠。隶属于啮齿目仓鼠科仓鼠属。主要分布于北方地区，北至东三省，南至长江以北安徽省、山东省等地，西至甘肃省河西走廊张掖一带。内蒙古自治区从东到西12个盟市均有分布。鄂尔多斯市各地均有分布，尤其达拉特旗、杭锦旗、准格尔旗的农区种群密度相对较大。黑线仓鼠对农牧业生产有较大危害，在农区不仅偷食粮食作物，而且在储粮过程中会糟蹋大量粮食，给农户造成较大经济损失。在牧区，常影响牧草更新。

一、形态特征

黑线仓鼠体型小，成体体长80～110毫米。体肥壮，成体体重20～40克。吻钝，口腔内有发达颊囊。尾短，为体长的1/4～1/5。乳头4对。毛色为黄褐色或灰褐色，老体中较多个体毛色呈黄褐色，幼体、成体多呈灰褐色。背部中央从头顶至尾基部有1条黑色或深褐色的纵纹，其明显程度各亚种间有区别，一般东北地区亚种背纹偏黑色且宽，毛色深暗。华北地区的亚种毛色略浅，背纹黑而较细。内蒙古自治区等西部荒漠草原种群毛色较浅且背纹不明显。耳内外侧被棕黑色短毛，且有一很窄的白色边缘。胸部、腹部、前后肢下部与足背部的毛色均呈白色，与体背毛色有明显的区别。尾上部为黄褐色，下部为白色。耳圆。头颅圆形，听泡隆起。颧弓不甚外凸，左右几近平行。鼻骨窄，前端略膨大，后部较凹，无明显眶上嵴。上门齿细长，上臼齿3枚。第一上臼齿咀嚼面上有6个齿突。第二臼齿有4个齿突，第三臼齿有4个排列不规则的齿突。第一下臼齿的咀嚼面有3对齿突，第二、第三臼齿均有齿突2对。

黑线仓鼠

二、生活习性

黑线仓鼠栖息环境范围十分广泛，遍布草原、平原农田、山地、疏林、山坡、灌丛等各种生境，是一种广谱、杂食性的动物。在农田生境中，黑线仓鼠主要以农作物种子为食，成体平均日食量约5克，食性随季节变化而有所波动。洞穴由洞口、洞道、窝巢、仓库、膨大部和盲道等几部分组成，每个洞系一般有2个洞口，少数有3～4个。洞口直径约3厘米，洞口无土丘。地下洞道大致有3种类型，分别是临时洞或储粮洞、居住洞和长居洞或越冬洞。临时洞或储粮洞洞穴结构简单，一般仅有45厘米左右长的洞道和直径8～20厘米的膨大部组成，很少有分枝。洞口1个，直径约4厘米。居住洞结构较临时洞复杂，是黑线仓鼠自春季至秋季居住、产仔和育幼的场所。通常洞口有1～3个，洞道有较多的分枝和膨大部。巢材由柔软的羽毛和干草组成。长居洞或越冬洞是结构最复杂的洞道，洞道较长，约在2米以上，分枝和膨大部较多。越冬窝巢深，距地面70厘米以上。此外，黑线仓鼠还利用其他鼠的废弃洞。黑线仓鼠为夜出性鼠类，傍晚至天明有2次活动高峰，以20:00～22:00活动最盛。秋季活动频繁，活动范围小，一般在居穴50米之内，冬季和初春活动减少，活动范围较大，可超过100米。严冬时主要在洞穴中生存，无冬眠现象，以储粮过冬。

三、发生规律

黑线仓鼠为季节性繁殖动物，繁殖期持续时间长，繁殖力极强，每年有9～10个月进行繁殖，3—4月和8—9月为繁殖高峰期，冬季不繁殖，年繁殖3～5胎，每胎平均4～9只幼仔，以6只居多。内蒙古自治区3—10月为繁殖期，种群数量随季节变化，一年中有2个繁殖高峰，即春季和夏末秋初，种群数量在10月最高。

四、综合防治措施

参考鼠害——长爪沙鼠。

第四节 灰仓鼠

灰仓鼠（*Cricetulus migratorius*）别名仓鼠。隶属啮齿目仓鼠科仓鼠亚科仓鼠属。分布于内蒙古自治区、宁夏回族自治区、河南省、甘肃省、青海省、新疆维吾尔自治区等省份。在内蒙古自治区分布于锡林郭勒盟、呼和浩特市、包头市、阿拉善盟和鄂尔多斯市。鄂尔多斯市靠近宁夏回族自治区的区域有分布。灰仓鼠在农区盗食种子，啃食幼苗，造成作物缺苗断垄。作物成熟后，大量盗取小麦、玉米等谷物，并储藏于洞穴中，给农民带来经济损失。

一、形态特征

灰仓鼠体型中等，成体体长95～125毫米，尾长约为体长的1/3。耳圆，无明显白边。吻钝，有颊囊。毛色个体差异较大。背毛黑灰色或沙灰色，毛基深灰色，毛尖黄褐色或黑色。耳背有暗灰色细毛。腹部毛基灰色，毛尖白色。足掌裸露，四足背面有白色短毛。年龄越大，背毛沙黄色越浓。背、腹毛色界限在体侧明显。头骨狭长，鼻骨亦长。额骨隆起，眶上嵴不显，眶间平坦。顶部扁平，顶骨前方的外侧角前伸达眶后缘，其端部不向内弯曲。顶间骨发达，略呈等腰三角形。枕骨略向后凸，枕髁超出枕骨平面。颧弓中间较细。腭孔小，后缘不达白齿前缘水平线。翼内窝达白齿列后缘。听泡小。

灰仓鼠

二、生活习性

灰仓鼠栖息于荒漠平原、森林灌丛、山地草原、高山草甸、绿洲、农田、菜园及农舍。在农区常筑巢于地埂、土丘和其他啮齿类的废弃洞中。穴居，洞道简单，一般有2个出口，一个巢和若干个仓库，洞径2～4厘米。具储粮习性，食性杂，主食植物嫩叶、种子、软体动物和鳞翅目昆虫的幼虫。活动能力强，主要以夜晚活动为主，在晨、昏最为活跃。具有浅冬眠特性，冬眠阵1～4天，明显比深冬眠类动物短，参与冬眠的比例随繁殖代数的增加而下降。11月至翌年3月，室温低于10℃时，部分个体进入冬眠，0℃时冬眠阵可达4天，醒眠期有取食和排便行为。

三、发生规律

灰仓鼠繁殖期在3—9月，性成熟50天，妊娠期19.3天，平均产仔间隔39天，年繁殖3次，每胎1～13仔，平均6～7仔。雌体繁殖高峰为3～12月龄，雌、雄体最长繁殖年限分别为1.5年和2年。幼鼠约3周左右离开母鼠。当年第一窝幼仔最快在秋季可以进行繁殖。

四、综合防治措施

（一）生态调控措施　采取秋耕冬灌、挖掘鼠洞，收秋后及时将粮食归仓、储存、调整作物结构、水旱轮作、清除杂草、清洁农舍周围环境等农业措施或非化学及物理手段改变灰仓鼠生存环境，恶化其取食和生存条件，从而控制鼠害。

（二）物理防治措施　使用体积小、灵敏度高的鼠夹、捕鼠笼等多种捕鼠器捕杀，也可使用粘鼠板、碗扣、水淹等方法进行灭鼠。野外灰仓鼠可使用一般捕鼠器，也可采用翻草堆、挖洞和灌洞等方法。

（三）其他防治措施　参考鼠害——长爪沙鼠。

第五节　小　家　鼠

小家鼠（*Mus musculus*）又称鼷鼠或小鼠。隶属于啮齿目鼠科小鼠属。适应性强，行动敏捷，在全国都有分布，内蒙古自治区各盟市均有发现，鄂尔多斯市主要分布在沙地草场。小家鼠主要活动于农舍区、居民住宅区的室内及室周环境，是最常见的家栖鼠种之一。小家鼠对农业危害严重，大发生时，给农业造成很大损失。

一、形态特征

个体小至中型，平均体重16克左右，成年个体体长60～90毫米。尾长南北方有差异，南方种群尾长≥体长，北方种群稍短于体长。头较小。吻短呈尖形。耳圆且薄，明显外露出毛被外。耳长12～15毫米。上门齿后缘有明显缺刻。体被毛柔软，毛色因不同亚种而有差异。背部毛色深暗色，呈灰棕色、暗褐色，毛基呈深灰色或黑色。体侧毛赭黄色，毛基深灰色。腹面毛灰白色、白色或灰黄色。尾背面为黑褐色，腹面为沙黄色。四足背面呈暗色。

小家鼠

二、生活习性

小家鼠为人类伴生种，栖息环境多种多样，喜欢在较为干燥的环境下生活，在野外喜栖息于草丛、田埂、谷堆中，在收获季节常聚集在便于获得谷穗的地方。食性杂，对所有农作物都有危害，尤其在作物收获季节危害最重，主要在夜间取食，一般19:00～22:00为取食高峰。播种后，以盗食小颗粒粮食作物和经济作物种子为主，导致农田缺苗断垄。在作物成熟后，以盗食粮食作物谷穗为主，造成农产品质量和产量下降。居民区内，常出没于杂物堆、家具角落和储存粮食的地方。小家鼠洞穴结构简单，喜在衣柜、抽屉、墙角、田埂、粮草垛等隐蔽处作窝，室内窝巢常用烂棉、破布、碎纸屑等柔软物铺垫。室外窝巢常用多种作物的茎叶和细软的草本植物筑成，也利用其他鼠类的废弃洞穴。喜独居生活，仅在交尾或哺乳期可见一洞多鼠现象。季节迁移习性明显，春季播种时，小家鼠从居民住宅区外迁到野外农田进行危害，待作物成熟，粮食进仓，大部分迁回居民生活区，少数在秸秆中过冬。

三、发生规律

小家鼠全年均可繁殖，繁殖力强。在鄂尔多斯市有明显的季节性，野外夏季为繁殖盛期，雌鼠怀孕率超50%，春季次之，秋季最低。雄鼠春季睾丸下降率最高，夏季次之，秋季最低。多数小家鼠一年繁殖1次，少数一年繁殖2次。幼鼠在2.5月龄时即达性成熟，妊娠期约19天，产仔间隔和年产窝数随生境不同而有差异，雌鼠胎仔数多于南方，全年可产仔6～9胎，每胎6～8只。寿命一般不超过1.5年。当条件适宜时，小家鼠数量急剧上升，发生大暴发，造成极大危害。

四、综合防治措施

参考鼠害——长爪沙鼠。

第六节 褐家鼠

褐家鼠（*Rattus norvegicus*）别名大家鼠、挪威鼠、沟鼠、粪鼠。隶属于啮齿目鼠科家鼠属，为世界性分布的鼠种。在我国，目前除西藏自治区外的其他省（自治区、直辖市）都有分布。鄂尔多斯市各旗区都有发现，是农村和城镇危害较大的害鼠。褐家鼠危害方式多，毁坏农作物，造成农作物减产；损害和污染食品，加速食物变质；破坏田埂，造成灌水流失；咬坏家具、衣服等生活用品，咬死家禽和幼畜，给居民造成经济损失，甚至给人和家畜传播疾病，严重威胁人类健康。

一、形态特征

体型大，是家鼠中体躯最大的一种。成年体重在80克以上，个别可达300多克。尾粗而短，比体长略短，尾被毛少，表面鳞片明显。四足强健，后足长33～46毫米。吻尖出，耳短而厚，长度约为后足的1/2，前折不能遮眼。乳头6对。体背棕褐色至灰褐色，毛基深灰色，毛尖呈棕色，背中央杂有黑色长毛。腹毛污白色。尾上面灰褐色，下面灰白色。头骨粗大，左右两侧的颞嵴近乎平行。白齿咀嚼面有3条横嵴，老体磨损后呈板齿状。

褐家鼠

二、生活习性

褐家鼠生命力强，能适应不同环境，喜沿墙根壁角活动，善游泳，可潜水通下水道进入马桶。具攀登能力，常栖息在居民区及附近。在室内，喜筑巢于建筑物的基部，在沟渠两侧、地板下、仓库、厕所、杂物棚、垃圾堆和下水道中常见，耐湿。在室外，主要栖息于离水源近的耕地、菜园、草地、沙丘、坟地和公路旁。洞穴洞口外径平均为6厘米左右，一般洞系有2～4个口，洞道长，分枝多，洞深可达1.5米，洞道倾斜角平均约40°。洞口处无土堆围绕，土堆仅存在洞口一侧。食性杂、食谱广，喜食肉类和含水分多的食物，野外以植物性食物为主。日取食量约为其体重的10%，每日需水15～30毫升，对饥渴忍耐力较小。视觉差，嗅觉、听觉和触觉灵敏，习惯于夜间活动，黄昏和黎明为活动高峰期，夜间活动约为白昼活动的

2.7倍。警惕性强，新物反应强烈，一旦习惯，即失去警惕。

三、发生规律

褐家鼠繁殖力强，条件适宜时四季皆可生育，5—9月为繁殖盛期，妊娠期22～24天，每一雌性褐家鼠一年生产2～3窝仔鼠，平均每窝产仔8～10只，最多可达16只，1只雌鼠一年内能产仔38只，平均寿命为6～7个月，只有5%的个体能存活12个月以上，很少超过2年。出生仔鼠1周内长毛，9～14天睁眼寻食，并在巢穴周围活动。3月龄时，达到性成熟。

四、综合防治措施

参考鼠害——长爪沙鼠。

第七节　东方田鼠

东方田鼠（*Microtus fortis*）别名沼泽田鼠、大田鼠、水耗子、苇田鼠、长江田鼠、远东田鼠。隶属于啮齿目鼠形亚目仓鼠科田鼠亚科田鼠属。东方田鼠在我国分布较广，主要分布在黑龙江省、吉林省、辽宁省、内蒙古自治区、陕西省、山东省、宁夏回族自治区、广西壮族自治区、湖南省、福建省、江苏省、浙江省等省份。在内蒙古自治区有3个亚种，其中指名亚种（*M. f. fortis*）分布在鄂尔多斯市和巴彦淖尔市；东北亚种（*M. f. pelliceus*）分布在呼伦贝尔市；新民亚种（*M. f. dolicocephalus*）分布于内蒙古自治区北部和通辽市。鄂尔多斯市主要分布在准格尔旗沿黄河流域。东方田鼠主要危害林业和果园，啃咬树皮和幼枝，造成苗木生长不良或死亡。在湖区，其危害具有季节性和突发性，在汛期成群迁移，对水稻、黄豆、西瓜等滨湖农田作物危害甚重，造成大面积绝收。

一、形态特征

东方田鼠体型较大，头圆胖，吻部较短，口腔内有颊囊。耳壳短圆，隐于毛被中。成体体长120～150毫米。尾长为体长的1/3～1/2，被密毛。后足长22～24毫米，足掌前部裸露，有5枚足垫，足掌基部被毛，背毛暗褐色，毛基灰色，毛尖呈暗棕色。体侧毛色浅，腹毛污白色。背腹毛间分界明显。尾部背面呈黑色，腹面呈污白色。颅骨顶部略弯。前颌骨后端超出鼻骨，门齿孔较长。腭骨后缘有一下伸的小骨与翼骨相连，形成翼窝。听泡较高。门齿外面无纵沟。第一上臼齿在前横棱之后有4个封闭的三角形齿环，内外各2个。第二上臼齿3个齿环，内1外2。第三上臼齿内侧有4个凸出角，外侧有3个。下颌第一臼齿在后横棱之间有5个封闭的三角形，最前端有1个不规则的齿叶。成年雄鼠的头骨显著大于雌鼠。

二、生活习性

东方田鼠是温旱型种类，在北方栖于河边或林区中常有苔藓的潮湿区。在南方喜居于莎草和芦苇丛生的湖滩沼泽地带或农田中。食物主要以植物的茎叶、种子为主。无冬眠。昼夜均可活动，夏季以夜间活动为

东方田鼠

主，其他季节以白天活动为主。善游泳，可潜水。有季节迁移习性，汛期来临前，成群迁往周围农田，造成鼠害暴发，汛期过去后，又回迁栖息地生活。巢穴洞口多而成群，复杂洞系有20多个洞口，平均每个洞群有洞口14.7个。洞道密而表浅、长而分枝多，内有仓库2 ~ 5个，洞口和洞道皆圆形，直径因鼠大小而异。每产一胎仔建一新窝，窝顶距地表6 ~ 10厘米。北方东方田鼠有储粮习性，一个洞系储粮可达10千克，南方东方田鼠无储粮习惯。

三、发生规律

东方田鼠繁殖季节各地不同，平均胎仔数、怀孕率从南到北有升高的趋势，繁殖期从南到北依次缩短，夏季高温及迁移过程中的体力消耗等因素导致东方田鼠在农田区繁殖力降低。南方主要在冬春繁殖，北方春夏为繁殖高峰，妊娠期20天左右，一年可产2 ~ 4窝，每窝4 ~ 11只，初生性比偏雌。在自然状况下，东方田鼠寿命不超过2年，种群平均寿命为14个月，种群更新速度较快，常有暴发性。

四、综合防治措施

（一）**农业防治措施**　清除农田田埂、沟渠、果园和防护林等东方田鼠栖息地的杂草，保持地面干硬，抑制东方田鼠入侵。

（二）**物理防治措施**　东方田鼠洞穴浅，可以挖洞进行捕杀，也可在洞口设置弹簧踩夹或铁（木）板夹，放置前将部分洞口堵塞。

（三）**其他防治措施**　参考鼠害——长爪沙鼠。

第八节　鼹形田鼠

鼹形田鼠（*Ellobius talpinus*）别名瞎老鼠、拱鼠、地老鼠、翻鼠。隶属于啮齿目仓鼠科田鼠亚科鼹形田鼠属。分布于内蒙古自治区、新疆维吾尔自治区和甘肃省等地。内蒙古自治区呼和浩特市、巴彦淖尔市、鄂尔多斯市、锡林郭勒盟等中西部盟市均有分布。在鄂尔多斯市，主要分布于杭锦旗、伊金霍洛旗等地的草原、草场上。鼹形田鼠对草场破坏性大，不仅减少当年产草量，而且还会改变草场植被类群。常年危害农业生产，从土壤中盗食种子开始，啃食农作物的根和茎，造成农作物减产，直接影响到农民的经济收入。

一、形态特征

鼹形田鼠头部扁圆、眼小，耳不具外耳廓。体粗短，呈圆筒状，胸腹部有4对乳头。成体体长105 ~ 130毫米。尾短，长9 ~ 11毫米，略突出毛外。门齿前倾，露于口唇之外，前缘白色。四肢足掌部除两侧及趾缘外，均裸出无毛，爪不发达，第一指小而有甲。全身披毛细软、短而厚密，无针毛。成体毛色多呈黄褐色、肉桂色或黑棕色，幼体灰色调较重。毛基灰色，毛尖呈浅红褐色或黄色。吻至前额部及眼睑呈明显的黑褐色。腹部和体侧毛基呈灰色，毛尖灰白色。尾毛

鼹形田鼠

呈暗褐色或淡黄色。头骨粗壮、鼻骨细长，头骨背面有单块顶间骨是该鼠与本属其他种类区别的主要特征之一。下颌关节突的外侧有一个由下门齿根端形成的齿槽突，与关节突几乎平齐。

二、生活习性

鼹形田鼠是营地下生活的群栖种类，很少到地表活动，对环境的适应能力较强，可在森林草原、荒漠草原和山地草原中生活。通常栖居在植被稀疏、干旱缺水、土壤松软的沙质地，并能进入草原开垦地、沼泽、低丘和长有葱类、猪毛菜等植物的荒漠边缘地区，不能到寸草不生的沙漠中打洞筑巢。在鄂尔多斯市南部和陕北交界处，可在长满马蔺的盐碱地上打洞。洞穴结构复杂，由主洞道、排上洞道、草洞、栖息洞、巢室组成。主洞道洞顶一般距地面15～20厘米，在土地干燥地区和沙土地带洞道距地面20厘米以上，与地面大致平行，是鼹形田鼠采食及往来活动的主要通道。洞道直径5～7厘米，四壁光滑，分枝多。洞道长度短则10余米，长则在百米以上。排上洞道，为鼹形田鼠向地表抛出废土的洞道，分布在主洞道两侧。草洞位于土洞道和排土洞道相交处附近，为挖食草根时形成的洞道。栖息洞内有巢、仓库和厕所，巢材由干枯禾草构成，内衬柔软的草叶。巢室分为冬巢和夏巢，夏巢较浅，距地面30～40厘米；东巢较深，一般位于冻土层下。鼹形田鼠经常集群生活在一个洞系中，昼夜活动，清晨和晚上活动频繁。受惊或被捕时，发出轻微的吱吱声，畏光怕风，洞道被挖开时，会推土前来堵洞。

三、发生规律

鼹形田鼠繁殖期在4—9月，6月妊娠率达到高峰，并一直延续到8月，8月妊娠率显著低于6月，9月孕鼠量急剧下降。每年繁殖3～4胎，每胎2～7只，妊娠期约26天。幼鼠3个月达到性成熟，幼鼠出生后，与母鼠同居2个月，之后与母鼠分居1个月后即达到性成熟。每一洞群一般有鼠5～6只，多达10余只。

四、综合防治措施

参考鼠害——长爪沙鼠。

第九节 中华鼢鼠

中华鼢鼠（*Mospalax fontanieri*）为鼹形鼠科鼢鼠亚科鼹鼠属动物。别名瞎老鼠、原鼢鼠、瞎瞎。是我国特有种，分布于青海省、甘肃省、宁夏回族自治区、内蒙古自治区、河北省、北京市、山西省、陕西省、河南省等省份。鄂尔多斯市主要分布在准格尔旗，其余旗区较少。中华鼢鼠对农业有严重的危害，取食作物地下部分，咬断作物根系，造成缺苗断垄，农作物产量下降。

一、形态特征

体型粗短肥壮，近似圆筒形。体长150～250毫米，雄鼠体型一般大于雌鼠。四肢短，前爪特别粗大，第二趾与第三趾的爪几乎等长，呈镰刀状。无耳壳，耳小，隐于毛下。头部扁而宽，吻端平钝。尾细长，长度约为体长的1/4。全身被毛，细软且光泽鲜亮，无针毛。头、背部呈锈红色或灰褐色。唇周围以及吻部至两眼间有1个较小淡色区。额部中央有1个白斑。腹毛灰黑色，毛尖锈红色，足背与尾毛稀疏，且呈污白色。头骨短而宽，棱角明显。鼻骨较窄。"人"字嵴强大。鼻垫呈细长梯形。门齿孔小，被前颌骨包围约一半。

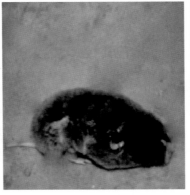

中华鼢鼠

二、生活习性

中华鼢鼠主要栖息于华北、西北各省份的农田、林地、荒地、草场及河谷中，在海拔3 800 ～ 3 900米的高山草甸也有分布。多栖息在地势低洼、土壤疏松湿润、食物较丰富的环境中，在山地的阴坡、阶地和沟谷等退化的杂草草场上和农区耕地中均有发现，尤其以种植莜麦、土豆和豆类农田中的数量较多。终生营地下生活，只有当暴雨冲塌洞道或水灌入洞内时，才被迫到地面上来。洞穴结构复杂，地面无洞口，由洞道和老窝组成，有封洞习性，洞道被挖开后，必然推土封闭，将洞口封死。洞道分为常洞、草洞和朝天洞。常洞距地面10 ～ 40厘米，且与地面平行，直径8厘米左右，洞中有数量不等的临时巢、仓库和便所。中华鼢鼠将洞内挖出的土推出洞外，在洞道两侧堆成土丘，少数堆于洞道上方。草洞是中华鼢鼠取食食物时留下的洞道，距地表6 ～ 10厘米，通向地表，在地表留下具有龟裂的隆起。朝天洞直连老窝，老窝距地面深50 ～ 180厘米，由巢室、仓库和便所组成。独居，雌性窝洞较深。食物普广，主要采食植物性食物，喜食小麦、马铃薯、油菜、豆类、玉米、胡萝卜、苜蓿、韭菜、大葱等大多数农作物种苗和植物的块状根、茎、果实和种子以及牧草。幼体日食量60克左右，成体日食量200克左右。中华鼢鼠昼夜活动。春季日活动高峰在10:00 ～ 12:00和18:00 ～ 20:00。夏季活动较少。秋季日活动高峰在14:00 ～ 18:00。

三、发生规律

中华鼢鼠在春季开始繁殖，繁殖时间和次数各地不一。在高山草甸，一年繁殖1次，雄鼠3月下旬性器官发育成熟，4月初开始交配，4月下旬结束。雌鼠繁殖期从4月上旬延续到5月中旬，历时60天，繁殖盛期从4月下旬至5月中旬，时间短而集中。参加繁殖的雌鼠占总雌鼠的80%，妊娠期约为1个月。哺乳期从5月中旬延续到8月上旬。7月，大量幼鼠开始独立生活。在鄂尔多斯市，每年繁殖2次，第一次在4—5月，第二次在8—9月。胎仔数1 ～ 6只，以每胎3只最多，平均为（2.74±0.05）只，胎仔数虽然较少，但由于其雌性比例较高，仍可保证种群数量的相对稳定。

四、综合防治措施

（一）物理防治措施　利用中华鼢鼠堵洞的习性，用铁锹或锄头等挖掘工具挖开鼠洞，待中华鼢鼠前来封堵洞口时，迅速用挖掘工具将中华鼢鼠挖出洞外捕捉。在洞口设置箭针或地弓，中华鼢鼠封洞时触动机关，被扎死于洞内。在中华鼢鼠高发区，可大面积使用LB型灭鼠管，防效显著。也可利用中华鼢鼠冬季在老窝中越冬的习性，通过往洞内注水，消灭中华鼢鼠。

（二）其他防治措施　参考鼠害——长爪沙鼠。

第十节　赤颊黄鼠

赤颊黄鼠（*Spermophilus erthrogenys*）包括淡尾黄鼠（内蒙黄鼠）和短尾黄鼠（阿尔泰黄鼠）。隶属松鼠科黄鼠属。分布于内蒙古自治区北部和新疆维吾尔自治区北部。在内蒙古自治区，淡尾黄鼠主要沿北部中蒙边境（苏尼特左旗、苏尼特右旗、二连浩特、四子王旗、达茂旗、乌拉特中旗、乌拉特后旗等旗）呈条带状均匀分布。淡尾黄鼠在鄂尔多斯市主要分布于杭锦旗、乌审旗、达旗等靠近荒漠地带。赤颊黄鼠在农田中常取食麦类、苜蓿及豆类的幼嫩茎叶，导致大片麦田缺苗断垄，颗粒无收。

一、形态特征

赤颊黄鼠体型中等，体长一般为180～260毫米。耳壳小，略露出毛被外。尾短，其长小于体长的1/4。前肢发达，趾爪较尖。前后掌裸露，近踵部被以短毛。体色鲜艳，背部呈黄色。头顶和颊部具锈色斑。腹毛呈淡黄色，与背毛颜色差异明显，尾呈淡黄色，尾端毛尖呈白色，尾背面无黑色次端环。颅全长不到45毫米。头骨颧弓前部向外拱凸。矢状嵴不发达。腭骨前部平直，后端有1个尖突。

赤颊黄鼠

二、生活习性

赤颊黄鼠主要栖息于山地草原、荒漠、半荒漠草地，以及撂荒地、农田周围和居民点附近的道路两旁。穴居，具冬眠习性。洞穴分为居住洞和临时洞。临时洞简单，多设在居住洞的周围和经常采食的地方，一般只有1个洞口，洞道短而浅，内无窝巢。居住洞较复杂，有2个洞口，一个是出蛰时的洞口，圆形光滑无抛土；另一洞外有大量抛土，松土上有新鲜粪便和足迹。妊娠期会另挖新洞。昼间活动，日出前3小时和日落前3小时活动最为频繁。食性简单，喜食鳞茎草类、多根葱、蒙古葱和一年至二年生禾本科牧草的营养部分，也食少量鞘翅目昆虫。

三、发生规律

赤颊黄鼠全年繁殖1次。经过冬眠的鼠，于3月底开始苏醒出蛰，在出蛰期的同时进入繁殖阶段。赤颊黄鼠平时单居独住，在繁殖期内活动极为频繁，经常可于一个洞中捕获2～3只黄鼠。交配期从4月上旬持续到4月底，约3周左右，同时可见到怀孕鼠、生殖道内有阴道塞的鼠和处于排卵期的鼠。在交配期，赤颊黄鼠雌雄比例基本为1：1，不孕鼠约占全部雌鼠的10%。雌鼠妊娠期为28～30天。5月上旬到5月底为产仔高峰期。6月上旬全部孕鼠产完，历时4周。胚胎数为2～9只，平均胚胎数约5.59只，最常见的胚胎数是4～7只。幼鼠与母鼠分居的时间集中在6月下旬，最早出窝活动的幼鼠可能在6月初。

四、综合防治措施

参考鼠害——长爪沙鼠。

第十一节　达乌尔黄鼠

达乌尔黄鼠（*Spermophilus dauricus*）别名黄鼠、草原黄鼠、豆鼠子、大眼贼。隶属啮齿目松鼠科松鼠亚科黄鼠属。广泛分布于黑龙江省、吉林省、辽宁省、河北省、内蒙古自治区、山东省、山西省、陕西省、甘肃省和宁夏回族自治区等省份草地和半荒漠等干旱地区。在内蒙古自治区，达乌尔黄鼠从东到西都有分布，主要集中在呼伦贝尔市、锡林郭勒盟、呼和浩特市、包头市、巴彦淖尔市和鄂尔多斯。鄂尔多斯市鄂托克前旗、鄂托克旗、杭锦旗、乌审旗等地区的草场中均有分布。达乌尔黄鼠对当地农作物危害极大。达乌尔黄鼠危害时并非取食植物的全部，而是选择鲜嫩汁多的茎秆、嫩根、鳞茎、花穗为食。春季喜食播下的种子胚和嫩根；夏季嗜食鲜、甜、嫩、含水较多的作物茎秆；秋季贪吃灌浆乳熟阶段的种子。以洞口为中心成片危害。咬断根苗，吮吸汗液，使幼苗大片枯死。一般地块损失10%左右，严重地块可达80%。

一、形态特征

体型中等大小。头大，眼大，体粗胖。尾短，不及体长的1/3，尾端毛蓬松，体背毛棕黄褐色。体长163～230毫米，体重154～264克；雌体有乳头5对。前足掌部裸出，达乌尔黄鼠掌垫2枚、指垫3枚。后足长30～39毫米，后足部被毛，有趾垫4枚。除前足拇指的爪较小外，其余各指的爪正常。尾短，不及体长的1/3（约40～75毫米），尾端毛蓬松；头和眼大，耳廓小，耳长5～10毫米，成嵴状，乳突宽20.3～22.2毫米。

达乌尔黄鼠

二、生活习性

达乌尔黄鼠白昼活动，但夜间偶尔也出洞觅食。活动规律有季节性变化，随季节的不同，达乌尔黄鼠每日到地面活动的时间也不同，通常4月至5月中旬，日活动最频繁时间为12:00～15:00。6—8月，9:00～11:00、16:00～18:00为两个活动高峰。同时，达乌尔黄鼠日活动与气候有关，气温上升到20～25℃，地面温度在30℃时最活跃。气温高于30℃，地温高于35℃或气温和地温低于10℃，风速＞5米/秒时，活动明显减少。其活动范围随生态期的改变而有所不同。刚出蛰时大部分鼠健壮，只有少数老、幼鼠极度消瘦。活动不敏捷，除休息外，还进行少量的取食活动。之后进入交配期，活动范围加大，有时跑到距洞300～500米处。达乌尔黄鼠的活动范围一般在100米左右，其活动距离雌雄各异。活动距离的大小有季节变化，两性成体在4月的活动距离最大，5月、6月、7月三个月较小；未成年鼠的活动距离是7月大，8月小，9月又扩大。春季的活动较夏季频繁，鼠间接触广泛，特别是交配时期，每天出洞活动次数可达65次之多，在幼鼠分居时每天活动频次平均为11次。达乌尔黄鼠的嗅觉、听觉、视觉都很灵敏，记忆力强，对其活动范围内的洞穴位置记得很熟。达乌尔黄鼠多疑，警惕性高，边取食边抬头观望。出洞前在洞口先听外边的动静然后再探出头来左右窥视，确认无敌害时一跃而出，立起眺望，间息发出叫声，唤出同类出洞玩耍；一旦发现敌情，立即发出急促的鸣叫，让其同类赶紧避难。受到干扰惊吓有堵洞习性，一刻钟堵洞一尺多远，以保护生命安全。黄鼠凶暴，常因争偶互相撕咬。

三、发生规律

达乌尔黄鼠一年繁殖1次，春季出蛰后立即进入交配期。4月由交配期进入妊娠期，5月为妊娠盛期，妊娠期28天，平均胚胎数为8.4只，5～7只的为数较多。哺乳期24天，出生28天后幼鼠开始出洞活动，在出生后33天与母鼠分居。

四、综合防治措施

参考鼠害——长爪沙鼠。

第十二节　三趾跳鼠

三趾跳鼠（*Dipus sagitta*）别名毛脚跳鼠、沙鼠、跳兔、耶拉奔（蒙古语）。隶属啮齿目跳鼠科三趾跳鼠属。在我国北方地区分布很广，主要分布于吉林省、辽宁省、内蒙古自治区、新疆维吾尔自治区、甘肃省和宁夏回族自治区等省份的荒漠草地和沙地。鄂尔多斯市各地区均有分布。三趾跳鼠在草场盗食沙蒿、柠条等固沙植物种子及其幼苗，严重损害沙地植被，破坏固沙造林事业。在农区，啃食作物幼苗，掏食瓜类。

一、形态特征

体型中等，体长101～155毫米，尾长超过体长1/3以上。头大、眼大，耳较短，前折不超过眼的前缘。耳壳前方有1排栅栏状白色硬毛。前肢5趾，第一趾具短而宽的爪，其余4趾的爪都细长而锐利，后肢特别发达，其长度约为前肢的3～4倍。后足只有中间3趾，两侧趾完全退化，趾下面具有梳状硬毛。第二趾和第四趾的爪特别发达，侧扁，呈刀状。尾末端有黑白相间的"尾穗"。体背毛色变异较大，一般从灰棕色或棕红色到沙棕色或沙土黄色，部分背毛毛尖黑色或为纯黑色毛。体侧与股部外侧毛锈黄色，整个腹面连同下唇和尾基部毛色纯白。颅骨短而宽。鼻骨前端具1缺刻，鼻骨与额骨相交处明显下凹。额骨在泪骨后缘的部分最窄。颧骨细，但前部沿着眶前向上扩展。门齿孔短，在上颌左右第2臼齿之间有1对近于圆形的腭孔，第2对腭孔位于齿后缘内方，两对腭孔都很小。硬腭较长，其后缘超过上齿列末端甚远。上门齿几乎与上颌垂直，前面黄色，中央有浅沟。前臼齿的高度不及第一上臼齿之半，其横截面为圆形。第1臼齿很大，其余两枚臼齿依次渐小。下颌臼齿3枚。下颌门齿前面亦为黄色，下颌门齿的齿根很长，达于髁状突之外下方，形成1个突起。

三趾跳鼠

二、生活习性

夜间活动，白天藏身在洞中，并用细沙

掩埋洞口。傍晚出洞活动觅食，天色初明时，才重返洞中或另挖新洞。行动时，只用后脚着地纵跳窜跃，最大纵距可达3米以上。尾不仅可控制方向和保持平衡，并能竖直敲打地面，增加弹跳力。一般的风沙和细雨并不妨碍三趾跳鼠的活动，但风速太大或阴雨连绵时，活动就会降低甚至停止。一旦风息雨停，三趾跳鼠往往提早出洞而活动更加频繁。三趾跳鼠的活动强度随季节而异。4月出蛰后，因食物不足，活动强度很低，随着天气转暖，植物萌发生长，三趾跳鼠的活动逐渐加强。5月中旬因繁殖而达到全年活动强度的最高峰，7—8月活动又逐渐减弱，到8月下旬，开始准备冬眠，形成全年活动的第2次高峰。一般9—10月进入冬眠期，入蛰有一定顺序，首先入蛰的是老年雄性个体，其次是成年雌性个体，最后为幼体，一般在3—4月出蛰。洞系构造较为简单，一般由洞口、洞道、窝巢、盲洞和暗窗组成。每个洞系只有1个洞口，洞道通常为1.5～2米。巢室圆形，距地面60～70厘米。盲洞位于窝巢两侧。暗窗是由洞道或巢室挖向地表的预备通道，末端仅以一薄层沙土阻隔，当洞口部受到惊扰时，三趾跳鼠便会突然由暗窗中破洞而逃。洞口常为抛沙所掩埋，但抛沙不聚集成堆。三趾跳鼠以植物的茎、果实和根部为食，也吃一些昆虫，其不需专门饮水，植物中的水分已足够其新陈代谢的需要。

三、发生规律

三趾跳鼠有冬眠习性，通常一年繁殖1次，极少数产2胎。一般在3—4月出蛰，出蛰后不久即进入交配期，4—6月为繁殖期，妊娠期25～30天，每胎2～7只，平均3～4只。8月育肥，9—10月进入冬眠期。

四、综合防治措施

参考鼠害——长爪沙鼠。

第十三节　五趾跳鼠

五趾跳鼠（*Allactaga sibirica*）别名西伯利亚跳鼠、驴跳、跳兔、硬跳儿。隶属于啮齿目跳鼠科五趾跳鼠亚科五趾跳鼠属。分布于新疆维吾尔自治区、甘肃省、青海省、宁夏回族自治区、河北省、山西省和陕西省北部，内蒙古自治区及东北三省西部地区。在内蒙古自治区，除呼伦贝尔市和兴安盟的林区外，从东至西均有分布。鄂尔多斯市杭锦旗、乌审旗、鄂托克前旗、鄂托克旗等旗区均有分布。五趾跳鼠在草地上取食种子，影响植被更新。在农区，盗食蔬菜和播下的种子，秋季大量盗食作物种子，给农牧业发展带来危害。

一、形态特征

五趾跳鼠是体型最大的一种跳鼠。成体体长140毫米左右，尾粗大，且明显长于体长，尾端具毛穗，并由灰白、黑（或暗褐）、白三段毛色形成"旗"。耳长，向前折可达鼻端。头钝，眼大。后足发达，较前肢长，约为前肢的3～4倍，具5趾。第1、5趾位置靠上，中间3趾着地。体背沙黄带灰褐色或棕褐色。腹毛纯白。吻部细长。脑颅无明显的嵴，顶间骨甚大，宽约为长的2倍。眶

五趾跳鼠

下孔极大，呈卵圆形，外缘细小，与颧骨联合构成颧弓的一部分。听泡隆起呈三角形，两听泡间隔较大。上门齿向前斜伸，前方白色。前白齿1枚，圆柱状，直径与最后一枚白齿几乎相等。下门齿齿根极长，其末端在关节突下方形成很大突起。下颌白齿3枚，第1枚最大，逐次变小。

二、生活习性

五趾跳鼠主要生活在干旱半荒漠地带，主要栖息在草原、农田和荒漠。以夜间活动为主，奔跑时仅后肢着地，弹跳力极强，尾伸展作为平衡器。行进速度快。前足用于短距离移动和抓取食物。独居，洞穴简单，多位于灌丛下、沟坡土坎或草地中，洞道水平走向，长约5米，洞口直径约为6厘米。在农区，常集中在田间疏林内冬眠。活动力强，一般在早晨和黄昏进行活动，3月底或4月初出蛰，先雄后雌，相差20天左右。9月底或10月初开始入蛰，先雌后雄，结束期在10月20日。食性杂，以植物种子、绿色部分以及昆虫为食。在动物性食物中，主要采食甲虫和蝗虫。在植物性食物中，主要采食狗尾草、紫云英等植物种子，农区以谷物种子为食。

三、发生规律

五趾跳鼠在每年4—5月开始交配，7月中下旬仍有鼠怀孕，7—8月可见到幼鼠，一年可产2胎以上，每胎2～9仔，平均4～5仔。寿命为3～4年。种群数量稳定，高密度环境的数量为4～5只/千米^2。

四、综合防治措施

参考鼠害——长爪沙鼠。

第十四节　三趾心颅跳鼠

三趾心颅跳鼠（*Salpingotus kozlovi*）别名小长尾跳鼠、倭三趾跳鼠、长尾心颅跳鼠。隶属啮齿目跳鼠科心颅跳鼠亚科三趾心颅跳鼠属。三趾心颅跳鼠有指名亚种和向氏亚种。在我国有2个分布中心，一个以巴丹吉林、腾格里和毛乌素沙漠为中心，为指民亚种分布区，具体在甘肃省西部的敦煌、马鬃山、河西走廊酒泉、中部黄土高原，宁夏回族自治区北部的陶乐、石嘴山，陕西省北部及定边、榆林等地。另一个以新疆维吾尔自治区南部塔克拉玛干沙漠周缘为中心，为向氏亚种分布区，具体分布于新疆阿克苏、叶城、洛浦、若羌、巴楚和哈密等地。在内蒙古自治区分布于包头市达茂旗、乌兰察布市四子王旗、巴彦淖尔市乌拉特后旗赛乌素镇、阿拉善盟、鄂尔多斯市鄂托克旗和鄂托克前旗境内。三趾心颅跳鼠数量稀少，分布狭窄，对农田区危害甚微。

一、形态特征

三趾心颅跳鼠体型小，体长不超过60毫米。尾细长，约为体长的2倍，尾除被以稀疏的短毛之外，从尾基至尾端生有稀疏的长毛，尾端形成明显的毛束。后肢长于前肢，后肢三趾，趾下具长毛，形成毛垫。背部披毛呈灰红棕色；体侧毛较背毛色浅；头部呈淡沙黄色；腹部和前后肢毛呈白色；尾浅灰

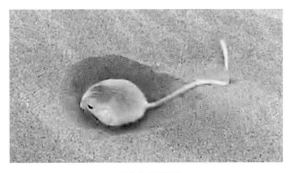

三趾心颅跳鼠

棕色，尾上部颜色较下部深，尾末端毛呈灰褐色。头骨顶间骨未退化，但很狭小，长明显大于宽。听泡发达，左右听泡在头骨轴线中央不相接触。前白齿和最后一个白齿甚小，第1、2白齿较大，内外侧齿壁中间各有1个凹陷，咀嚼面有4个明显的柱状突起。下颌白齿3枚，第1、2枚的咀嚼面上有4个突起；第3枚较小，呈圆棒状，咀嚼面上仅有1个突起。

二、生活习性

三趾心颅跳鼠是典型的沙质荒漠草原种类，分布范围较窄，栖息于生长有旱生芦苇、骆驼刺、柽柳、胡杨等植物的半固定沙丘和黏土砾石荒漠或全为流沙的生境。洞道简单，长30～40厘米，洞口径3～4厘米。黄昏及夜间活动，具冬眠习性，3月下旬出蛰，10月下旬入蛰。以植物茎叶及种子为食，也猎食鞘翅目昆虫。

三、发生规律

4月底可见孕鼠，5月孕鼠已属常见。胎仔数一般在3～6只。

四、综合防治措施

（一）物理防治措施　用铁锹挖掘三趾心颅跳鼠洞穴，进行人工捕捉。在种群密度比较大的地区，可点燃火堆，吸引三趾心颅跳鼠前来，利用树枝、扫帚等工具紧贴地面横扫其足，使其受伤，乘机捉捕。

（二）其他防治措施　参考鼠害——长爪沙鼠。

第十五节　五趾心颅跳鼠

五趾心颅跳鼠（*Cardiocranius paradoxus*）别名小跳鼠、心颅跳鼠。隶属于啮齿目跳鼠科心颅跳鼠亚科五趾心颅跳鼠属。分布于甘肃省的河西走廊、新疆维吾尔自治区、宁夏回族自治区和内蒙古自治区。在内蒙古自治区主要分布于锡林郭勒盟、乌兰察布市、包头市、巴彦淖尔市、阿拉善盟和鄂尔多斯市。在鄂尔多斯市主要分布于杭锦旗、鄂托克旗、鄂托克前旗等旗。该鼠分布狭窄，种群数量少，对农牧业危害程度较低。

一、形态特征

五趾心颅跳鼠体型小，成体体长42～60毫米，体重8.8～9克。头和眼较小。耳呈圆褶状。吻部短钝。尾较体长，基部因脂肪积累而成胡萝卜状，末端尖出，尾毛短而分布均匀。前肢短小，背披密毛，拇指具有短圆的弯爪，其余各趾细长而尖。后肢约为前肢长的3倍。后足5趾，第1趾、第5趾的位置低下，接近中间3趾，趾的末端膨大，趾垫显著，趾的两侧及其下方被毛，不呈毛刷状。体背及前肢外侧呈沙黄色或灰锈色，毛基灰色，上段沙黄色，毛尖呈黑色。耳后下方黄白色。吻、颊、四肢背面、股部和整个腹面的毛色纯白，与背部的灰沙黄色在眼下、体侧和臀前形成鲜明的分界。颅骨质轻而薄，前窄后宽，呈倒置的心脏形。眶下孔大，长圆形。颧弓前部较为粗扁，往后则渐纤细，无任何分枝或突起。听泡发达，伸向两侧，并在中线相接。门齿孔长。上前白齿小，细柱状。下门齿前缘橙黄色，无前白齿。

二、生活习性

五趾心颅跳鼠分布地区内的气候十分干燥，主要生活在高原上的各种类型的荒漠草原和荒漠中。营夜间活动，除受特殊惊扰外，整个白天都藏身于临时洞内，躲避高温和敌害侵犯。具蛰眠习性，是非全年活动的鼠种。4月中下旬，地面解冻，蛰眠越冬的五趾心颅跳鼠开始破土而出，开始觅食和择偶交尾。随着气温的升高，到6—7月，该鼠活动最为频繁，7月之后幼鼠参与鼠群。进入10月，气温急速下降，钻入地下进行冬眠。五趾心颅跳鼠以后肢跳跃的方式行走，每步跳跃的间距约为100毫米，在蹲伏或挖掘洞穴时，前后脚才配合行动。洞系结构极为简陋。洞口小，呈长圆形，洞长不超过1米，有时在洞道主干上分出一条很短的盲道。食性单纯，以小灌木的幼根为主，幼鼠以嫩叶为食。5—9月，主要食源是狭叶锦鸡儿的幼根。7月后，幼食幼根段相对减少，但由于摄取了部分草籽而在食道内出现油滴，尾基部开始积贮脂肪并逐渐增粗。

三、发生规律

五趾心颅跳鼠在4月出蛰后不久，就开始进入繁殖期。雄鼠在5—7月，精巢膨大且极为发达。7月底，雄鼠的生殖腺显著萎缩变小，繁殖期结束。5月上旬，孕鼠胚体小，尚未成形。进入6月，胎儿渐次增长，临产前的成型幼鼠可达16～17毫米，重0.6～0.7克，母鼠胸腹部的4对乳房丰满而膨胀。7月下旬，大部分母鼠已产仔完毕，乳房缩小。上年繁殖后期出生的幼鼠，刚出蛰时，性腺未成熟，不能随同鼠群参与交尾，需至6月进行繁殖。

四、综合防治措施

参考鼠害——长爪沙鼠。

参考文献

安玉麟，于海峰，聂惠，等，2009. 向日葵技术100问 [M]. 北京：中国农业出版社.

白全江，程玉臣，2003. 35%金普隆拌种乳油防治向日葵霜霉病药效试验 [J]. 内蒙古农业科技 (3): 5-6.

曹福中，刘雪平，陈树林，等，2017. 鄂尔多斯市农作物绿色高产高效栽培技术 [M]. 呼和浩特：内蒙古大学出版社.

曹璞，沈益新，2010. 狗牙根对5种禾本科杂草化感作用的研究 [J]. 草地学报，18(3): 452-455.

陈斌，杜广祖，张永科，等，2011. 云南省马铃薯害虫寄生真菌资源研究 [J]. 中国马铃薯，25(5): 302-305.

陈慧，薛玉凤，蒙美莲，等，2016. 内蒙古马铃薯枯萎病病原菌鉴定及其生物学特性 [J]. 中国马铃薯，30(4): 226-234.

陈利锋，徐敬友，2015. 农业植物病理学 [M]. 北京：中国农业出版社.

崔月贞，杨小利，杨成德，等，2016. 拮抗马铃薯晚疫病菌的高寒草地牧草内生细菌的鉴定及其生物功能测定 [J]. 植物保护学报，43(5): 789-795.

鄂尔多斯市统计局，2019. 鄂尔多斯统计年鉴 [M]. 北京：中国统计出版社.

封洪强，李卫华，刘文伟，等，2015. 农作物病虫草害原色图解 [M]. 北京：中国农业科学技术出版社.

冯建国，2014. 苹果病虫草害防治手册 [M]. 北京：金盾出版社.

冯建国，徐作珽，2010. 玉米病虫草害防治手册 [M]. 北京：金盾出版社.

高兴祥，李美，葛秋岭，等，2011. 啶磺草胺等8种除草剂对小麦田8种禾本科杂草的生物活性 [J]. 植物保护学报，38(6): 557-562.

郭聪，王勇，陈安国，等，1997. 洞庭湖区东方田鼠迁移的研究 [J]. 兽类学报，17(4): 279-286.

郭永旺，邵振润，王勇，2005. 东方田鼠暴发原因分析及综合治理措施探讨 [C]// 成卓敏. 农业生物灾害预防与控制研究. 北京：中国农业科学技术出版社：579-582.

郭永旺，施大钊，2012. 中国农业鼠害防控技术培训指南 [M]. 北京：中国农业出版社.

和希格，刘国柱，李建平，等，1981. 赤颊黄鼠的生态初步调查 [J]. 兽类学报，1(1): 85-90.

侯兰新，蒋卫，1994. 三趾心颅跳鼠 (Salpingous kozlovi) 一新亚种 [J]. 新疆大学学报，11(4): 73-76.

侯兰新，欧阳霞辉，2010. 心颅跳鼠亚科在中国的分布和分类 [J]. 西北民族大学学报，31(3): 64-67.

侯希贤，董维惠，周延林，等，1999. 鄂尔多斯沙地草场小家鼠生物学特性观察 [J]. 中国媒介生物学及控制杂志，10(1): 1-5.

胡树平，2011. 内蒙古主要农作物测土配方施肥及综合配套栽培技术——向日葵 [M]. 北京：中国农业出版社.

胡忠军，王勇，郭聪，等，2003. 人工饲养条件下东方田鼠指名亚种繁殖特性及其幼仔的生长发育 [J]. 兽类学报，23(1): 58-65.

胡忠军，王勇，郭聪，等，2006. 中国东方田鼠生物生态学研究进展 [J]. 中国农学通报，22(12): 307-311.

胡忠军，王勇，张美文，等，2002. 东方田鼠头骨和脏器的形态学指标 [J]. 动物学杂志，37(4): 21-26.

皇甫凌云，2012. 小麦青枯病的发生与防治 [J]. 河南农业 (3): 25-26.

黄秀清，冯志勇，颜世祥，1999. 小家鼠发生规律及防治技术研究 [J]. 广东农业科学 (3): 44-46.

黄英，武晓东，2004. 内蒙古五趾跳鼠种下数量分类初步研究 [J]. 内蒙古农业大学学报，25(1): 46-52.

贾利欣，2014. 向日葵高产高效种植技术 [M]. 呼和浩特：内蒙古人民出版社.

姜玉英，刘杰，谢茂昌，等，2019. 2019年我国草地贪夜蛾扩散为害规律观测 [J]. 植物保护，45(6): 10-19.

蒋卫, 侯兰新, 1996. 三趾心颅跳鼠的一些生物学资料 [J]. 新疆大学学报, 13(1): 65-68.

金毕新, 2013. 马铃薯晚疫病发生规律及防治技术 [J]. 植物医生, 26(6): 15-16.

靳宁富, 黄继荣, 牛峰长, 等, 2006. 长爪沙鼠综合防治技术研究 [J]. 宁夏农林科技 (5): 11.

兰巍巍, 陈倩, 王文君, 等, 2009. 向日葵黑斑病研究进展及其综合防治 [J]. 植物保护, 35(5): 24-29.

李建军, 刘世海, 惠娜娜, 等, 2011. 双垄全膜马铃薯套种豌豆对马铃薯生育期及病害的影响 [J]. 植物保护, 37(2): 133-135, 140.

李申宁, 2014. 黑线仓鼠 KiSS-1/GPR54 系统在季节性繁殖调控中的作用机制 [D]. 曲阜: 曲阜师范大学.

李晓飞, 陈祥盛, 侯晓晖, 2008. 芫菁寄生菌降解斑蝥素 [J]. 昆虫知识, 45(4): 608-610.

李英, 钟文, 2015. 玉米茎腐病的发生与防治 [J]. 农业灾害研究, 5(5): 1-4.

李子钦, 2008. 向日葵核盘菌 (Sclerotinia sclerotiorum) 遗传多样性与致病性分化研究 [D]. 呼和浩特: 内蒙古大学.

廖力夫, 贺争鸣, 侯岩岩, 等, 2016. 灰仓鼠生物学特征及其应用 [J]. 实验动物科学, 33(3): 46-54.

廖力夫, 聂珊玲, 王诚, 等, 2001. 灰仓鼠的冬眠研究 [J]. 地方病通报, 16(4): 77-79.

林晓红, 2014. 向日葵 NBS 型抗锈病相关基因的克隆与分析 [D]. 呼和浩特: 内蒙古农业大学.

刘焕金, 冯敬义, 1984. 子午沙鼠生态的调查研究 [J]. 动物学杂志, 19(4): 21-25.

刘杰, 2017. 玉米主要病虫害测报与防治技术手册 [M]. 北京: 中国农业出版社.

刘敏, 2016. 春小麦白粉病的发生与综合防治技术 [J]. 现代农业研究 (1): 51.

刘荣堂, 武晓东, 2011. 草地保护学 [M]. 北京: 中国农业出版社.

刘双清, 张亚, 廖晓兰, 等, 2016. 我国植物源农药的研究现状与应用前景 [J]. 湖南农业科学 (2): 115-119.

刘伟, 赵亚男, 韩翠仙, 等, 2020. 小麦白粉病菌分生孢子田间传播的初步研究 [J]. 植物保护, 46(3): 47-51.

刘伟, 钟文勤, 宛新荣, 等, 2017. 北方农牧交错带鼠害生态治理对策——以长爪沙鼠为例 [J]. 兽类学报, 37(3): 308-316.

刘亚光, 李柏树, 赵滨, 2004. 哈尔滨地区田间禾本科杂草生物学特性及群落结构的调查 [J]. 东北农业大学学报, 35(1): 1-5.

刘莹静, 李正跃, 张宏瑞, 2005. 防治蚜虫控制云南马铃薯病毒病传播的对策 [J]. 中国马铃薯, 19(4): 242-246.

吕佩珂, 苏慧兰, 李明远, 等, 2004. 中国蔬菜病虫原色图鉴 [M]. 北京: 学苑出版社.

麻耀君, 邹波, 王庭林, 等, 2009. 中华鼢鼠的生态及防治 [J]. 山西农业科学, 37(4): 73-76.

马崇勇, 张卓然, 单艳敏, 等, 2017. 内蒙古草原鼠害及其绿色防控技术应用现状 [J]. 中国草地学报, 39(5): 108-113.

马宏, 2007. 我国马铃薯软腐病防治的研究进展 [J]. 生物技术通报 (1): 42-44.

穆成旺, 王乐赟, 任建新, 1999. 黑线仓鼠的生物学特性及防治研究 [J]. 甘肃农业科技 (1): 39.

努尔兰, 李占武, 2007. 鼹形田鼠对草场危害的调查及防治方法 [J]. 新疆畜牧业 (S1): 19-20.

彭学文, 朱杰华, 2008. 河北省马铃薯真菌病害种类及分布 [J]. 中国马铃薯, 22(1): 31-33.

祁爱民, 郝桂兰, 刘志雄, 1995. 鄂托克前旗啮齿动物及蚤类区系 [J]. 内蒙古地方病防治研究, 20(2): 79-82.

乔峰, 赵明礼, 代玉, 等, 1994. 氯敌鼠钠盐和 C 型肉毒梭菌毒素灭长爪沙鼠试验 [J]. 中国草地, 16(5): 47-49.

秦惠玲, 2019. 小麦吸浆虫在临洮县的发生规律及防控措施 [J]. 农业科技与信息 (23): 25-26.

任冬梅, 郭晓利, 邢丽萍, 等, 2010. 向日葵菌核病的防治现状及前景 [J]. 内蒙古科技与经济 (21): 59-60.

任光地, 马平虎, 王廷杰, 1980. 玉米大斑病及其发生规律的研究 [J]. 甘肃农业科技 (6): 28-31.

沙俊利, 2014. 马铃薯环腐病的发生与防治 [J]. 农业科技与信息 (22): 28, 30.

施大钊, 钟文勤, 2001. 2000 年我国草原鼠害发生状况及防治对策 [J]. 草地学报, 9(4): 248-252.

石洁, 王振营, 2010. 玉米病虫害防治彩色图谱 [M]. 北京: 中国农业出版社.

史明, 2015. 向日葵病害综合防治技术 [J]. 农业开发与装备 (10): 146.

宋保堂, 杨建太, 2010. 向日葵褐斑病的发生与防治 [J]. 甘肃农业 (9): 86-87.

宋小玲, 杨娟, 曹飞, 等, 2006. 麦极与骠马对麦田主要禾本科杂草的室内药效比较研究 [J]. 江苏农业科学 (6): 190-194.

宋雅坤, 王林, 蔡明, 等, 2002. 向日葵霜霉病初报 [J]. 杂粮作物, 22(2): 124.

孙成杰, 2008. 长春市城区家栖鼠种群分布及抗药性调查 [D]. 长春: 吉林大学.

孙慧生，2003. 马铃薯育种学 [M]. 北京: 中国农业出版社.

孙清华，詹家绥，单卫星，等，2014. 中国马铃薯主要病害的发生、分布、流行及防控 [C]// 屈冬玉，陈伊里. 马铃薯产业与小康社会建设. 哈尔滨: 哈尔滨工程大学出版社: 347-354.

孙艳梅，陈殿元，范文忠，2010. 大田作物病虫害防治图谱——水稻 [M]. 长春: 吉林出版集团有限责任公司.

王爱华，2011. 向日葵病害的发生与防治 [J]. 甘肃农业 (11): 92-93.

王利民，周延林，赵利军，1999. 鄂尔多斯高原沙地啮齿动物种类分析 [J]. 内蒙古大学学报，30(3): 377-379.

王思博，杨赣源，1983. 新疆啮齿动物志 [M]. 乌鲁木齐: 新疆人民出版社.

王庭林，郭永旺，刘晓辉，等，2015. 山西省中华鼢鼠发生危害现状 [J]. 农业技术与装备 (7): 51-53.

王文慧，刘小娟，魏周全，等，2020. 西北黄土高原半干旱区冬季中华鼢鼠防治技术 [J]. 农业科技与信息 (3): 8-9.

王香亭，1990. 宁夏脊椎动物志 [M]. 银川: 宁夏人民出版社.

王玉琴，杨成德，陈秀蓉，等，2014. 甘肃省马铃薯枯萎病 (*Fusarium avenace*) 鉴定及其病原生物学特征 [J]. 植物保护，40(1): 48-53.

吴艳清，王游游，王畅，等，2018. 枯草芽孢杆菌 WL2 脂肽粗提物对致病疫霉的抑制作用及其分离鉴定 [J]. 河北大学学报 (自然科学版)，38(6): 632-639.

仵均祥，2013. 农业昆虫学 [M]. 北京: 中国农业出版社.

武正军，陈安国，李波，等，1996. 洞庭湖区东方田鼠繁殖特性研究 [J]. 兽类学报，16(2): 142-150.

夏开宝，曾嵘，吴德喜，2007. 烟草病虫草害的识别与防治 [M]. 昆明: 云南科学技术出版社.

夏明聪，李丽霞，樊会丽，等，2012. 马铃薯环腐病的发生及其综合防治技术 [J]. 中国果菜 (9): 49-50.

辛存岳，2003. 高效盖草能防除双子叶作物田禾本科杂草及对作物安全性研究 [J]. 农药，42(12): 41-42.

徐利敏，2019. 马铃薯疫病的诊断与防控 [J]. 农药市场信息 (18): 57.

徐鑫，2012. 向日葵锈病菌的种内群体分化及 SCAR 标记 [D]. 呼和浩特: 内蒙古农业大学.

薛玉凤，2012. 马铃薯枯萎病病原菌学初步研究 [D]. 呼和浩特: 内蒙古农业大学.

严林，王玉兰，2006. 西宁地区草坪阔叶杂草防除试验 [J]. 草业学报，15(1): 62-67.

严志堂，李春秋，朱盛侃，1982. 室内饲养小家鼠的一些生物学资料 [J]. 动物学研究，3(S2): 355-365.

杨松，秦晓燕，侯中权，等，2006. 河套灌区向日葵锈病始见期发生规律及其预报 [J]. 气象，32(12): 113-116.

杨卫东，曲俊山，尹国龙，等，2006. 24% 氨氯吡啶酸水剂防治林地阔叶杂草试验 [J]. 森林工程，22(3): 8-11.

叶香平，何华健，胡琼英，2012. 不同除草剂对小麦阔叶杂草防除效果评价 [J]. 农业灾害研究，2(1): 23-24.

于凤芝，1993. 草坪阔叶杂草化学防除试验报告 [J]. 杂草科学 (1): 29-31.

袁庆华，张卫国，贺春贵，2004. 牧草病虫鼠害防治技术 [M]. 北京: 化学工业出版社.

张宏军，郭嗣斌，朱文达，等，2009. 75% 二氯吡啶酸对油菜田阔叶杂草的防除效果 [J]. 华中农业大学学报，28(1): 27-30.

张淑梅，姜天瑞，王玉霞，等，2008. 枯草芽孢杆菌防治向日葵菌核病效果初报 [J]. 现代化农业 (11): 19-20.

张学英，迟庆生，刘伟，2016. 长爪沙鼠的行为和生理生态学研究进展 [J]. 中国科学，46(1): 120-128.

张知彬，王祖望，1998. 农业重要鼠害的生态学与控制对策 [M]. 北京: 海洋出版社.

赵多长，鲁爱军，2009. 天水市马铃薯晚疫病发生流行规律及综合防治技术 [J]. 农业科技通讯 (7): 139-141.

赵肯堂，1981. 内蒙古啮齿动物 [M]. 呼和浩特: 内蒙古人民出版社.

赵肯堂，1984. 赤颊黄鼠的生态研究 [J]. 内蒙古大学学报，12(1): 67-78.

赵肯堂，1986. 鼹形田鼠生态初报 [J]. 苏州科技大学学报 (S1): 74-77.

赵肯堂，1991. 中国的跳鼠 [J]. 苏州科技大学学报 (S1): 29-36.

赵玉根，门晓光，王志平，等，2016. 智能捕鼠器和人工地箭捕杀中华鼢鼠技术 [J]. 山西农林科技，45(3): 40-42.

折乐民，马麟，1996. 小家鼠喜马拉雅亚种的发生与防治初探 [J]. 植保技术与推广，16(2): 33.

郑国琦，张磊，杨涓，2013. 植物学野外实习指导 [M]. 银川: 阳光出版社.

郑怀民，李桂珍，田本志，等，1986. 向日葵黑斑病防治研究 [J]. 辽宁农业科学 (4): 26-31.

郑卫锋，2007. 小家鼠的生活习性及毒饵站防治特点研究 [J]. 科学之友 (11): 146-147.

郑宇鸣,李勃,张锡顺,等,2010.玉米灰斑病发生危害及GPS监测[J].安徽农业科学,38(34):19411-19412.

中国植物保护学会,1983.小麦病虫草害的防治[M].北京:化学工业出版社.

周国定,胡德具,2007.蔺草田杂草与病虫原色图谱[M].杭州:西泠印社出版社.

周洪友,景岚,赵君,等,2010.向日葵病虫害识别与防治[M].呼和浩特:内蒙古教育出版社.

周延林,杨玉平,侯希贤,等,1992.五趾跳鼠出入蛰特征的调查[J].中国媒介生物学及控制杂志,3(1):32-36.

朱琼蕊,郭宪国,黄辉煌,2014.小家鼠的研究现状[J].热带医学杂志,14(3):392-401.

朱小阳,吴全安,1990.我国玉米小斑病菌的生理小种类型及其分布概况的研究[J].作物学报,16(2):186-189.

Cray J A, Connor M C, Stevenson A, et al., 2016. Biocontrol agentspromotegrowth of potato pathogens, depending on environmental conditions[J]. Microbial Biotechnology, 9(3): 330-354.

Goss E M, Tabima J F, Cooke D E L, et al., 2014. The Irish potato famine pathogen *Phytophthora infestans* originated in central Mexico rather than the Andes[J]. Proceedings of the National Academy of Sciences, 111(24): 8791-8796.

Messelink G J, Bloemhard C M J, Cortes J A, et al., 2011. Hyperpredation by generalist predatory mites disrupts biological control of aphids by the aphidophagous gall midge *Aphidoletes aphidimyza*[J]. Biological Control, 57(3): 246-252.

Ruiz G C, Béjar V, Martínez C F, et al., 2005. *Bacillus velezensis* sp. nov., a surfactant-producing bacterium isolated from the river Vélez in Málaga, southern Spain[J]. International Journal of Systematic and Evolutionary Microbiology, 55(1): 191-195.

Salazar L F, 1996. Potato viruses and their control[M]. Lima: International Potato Center.

Wang C, Zhao D, Qi G, et al., 2020. Effects of *Bacillus velezensis* FKM10 for promoting the growth of *Malus hupehensis* Rehd. and inhibiting *Fusarium verticillioides*[J]. Frontiers in Microbiology, 10: 2889.

Yao Y, Li Y, Chen Z, et al., 2015. Biological control of potato late blight using isolates of Trichoderma[J]. American Journal of Potato Research, 93(1): 33-42.

Zhang S M, Zheng X Z, Reiter R J, et al., 2017. Melatonin attenuates potato late blight by disrupting cell growth, stress tolerance, fungicide susceptibility and homeostasis of gene expression in *Phytophthora infestans*[J]. Frontiers in Plant Science, 8: 1993.

图书在版编目（CIP）数据

内蒙古鄂尔多斯地区主要农作物病虫草鼠害发生与控制 / 刘茂荣，武占敏，马丽杰主编. —北京：中国农业出版社，2021.3

ISBN 978-7-109-28019-9

Ⅰ.①内… Ⅱ.①刘…②武…③马… Ⅲ.①作物-病虫害防治-鄂尔多斯②作物-除草-鄂尔多斯③作物-鼠害-防治-鄂尔多斯 Ⅳ.①S4

中国版本图书馆CIP数据核字（2021）第043098号

中国农业出版社出版

地址：北京市朝阳区麦子店街18号楼

邮编：100125

责任编辑：阎莎莎 黄 宇 文字编辑：王庆敏

版式设计：王 晨 责任校对：周丽芳 责任印制：王 宏

印刷：中农印务有限公司

版次：2021年3月第1版

印次：2021年3月北京第1次印刷

发行：新华书店北京发行所

开本：787mm×1092mm 1/16

印张：12

字数：295千字

定价：108.00元